# LOUIS
# ISADORE
# KAHN

ADA 世界建筑大师作品图析

## 路易斯·康的
## 112 个建筑

张 靖/编著

广西师范大学出版社　images
·桂林·　Publishing

**图书在版编目（CIP）数据**

路易斯·康的112个建筑/张靖编著.—桂林：广西师范大学出版社，2021.10

（ADA世界建筑大师作品图析／高巍主编）

ISBN 978-7-5598-3622-9

Ⅰ.①路… Ⅱ.①张… Ⅲ.①建筑设计－作品集－美国－现代 Ⅳ.① TU206

中国版本图书馆CIP数据核字（2021）第 027569 号

路易斯·康的112个建筑

LUYISI · KANG DE 112 GE JIANZHU

责任编辑：冯晓旭

封面设计：六　元

版式设计：马韵蕾

广西师范大学出版社出版发行

（广西桂林市五里店路9号　　邮政编码：541004）

（网址：http://www.bbtpress.com）

出版人：黄轩庄

全国新华书店经销

销售热线：021-65200318　021-31260822-898

恒美印务（广州）有限公司印刷

（广州市南沙区环市大道南路 334 号　　邮政编码：511458）

开本：787mm×1 092mm　　1/16

印张：38.75　　　　　　　字数：340 千字

2021 年 10 月第 1 版　　　2021 年 10 月第 1 次印刷

定价：168.00 元

# 推荐序

路易斯·康是 20 世纪美国著名建筑师，诸多学者从不同的视角对其建筑设计及相关理论做过大量研究，也出版过很多专著。然而细品下来，似乎很难找到一个相对完整且经过梳理的设计资料对其作品加以呈现。面对这样的状况，张靖先生在攻读硕士研究生期间，针对路易斯·康的设计作品进行了一次全面的梳理和数据建模。这是一项艰难的工作，在此过程中，他要面对从各方面获取的片段图纸信息，特别是当表达同一建筑的不同图纸在尺寸数据上差异较大时，就需要花费了大量的时间和精力寻找其他相关信息资料来进行比对和求证。如此完成一系列相关图纸的重新绘制工作后，张靖先生又利用 3D 建模工具，进一步进行三维图像的建模工作，继而对路易斯·康的建筑作品进行不同层面的分析与观察。

这本书是张靖先生在其以"路易·康建筑作品空间变化研究"为题的北京大学硕士论文基础上进一步加工而成的学术研究著作，是对路易斯·康建筑所做的一次较为全面的整理、分析，仅在资料层面上就拥有足够的学术价值。同时，本书还与广西师范大学出版社出版的另外一本由余飞先生所著的《ADA 世界建筑大师作品图析：勒·柯布西耶的 80 个公共建筑》一书相互映照。这两本书还共同呈现了一种对设计师设计作品进行深度分析的研究方法。这种方法以对设计师的每一个作品进行详细的图纸再描绘以及建立模型为基础，还原设计师本人的设计思路和表达方式。这样对一位建筑师所进行的全体设计作品的整体关照，是一种从关注"完全性"和"整体性"开始去甄别每个具体作品的个性特征的研究方法。

王　昀

2020 年 11 月 11 日于方体空间

# 前言

路易斯·艾瑟铎·康（Louis Isadore Kahn，1901—1974）是 20 世纪美国著名建筑师，其设计的建筑作品中有相当一部分成了 20 世纪现代建筑中的经典案例。如果仅仅观察这些已建成的代表作品，虽然可以了解康的建筑中呈现的复杂性与多样性，但随之而来的断裂感也会在一定程度上阻碍我们对其作品进行连贯的解读。实际上，康还有大量未建成的建筑作品，有些甚至仅仅停留在草图阶段，但这些资料对帮助我们理解其整体建筑创作的演变是不可或缺的。如果加上对这些资料的整理观察、对比研究，就会对康的建筑作品有一个更加完整与连贯的认识。

作者搜集并整理了康在 1924—1974 年间设计的 138 个建筑单体项目（包括建成项目与未建成项目）的资料。本书通过对其建筑作品的整体性的梳理，试图呈现康的建筑作品中的关联性与变化脉络。除了建筑设计领域外，就康一生的实践项目来说，他的作品还包括城市规划、广场公园、交通、室内改造、船舶设计等方面。由于这些类别与建筑单体差异较大，在空间变化层面上较难进行比较分析，故没有包含在本书的研究范围内。

康的建筑作品类型众多，此次研究的建筑类别与数量依数目从多到少如表 1 所示：

表1　路易斯·康的138个建筑作品分类数量统计表

| 独栋住宅 | 集合住宅 | 办公楼 | 学校 | 医疗建筑 | 宗教建筑 | 会展建筑 | 艺术馆 | 员工宿舍 |
|---|---|---|---|---|---|---|---|---|
| 26 | 22 | 13 | 8 | 8 | 8 | 6 | 6 | 5 |
| 住宅扩建 | 社区中心 | 图书馆 | 学生宿舍 | 研究所 | 招待所 | 应急住宅 | 餐厅 | 酒店 |
| 5 | 4 | 3 | 3 | 3 | 3 | 3 | 2 | 2 |
| 电影院 | 更衣室 | 工厂 | 纪念馆 | 纪念碑 | 剧场 | 营地 | 水塔 | |
| 1 | 1 | 1 | 1 | 1 | 1 | 1 | 1 | |

在搜集到的 138 个建筑作品中，112 个项目有详细的图纸资料，这些资料均能辅助绘制电脑模型，而另外 26 个项目资料不全或者无法辅助绘图及建模。为了方便研究，作者将 112 个建筑作品的图纸资料扫描成电子图片，然后绘制成电子图纸，再进行建模。研究的逻辑是先从观察图纸的角度，从整体上对各个建筑项目的平面、立面、剖面及形体的抽象图示进行分析，研究这其中反映出来的空间特征与变化趋势，然后将另外 26 个项目的部分图像或文字资料作为辅助资料，与前面的 112

个作品一起从居住建筑与公共建筑的分类视角上对两种不同建筑类型的具体演变过程进行分析，最终在整体上总结康的建筑空间变化脉络。本书的逻辑框架如图 1 所示：

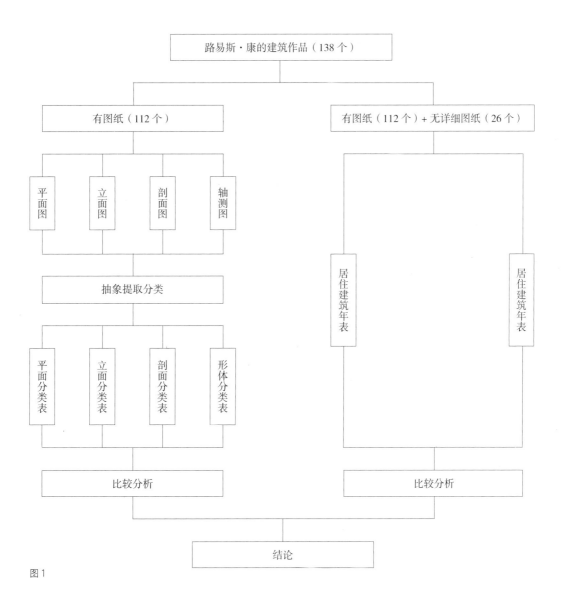

图 1

# CONTENTS

## / 目录

上篇
# 空间变化

如前言所述，本篇先对 112 个有详细图纸的建筑作品进行电子化处理和分析，通过观察和比较图纸的抽象图示来呈现康的空间设计变化过程。

以 112 个建筑作品的平、立、剖面和形体等四个方面为主要研究对象，将每个项目中能表达其建筑空间特征的图纸转化为抽象图示，并通过对比抽象图示的形式为项目分类，最后以每种类别中项目的编号所能反映的大致时间为线索研究空间变化，从而得到康的建筑作品的整体变化趋势。

表 1.1　路易斯·康的112个建筑作品信息统计表

| 编号 | 时间 | 项目名称 | 项目性质 | 项目地点 | 建设情况 |
|---|---|---|---|---|---|
| 01 | 1935—1937 | 泽西住宅区学校 | 学校 | 美国新泽西州卡姆登县 | 未建成① |
| 02 | 1937 | 预制装配住宅 5D 单元 | 集合住宅 | 美国宾夕法尼亚州费城 | 未建成 |
| 03 | 1939—1943 | 奥瑟住宅 | 独栋住宅 | 美国宾夕法尼亚州蒙哥马利县 | 建成 |
| 04 | 1940—1942 | 帕恩福特公共住宅 E 单元 | 集合住宅 | 美国宾夕法尼亚州多芬县 | 建成 |
| 05 | 1942 | 194X 年住宅 | 独栋住宅 | 美国宾夕法尼亚州费城 | 未建成 |
| 06 | 1942—1943 | 威洛伦公共住宅区小学 | 学校 | 美国密歇根州瓦什特洛县 | 未建成 |
| 07 | 1942—1947 | 斯坦顿路公共住宅二卧室单元 | 集合住宅 | 美国华盛顿特区 | 未建成 |
| 08 | 1942—1947 | 斯坦顿路公共住宅三卧室单元 | 集合住宅 | 美国华盛顿特区 | 未建成 |
| 09 | 1943 | 战后住宅项目 | 独栋住宅 | 美国宾夕法尼亚州费城 | 未建成 |
| 10 | 1943 | 194X 年酒店 | 酒店 | 美国宾夕法尼亚州费城 | 未建成 |
| 11 | 1943 | 模范邻里关系项目 | 社区中心 | 美国宾夕法尼亚州费城 | 未建成 |
| 12 | 1943 | 帕拉索尔住宅区别墅 | 独栋住宅 | 美国宾夕法尼亚州费城 | 未建成 |
| 13 | 1943 | 帕拉索尔住宅区住宅群 | 集合住宅 | 美国宾夕法尼亚州费城 | 未建成 |
| 14 | 1944 | 费城动画制作者联合会 | 办公楼 | 美国宾夕法尼亚州费城 | 未建成 |
| 15 | 1945—1948 | 芬克尔斯坦因住宅 | 住宅扩建 | 美国宾夕法尼亚州蒙哥马利县 | 未建成 |
| 16 | 1946 | 霍珀住宅 | 住宅扩建 | 美国马里兰州巴尔的摩市 | 未建成 |
| 17 | 1946 | 费城房屋 | 员工宿舍 | 美国宾夕法尼亚州费城 | 建成 |
| 18 | 1946 | 日光住宅 | 独栋住宅 | 美国宾夕法尼亚州费城 | 未建成 |
| 19 | 1947—1948 | 埃勒住宅 | 独栋住宅 | 美国宾夕法尼亚州蒙哥马利县 | 未建成 |
| 20 | 1947—1949 | 汤普金斯住宅 | 独栋住宅 | 美国宾夕法尼亚州费城 | 未建成 |
| 21 | 1947—1949 | 罗希住宅 | 独栋住宅 | 美国宾夕法尼亚州蒙哥马利县 | 建成 |
| 22 | 1948 | 罗斯曼住宅 | 住宅扩建 | 美国宾夕法尼亚州费城 | 未建成 |
| 23 | 1948—1950 | 韦斯住宅 | 独栋住宅 | 美国宾夕法尼亚州蒙哥马利县 | 建成 |
| 24 | 1948—1950 | 杰尼尔住宅 | 独栋住宅 | 美国宾夕法尼亚州蒙哥马利县 | 建成 |
| 25 | 1949 | 应急住宅类型 1 | 应急住宅 | 以色列 | 未建成 |
| 26 | 1949 | 应急住宅类型 2 | 应急住宅 | 以色列 | 未建成 |
| 27 | 1949 | 应急住宅类型 3 | 应急住宅 | 以色列 | 未建成 |
| 28 | 1949—1953 | 费城精神病院平克斯楼 | 医疗建筑 | 美国宾夕法尼亚州费城 | 建成 |
| 29 | 1949—1953 | 费城精神病院拉得比尔楼 | 医疗建筑 | 美国宾夕法尼亚州费城 | 建成 |
| 30 | 1951—1953 | 行列式房屋研究 | 集合住宅 | 美国宾夕法尼亚州费城 | 未建成 |
| 31 | 1951—1953 | 耶鲁大学美术馆 | 艺术馆 | 美国康涅狄格州纽哈文市 | 建成 |
| 32 | 1951—1954 | 费鲁切特住宅 | 独栋住宅 | 美国宾夕法尼亚州费城 | 未建成 |
| 33 | 1951—1962 | 米尔溪公共住宅社区中心 | 社区中心 | 美国宾夕法尼亚州费城 | 建成 |
| 34 | 1951—1962 | 米尔溪公共住宅高层住宅 | 集合住宅 | 美国宾夕法尼亚州费城 | 建成 |
| 35 | 1951—1962 | 米尔溪公共住宅联排住宅类型 1 | 集合住宅 | 美国宾夕法尼亚州费城 | 建成 |
| 36 | 1951—1962 | 米尔溪公共住宅联排住宅类型 2 | 集合住宅 | 美国宾夕法尼亚州费城 | 建成 |
| 37 | 1951—1962 | 米尔溪公共住宅联排住宅类型 3 | 集合住宅 | 美国宾夕法尼亚州费城 | 建成 |
| 38 | 1951—1962 | 米尔溪公共住宅联排住宅类型 4 | 集合住宅 | 美国宾夕法尼亚州费城 | 建成 |
| 39 | 1952—1957 | 城市之塔 | 办公楼 | 美国宾夕法尼亚州费城 | 未建成 |
| 40 | 1954—1955 | 阿代什·杰叙隆犹太会堂 | 宗教建筑 | 美国宾夕法尼亚州蒙哥马利县 | 未建成 |

① 该项目建成了，但康设计的版本不是最后施工的方案，所以这里写未建成。

续表

| 编号 | 时间 | 项目名称 | 项目性质 | 项目地点 | 建设情况 |
|---|---|---|---|---|---|
| 41 | 1954—1955 | 德·沃尔住宅 | 独栋住宅 | 美国宾夕法尼亚州蒙哥马利县 | 未建成 |
| 42 | 1954—1955 | 阿德勒住宅 | 独栋住宅 | 美国宾夕法尼亚州费城 | 未建成 |
| 43 | 1954—1956 | 美国劳工联合会－产业联合会医疗服务中心 | 医疗建筑 | 美国宾夕法尼亚州费城 | 建成 |
| 44 | 1954—1959 | 犹太社区中心浴场更衣室 | 浴场更衣室 | 美国新泽西州默瑟县 | 建成 |
| 45 | 1954—1959 | 犹太社区中心办公楼 | 社区中心 | 美国新泽西州默瑟县 | 未建成 |
| 46 | 1954—1959 | 犹太社区中心日间夏令营 | 日间夏令营 | 美国新泽西州默瑟县 | 建成 |
| 47 | 1956 | 华盛顿大学图书馆 | 图书馆 | 美国密苏里州圣路易斯市 | 未建成 |
| 48 | 1956—1958 | 先进科学研究所 | 研究所 | 美国马里兰州巴的摩市 | 未建成 |
| 49 | 1957—1959 | 美国劳工联合会医疗中心 | 医疗建筑 | 美国宾夕法尼亚州费城 | 未建成 |
| 50 | 1957—1959 | 肖住宅 | 住宅扩建 | 美国宾夕法尼亚州费城 | 建成 |
| 51 | 1957—1959 | 莫里斯住宅 | 独栋住宅 | 美国纽约州基斯科山 | 未建成 |
| 52 | 1957—1961 | 克莱弗住宅 | 独栋住宅 | 美国新泽西州卡姆登县 | 建成 |
| 53 | 1957—1965 | 理查德医学研究所和生物中心 | 研究所 | 美国宾夕法尼亚州费城 | 建成 |
| 54 | 1958—1961 | 《论坛回顾》报社大楼 | 办公楼 | 美国宾夕法尼亚州威斯特摩兰县 | 建成 |
| 55 | 1958—1969 | 第一唯一神教堂与主日学校 | 宗教建筑 | 美国纽约州罗切斯特市 | 建成 |
| 56 | 1959 | 盖斯曼住宅 | 独栋住宅 | 不详 | 未建成 |
| 57 | 1959 | 戈登堡住宅 | 独栋住宅 | 美国宾夕法尼亚州蒙哥马利县 | 未建成 |
| 58 | 1959 | 弗莱舍住宅 | 独栋住宅 | 美国宾夕法尼亚州蒙哥马利县 | 未建成 |
| 59 | 1959—1961 | 埃西里克住宅 | 独栋住宅 | 美国宾夕法尼亚州费城 | 建成 |
| 60 | 1959—1962 | 美国领事馆办公楼 | 办公楼 | 美国安哥拉卢旺达市 | 未建成 |
| 61 | 1959—1962 | 美国领事馆宿舍楼 | 员工宿舍 | 美国安哥拉卢旺达市 | 未建成 |
| 62 | 1959—1965 | 索尔克生物研究所实验室 | 研究所 | 美国加利福尼亚州圣地亚哥市 | 建成 |
| 63 | 1959—1965 | 索尔克生物研究所住宅区 | 员工宿舍 | 美国加利福尼亚州圣地亚哥市 | 未建成 |
| 64 | 1959—1965 | 索尔克生物研究所会议中心 | 会展建筑 | 美国加利福尼亚州圣地亚哥市 | 未建成 |
| 65 | 1959—1973 | 夏皮罗住宅 | 独栋住宅 | 美国宾夕法尼亚州蒙哥马利县 | 建成 |
| 66 | 1960—1961 | 布里斯托尔镇市政大楼 | 办公楼 | 美国宾夕法尼亚州巴克斯县 | 未建成 |
| 67 | 1960—1964 | 布林莫尔学院宿舍楼 | 学生宿舍 | 美国宾夕法尼亚州费城 | 建成 |
| 68 | 1960—1969 | 费舍住宅 | 独栋住宅 | 美国宾夕法尼亚州蒙哥马利县 | 建成 |
| 69 | 1961 | 卡庞隆登仓库和办公室 | 办公楼 | 美国佐治亚州迪卡尔布县 | 未建成 |
| 70 | 1961—1972 | 密克维以色列犹太会堂 | 宗教建筑 | 美国宾夕法尼亚州费城 | 未建成 |
| 71 | 1961—1973 | 福特韦恩艺术中心—学校 | 学校 | 美国印第安纳州福特韦恩市 | 未建成 |
| 72 | 1961—1973 | 福特韦恩艺术中心—剧场 | 剧场 | 美国印第安纳州福特韦恩市 | 建成 |
| 73 | 1962—1964 | 帕克住宅 | 独栋住宅 | 美国宾夕法尼亚州费城 | 未建成 |
| 74 | 1962—1974 | 印度管理学院学生宿舍东三单元 | 学生宿舍 | 印度艾哈迈达巴德市 | 建成 |
| 75 | 1962—1974 | 印度管理学院学生宿舍普通单元 | 学生宿舍 | 印度艾哈迈达巴德市 | 建成 |
| 76 | 1962—1974 | 印度管理学院餐厅与广场 | 学校 | 印度艾哈迈达巴德市 | 建成 |
| 77 | 1962—1974 | 印度管理学院员工宿舍单卧室单元 | 员工宿舍 | 印度艾哈迈达巴德市 | 建成 |
| 78 | 1962—1974 | 印度管理学院员工宿舍双卧室单元 | 员工宿舍 | 印度艾哈迈达巴德市 | 建成 |
| 79 | 1962—1974 | 印度管理学院—水塔 | 水塔 | 印度艾哈迈达巴德市 | 建成 |

续表

| 编号 | 时间 | 项目名称 | 项目性质 | 项目地点 | 建设情况 |
|---|---|---|---|---|---|
| 80 | 1962—1983 | 孟加拉首都政府建筑群国会大厦 | 办公楼 | 孟加拉国达卡市 | 建成 |
| 81 | 1962—1983 | 孟加拉首都政府建筑群餐厅 | 餐厅 | 孟加拉国达卡市 | 建成 |
| 82 | 1962—1983 | 孟加拉首都政府建筑群国会成员招待所 | 招待所 | 孟加拉国达卡市 | 建成 |
| 83 | 1962—1983 | 孟加拉首都政府建筑群部长招待所 | 招待所 | 孟加拉国达卡市 | 建成 |
| 84 | 1962—1983 | 孟加拉首都政府建筑群秘书招待所 | 招待所 | 孟加拉国达卡市 | 建成 |
| 85 | 1962—1983 | 孟加拉首都政府建筑群苏拉瓦底医院 | 医疗建筑 | 孟加拉国达卡市 | 建成 |
| 86 | 1963—1965 | 巴基斯坦总统府 | 办公楼 | 巴基斯坦伊斯兰堡市 | 未建成 |
| 87 | 1964—1966 | 费城艺术学院 | 学校 | 美国宾夕法尼亚州费城 | 未建成 |
| 88 | 1964—1971 | 家庭与病友住房 | 医疗建筑 | 美国宾夕法尼亚州巴克斯县 | 未建成 |
| 89 | 1965—1968 | 多明尼加修道院 | 宗教建筑 | 美国宾夕法尼亚州特华拉县 | 未建成 |
| 90 | 1965—1968 | 因特拉玛 B 社区展厅 | 会展建筑 | 美国佛罗里达州戴德县 | 未建成 |
| 91 | 1965—1968 | 因特拉玛 B 社区国民住宅 | 集合住宅 | 美国佛罗里达州戴德县 | 未建成 |
| 92 | 1965—1969 | 马里兰艺术学院 | 学校 | 美国马里兰州巴尔的摩市 | 未建成 |
| 93 | 1965—1971 | 菲利普·埃克塞特学院餐厅 | 餐厅 | 美国新罕布什尔州罗金汉姆县 | 建成 |
| 94 | 1965—1971 | 菲利普·埃克塞特学院图书馆 | 图书馆 | 美国新罕布什尔州罗金汉姆县 | 建成 |
| 95 | 1966—1967 | 圣安德鲁修道院 | 宗教建筑 | 美国加利福尼亚州瓦力尔莫市 | 未建成 |
| 96 | 1966—1968 | 百老汇联合基督教堂与办公楼 | 办公楼 | 美国纽约州纽约市 | 未建成 |
| 97 | 1966—1969 | 奥列维蒂-恩德伍德工厂 | 工厂 | 美国宾夕法尼亚州哈里斯堡市 | 建成 |
| 98 | 1966—1970 | 斯特恩住宅 | 独栋住宅 | 美国华盛顿特区 | 未建成 |
| 99 | 1966—1972 | 金贝尔艺术博物馆 | 艺术馆 | 美国得克萨斯州沃思堡市 | 建成 |
| 100 | 1966—1972 | 犹太牺牲者纪念碑 | 纪念碑 | 美国纽约州纽约市 | 未建成 |
| 101 | 1966—1972 | 贝斯-埃尔犹太会堂 | 宗教建筑 | 美国纽约州韦斯特切斯特县 | 建成 |
| 102 | 1966—1974 | 阿尔特加办公楼 | 办公楼 | 美国密苏里州堪萨斯城 | 未建成 |
| 103 | 1967—1974 | 小山改造重开发 | 学校 | 美国康涅狄格州纽哈文市 | 未建成 |
| 104 | 1967—1974 | 胡瓦犹太会堂 | 宗教建筑 | 以色列耶路撒冷市 | 未建成 |
| 105 | 1968—1974 | 双年展会议宫 | 会展建筑 | 意大利威尼斯市 | 未建成 |
| 106 | 1969—1970 | 双厅电影院 | 电影院 | 美国宾夕法尼亚州费城 | 未建成 |
| 107 | 1969—1974 | 耶鲁大学英国艺术中心 | 艺术馆 | 美国康涅狄格州纽哈文市 | 建成 |
| 108 | 1970—1974 | 家庭计划中心 | 医疗建筑 | 尼泊尔加德满都市 | 部分建成 |
| 109 | 1971—1973 | 霍尼克曼住宅 | 独栋住宅 | 美国宾夕法尼亚州蒙哥马利县 | 未建成 |
| 110 | 1971—1974 | 科曼住宅 | 独栋住宅 | 美国宾夕法尼亚州蒙哥马利县 | 建成 |
| 111 | 1971—1974 | 联合神学研究生院图书馆 | 图书馆 | 美国加利福尼亚州伯克利市 | 未建成 |
| 112 | 1971—1974 | 沃尔夫森工程中心 | 办公楼 | 以色列特拉维夫市 | 建成 |

# *1* 平面比较
*Comparison of plans*

## 表 1.2　路易斯·康的112个建筑作品的平面统计表

| 01 泽西住宅区学校 | 02 预制装配住宅 5D 单元 | |
| --- | --- | --- |
| 1F | 1F　　　　2F | |
| 03 奥瑟住宅 | 04 帕恩福特公共住宅 E 单元 | 05 194X 年住宅 |
| 2F　　1F | 2F　　1F | 2F　　1F |
| 06 威洛伦公共住宅区小学 | 07 斯坦顿路公共住宅二卧室单元 | 08 斯坦顿路公共住宅三卧室单元 |
| 1F | 2F　　1F | 2F　　1F |
| 09 战后住宅项目 | 10 194X 年酒店 | 11 模范邻里关系项目 |
| 2F　　1F | TF　　1F　　2F | 1F |

注：-1F指地下一层平面图，1F指一层平面图，2F指二层平面图，以此类推；TF指标准层平面图；MF指夹层平面图。

续表

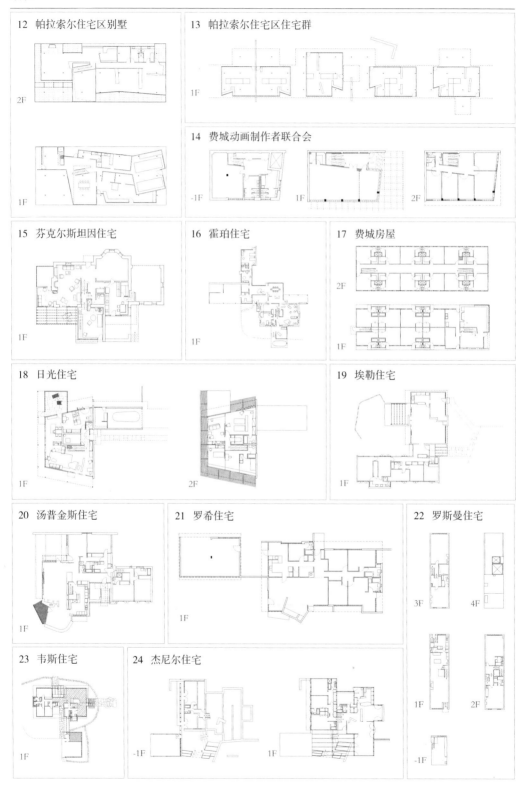

| 12 帕拉索尔住宅区别墅 | 13 帕拉索尔住宅区住宅群 |
| 2F | 1F |
| 1F | 14 费城动画制作者联合会 |
| | -1F 1F 2F |

15 芬克尔斯坦因住宅 1F
16 霍珀住宅 1F
17 费城房屋 2F 1F

18 日光住宅 1F 2F
19 埃勒住宅 1F

20 汤普金斯住宅 1F
21 罗希住宅 1F
22 罗斯曼住宅 3F 4F 1F 2F -1F

23 韦斯住宅 1F
24 杰尼尔住宅 -1F 1F

续表

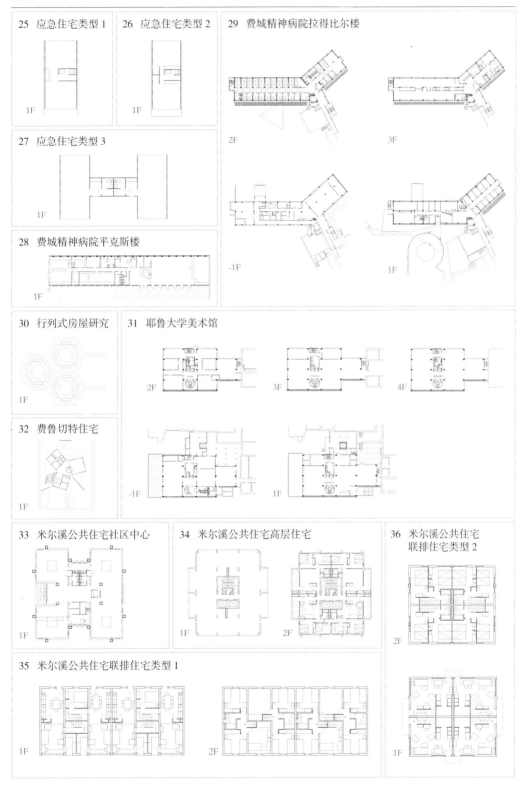

25 应急住宅类型 1　　1F

26 应急住宅类型 2　　1F

27 应急住宅类型 3　　1F

28 费城精神病院平克斯楼　　1F

29 费城精神病院拉得比尔楼　　2F　3F　-1F　1F

30 行列式房屋研究　　1F

31 耶鲁大学美术馆　　2F　3F　4F　-1F　1F

32 费鲁切特住宅　　1F

33 米尔溪公共住宅社区中心　　1F

34 米尔溪公共住宅高层住宅　　1F　2F

35 米尔溪公共住宅联排住宅类型 1　　1F　2F

36 米尔溪公共住宅联排住宅类型 2　　2F　1F

续表

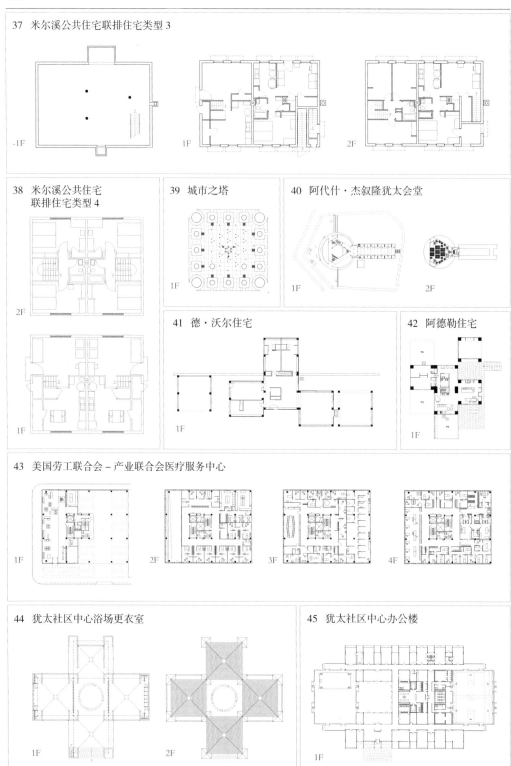

37 米尔溪公共住宅联排住宅类型 3

-1F　1F　2F

38 米尔溪公共住宅
联排住宅类型 4

2F　1F

39 城市之塔

1F

40 阿代什·杰叙隆犹太会堂

1F　2F

41 德·沃尔住宅

1F

42 阿德勒住宅

1F

43 美国劳工联合会 – 产业联合会医疗服务中心

1F　2F　3F　4F

44 犹太社区中心浴场更衣室

1F　2F

45 犹太社区中心办公楼

1F

续表

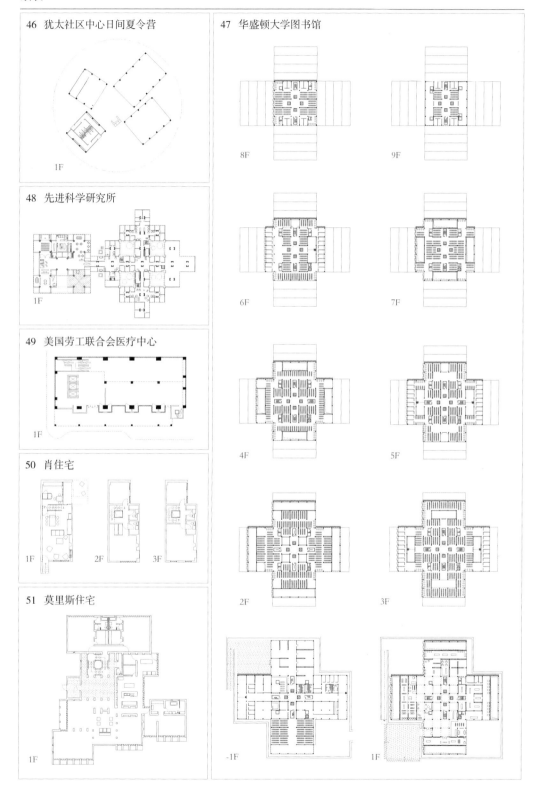

46 犹太社区中心日间夏令营
1F

47 华盛顿大学图书馆
8F
9F
6F
7F
4F
5F
2F
3F
-1F
1F

48 先进科学研究所
1F

49 美国劳工联合会医疗中心
1F

50 肖住宅
1F
2F
3F

51 莫里斯住宅
1F

续表

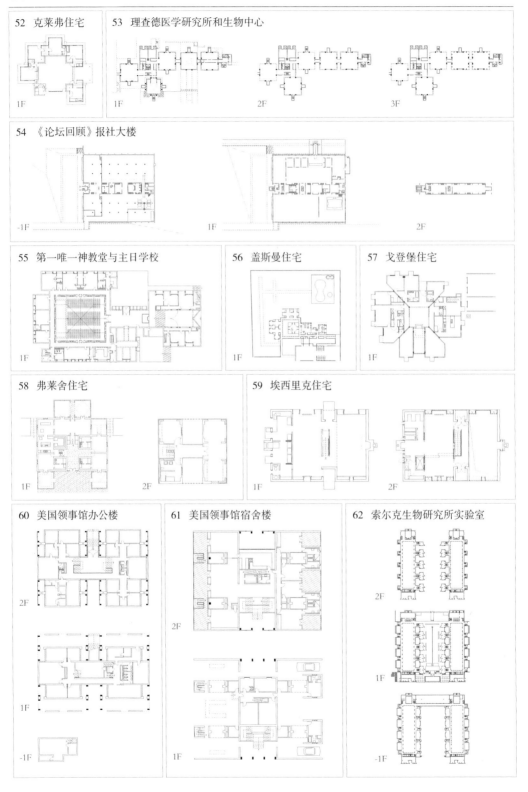

| 52 克莱弗住宅 1F | 53 理查德医学研究所和生物中心 1F 2F 3F |
| 54 《论坛回顾》报社大楼 -1F 1F 2F | |
| 55 第一唯一神教堂与主日学校 1F | 56 盖斯曼住宅 1F | 57 戈登堡住宅 1F |
| 58 弗莱舍住宅 1F 2F | 59 埃西里克住宅 1F 2F | |
| 60 美国领事馆办公楼 2F 1F -1F | 61 美国领事馆宿舍楼 2F 1F | 62 索尔克生物研究所实验室 2F 1F -1F |

续表

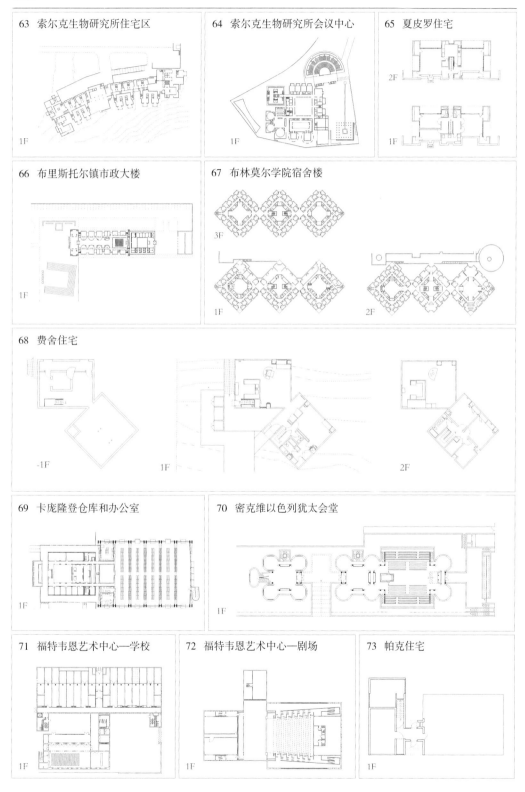

63 索尔克生物研究所住宅区
1F

64 索尔克生物研究所会议中心
1F

65 夏皮罗住宅
2F
1F

66 布里斯托尔镇市政大楼
1F

67 布林莫尔学院宿舍楼
3F
1F
2F

68 费舍住宅
-1F
1F
2F

69 卡庞隆登仓库和办公室
1F

70 密克维以色列犹太会堂
1F

71 福特韦恩艺术中心—学校
1F

72 福特韦恩艺术中心—剧场
1F

73 帕克住宅
1F

续表

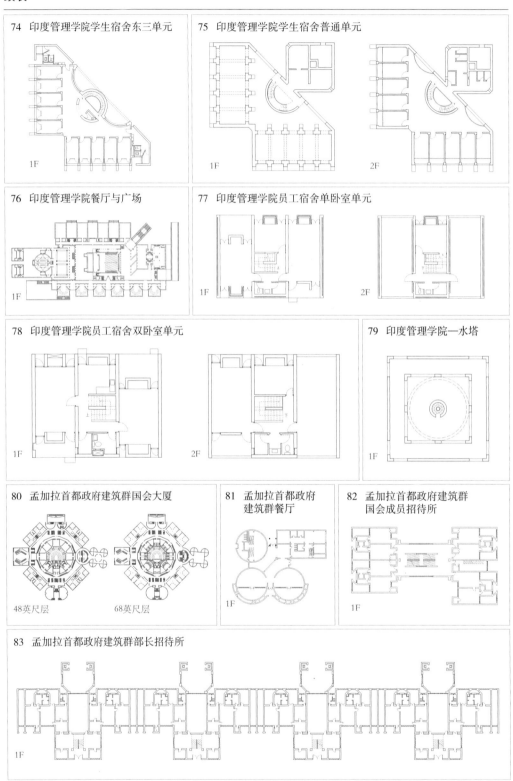

| 74 印度管理学院学生宿舍东三单元 | 75 印度管理学院学生宿舍普通单元 |

1F

1F　　　　　　　　　　2F

| 76 印度管理学院餐厅与广场 | 77 印度管理学院员工宿舍单卧室单元 |

1F

1F　　　　　　　　　　2F

| 78 印度管理学院员工宿舍双卧室单元 | 79 印度管理学院—水塔 |

1F　　　　　　　　　　2F

1F

| 80 孟加拉首都政府建筑群国会大厦 | 81 孟加拉首都政府建筑群餐厅 | 82 孟加拉首都政府建筑群国会成员招待所 |

48英尺层　　　　　　68英尺层

1F

1F

83 孟加拉首都政府建筑群部长招待所

1F

注：1 英尺 = 0.3048 米

续表

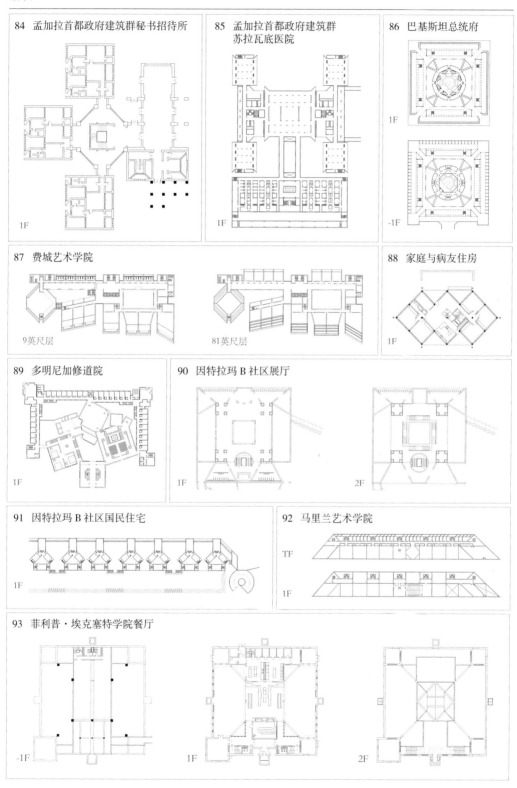

84 孟加拉首都政府建筑群秘书招待所
1F

85 孟加拉首都政府建筑群
苏拉瓦底医院
1F

86 巴基斯坦总统府
1F
-1F

87 费城艺术学院
9英尺层
81英尺层

88 家庭与病友住房
1F

89 多明尼加修道院
1F

90 因特拉玛 B 社区展厅
1F
2F

91 因特拉玛 B 社区国民住宅
1F

92 马里兰艺术学院
TF
1F

93 菲利普·埃克塞特学院餐厅
-1F
1F
2F

续表

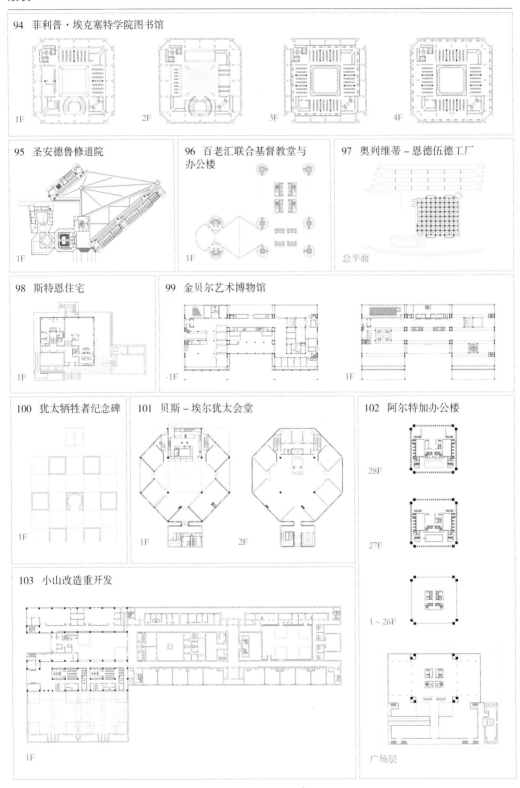

94　菲利普·埃克塞特学院图书馆

1F　2F　3F　4F

95　圣安德鲁修道院
1F

96　百老汇联合基督教堂与办公楼
1F

97　奥列维蒂–恩德伍德工厂
总平面

98　斯特恩住宅
1F

99　金贝尔艺术博物馆
-1F　1F

100　犹太牺牲者纪念碑
1F

101　贝斯–埃尔犹太会堂
1F　2F

102　阿尔特加办公楼
28F　27F　1～26F　广场层

103　小山改造重开发
1F

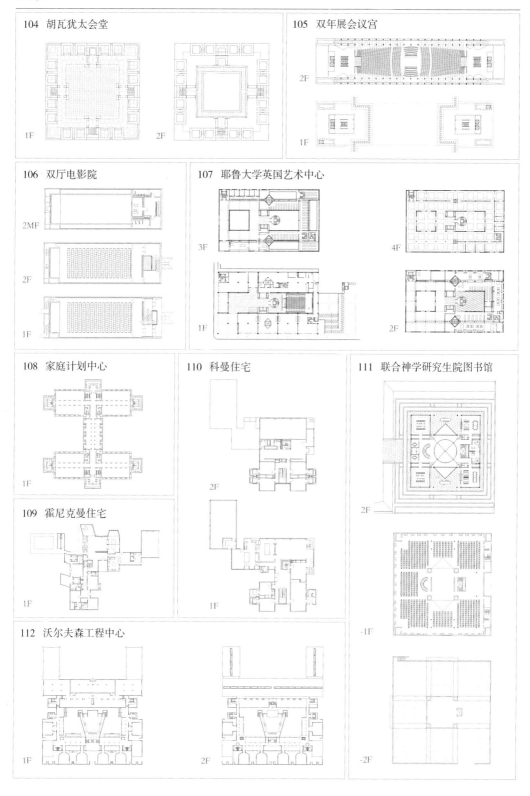

续表

104 胡瓦犹太会堂

105 双年展会议宫

106 双厅电影院

107 耶鲁大学英国艺术中心

108 家庭计划中心

110 科曼住宅

111 联合神学研究生院图书馆

109 霍尼克曼住宅

112 沃尔夫森工程中心

在探讨空间变化时，建筑平面图能提供的信息主要是建筑的外轮廓与其内部的空间布局和构成关系。本节先整理出平面统计表，再对这些平面进行抽象处理与归类。康的112个建筑作品的平面整理如表1.2（第005页~第015页）。

由于每个项目的平面层数和尺度不一致，因此需要对这些平面进行两种不同类别的抽象提取才能进行比较分析：

（1）有代表性的平面的外轮廓；

（2）有代表性的平面的内部划分。

在只有一层的建筑单体中，抽象提取的自然就是唯一的那层平面，而多层的建筑单体需要确立其代表性平面。为了更为准确地提取，研究制定了确定具有代表性平面的两个原则：

原则一，能更多反映建筑外部轮廓特征（如更接近建筑的最大投影面积）的楼层。

示例：在双年展会议宫中，选取第二个平面作为抽象提取的代表性平面，因为第一张图不能完整反映建筑外轮廓信息。第二张图抽象过程如图1.1所示。

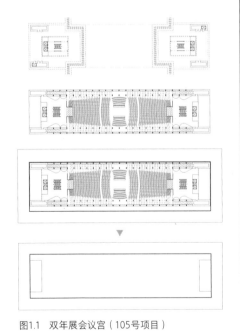

图1.1　双年展会议宫（105号项目）

原则二，能更准确地反映建筑平面信息的楼层（如选择整层平面而不选择夹层，选择标准层而不是变化较大的底层或顶层，等等）。

示例：在阿尔特加办公楼这个项目中，第一个平面是广场层，第三个和第四个平面属于楼顶部分的变化层，因此选择第二个平面作为抽象提取的代表性平面，抽象过程如图1.2所示。

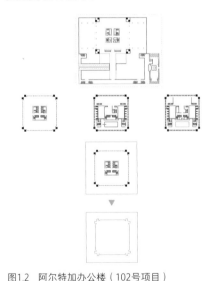

图1.2　阿尔特加办公楼（102号项目）

**平面外轮廓的抽象化**

依据以上两个原则，对这 112 个建筑作品中的代表性平面进行抽象提取后，整理得到表 1.3（在部分项目中出现的虚线轮廓代表项目场地上的原有建筑）。

表 1.3　112个建筑作品平面轮廓抽象过程表

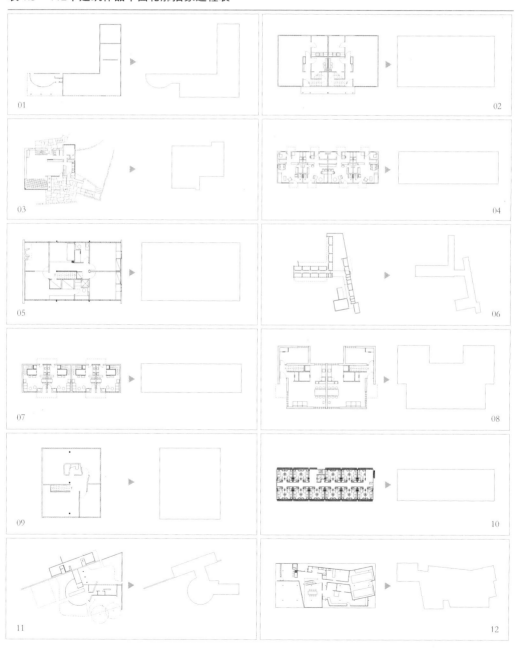

续表

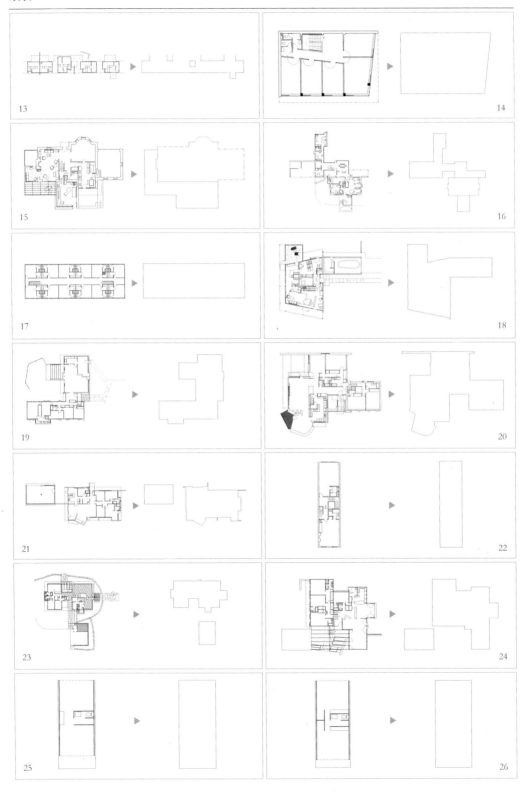

续表

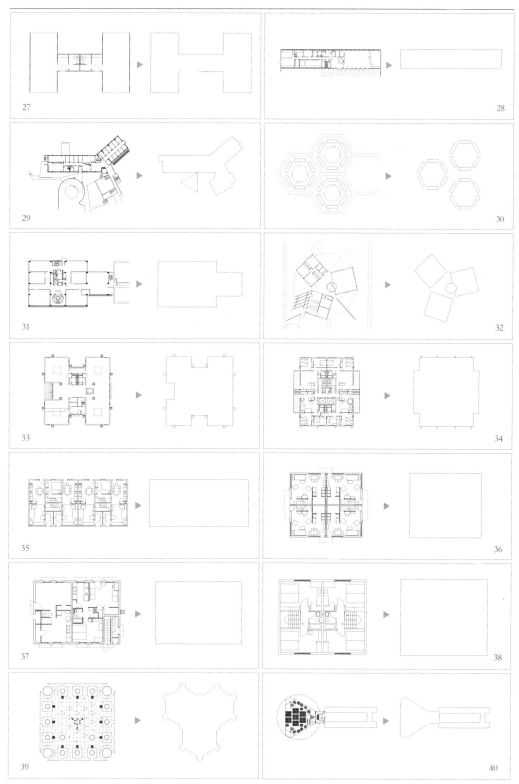

续表

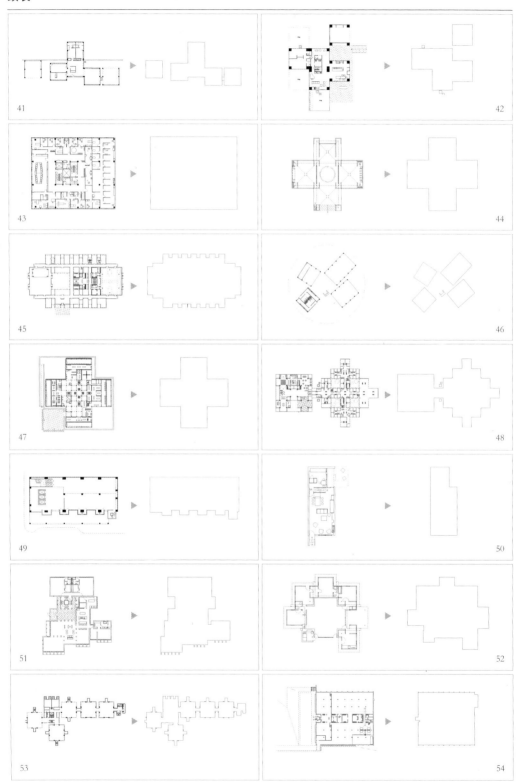

续表

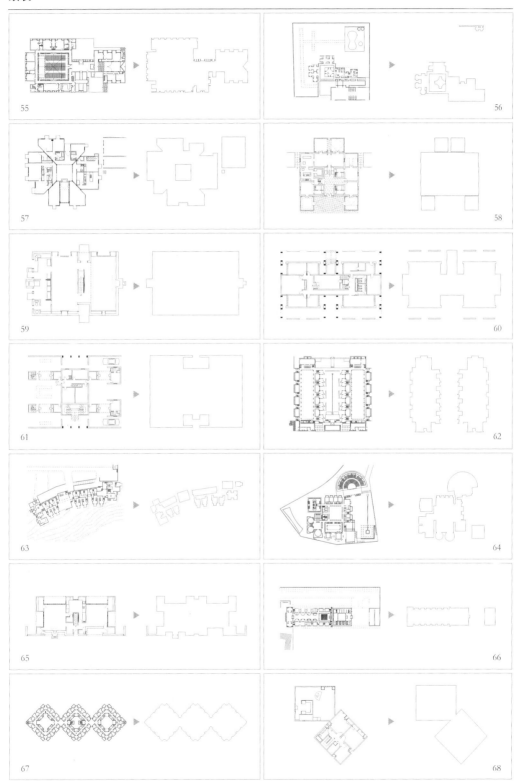

续表

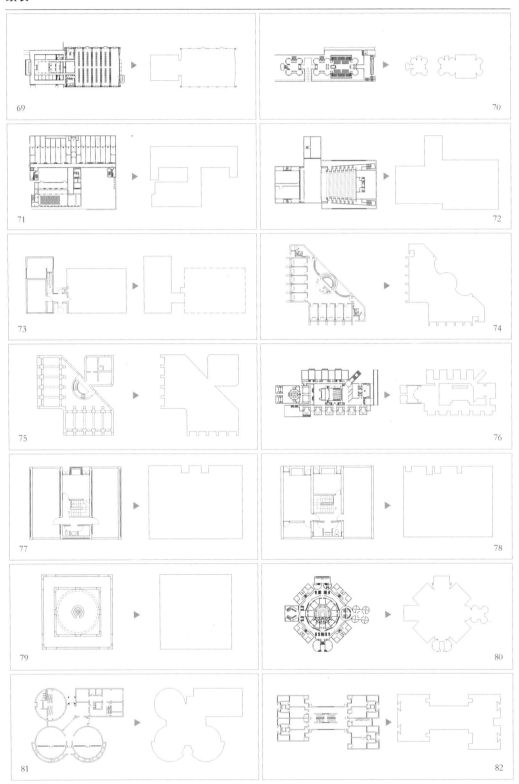

续表

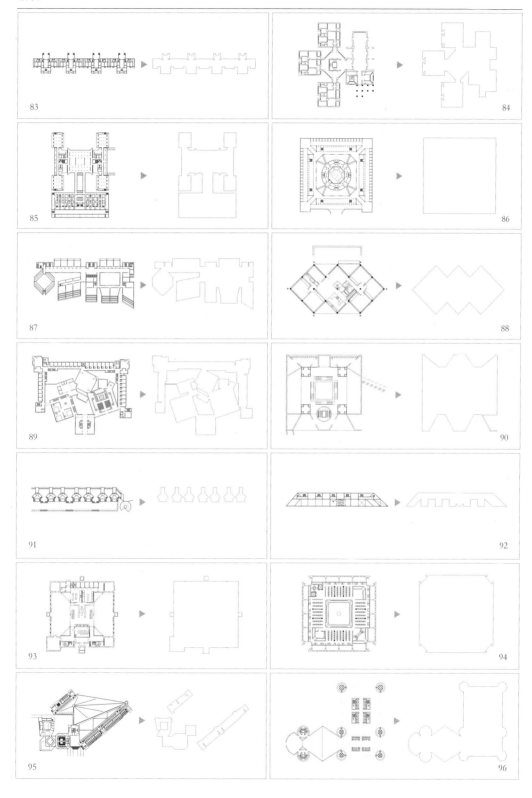

续表

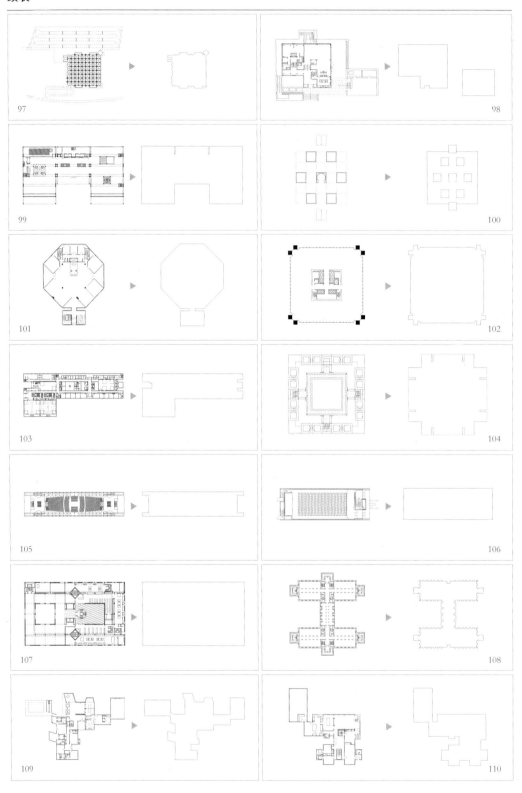

续表

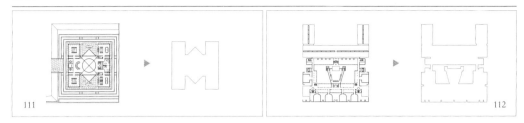

为了便于整体观察和分类说明，本书将这些轮廓的抽象图示单独整理出来，得到表1.4。

表1.4 112个建筑作品轮廓抽象图示统计表

续表

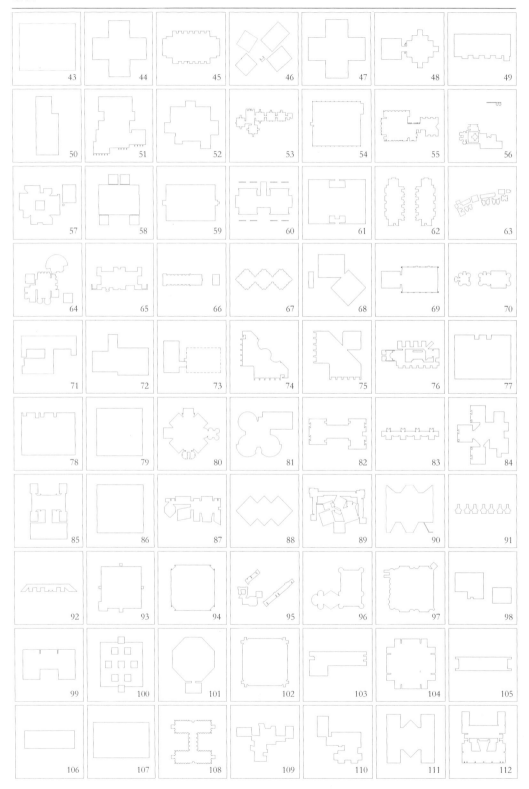

对表 1.4 中的平面轮廓进行整合归类后,可以按照不同特征将其分为以下五类(表 1.5 ~ 表 1.9)。

表 1.5　A 类:由正交直线构成的轮廓

A 类项目(表 1.5)中,编号靠前的项目较多,前十个编号中有八个都属于此类,而后面的项目涵盖了编号的中段与后段。由于项目编号是按设计年代排列的,这意味着在康前期的实践中,大量的设计比较方正平整,中期有所变化,但是中后期又有所回归。从项目类型上看,A 类轮廓多在居住建筑中出现,相比较而言,集合住宅(如 02、04、07 号项目等)多采用简单的矩形轮廓,而独栋住宅的轮廓(如 19、23、24、51 号项目等)大多较为复杂一些。

此外,25、26、27 号这三个项目的轮廓都是由矩形构成的,虽然是供单独的家庭居住使用(类似于独栋住宅),但是由于该项目是战时应急住宅,需要满足安装与拆卸的便捷性,所以轮廓也比较简单。

表 1.6　B类：由正交直线与斜线及弧线构成的轮廓

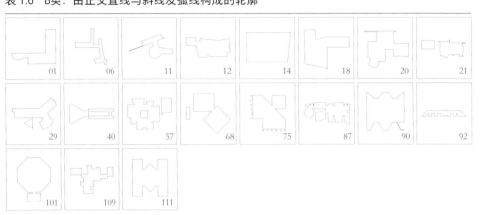

从 B 类项目（表 1.6）编号中可以看出这种类型在康的各个实践阶段都出现过。除了一些能明显看出是 45° 轮廓线的项目，如 57、68、101、111 号之外，其他大量的非正交体系的平面轮廓显示出康也在尝试着不同角度的外轮廓构成。68、75、87、109 号四个项目体现出转角打开与其他部分相接的形态，其中除了 87 号是公共建筑，其余三个都是居住建筑。

值得一提的是，29 号项目中出现了一个独立的三角形，这在康之前的建筑作品平面中从未出现过。相关资料显示，当时安妮·婷作为咨询建筑师加入这个项目，而这个三角形的雨棚正是她提议设计的。40 号项目的一侧也有一个三角形，这个三角形是一个犹太教堂的集会堂，康在与安妮·婷的来往信件中也讨论了这个方案。这段时间在康的设计中集中出现了三角形轮廓，可以看作是受到了安妮·婷的影响。

除此之外，1 号项目也比较特殊。1 号项目是一个社区中心学校，属于康早期的公共住宅项目。这个曲线和矩形的构成与柯布西耶的拉罗歇别墅较为相似。该设计由于在当时的美国显得过于激进而未被采纳，最后得到采用的是事务所其他人的方案。

表 1.7　C 类：有重复要素参与构成的轮廓

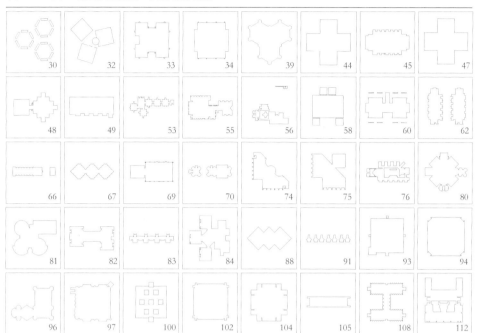

C 类项目（表 1.7）的编号显示，这些项目大多是康中后期的设计，大体上规则的轮廓、重复的要素构成、明显的对称性使这类轮廓具有极高的辨识度。康的一些较为出名的作品大多属于此类轮廓。重复的要素包括方形、圆形及六边形等，构成的方式比较多样，有形成阵列的布置，也有较为规则的对称布置。

30、32、39 号项目的轮廓可以理解为近似正三角形的构图。后期的平面中再未出现这种类型的构图，而是大量采用由矩形或方形控制的轮廓，到后来还加入了较多的圆形，而圆形在康早期的建筑里并不多见。

33、34、74、75、93 号这五个项目中重复的要素是外轮廓上极小的点缀似的小轮廓，其中比较有趣的是 75 号项目既属于 B 类又属于 C 类；47、88、100 号这三个项目平面是由多个正方形组成的轮廓组合；45、49、55、62、66、67、69、76、83、108 号这十个轮廓的共同特征是在一个大轮廓下有重复凸出于主轮廓的小轮廓，并且集中在某条边上排列；而 70、80、81、82、84、94、96、102、104、105 号这十个轮廓上重复的要素则均在大轮廓的角部出现。

表 1.8　D类：不规则散落构成的轮廓

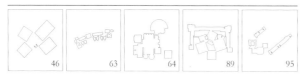

表 1.9　E类：其他类

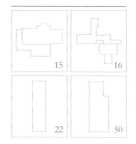

D 类项目（表 1.8）较少，并且集中在康中后期的设计中，说明康在设计上对不规则的散落式平面只是略有尝试，并未大量使用，其中除了 63 号项目是集合住宅，其余均为公共建筑。89 号项目比较特殊，是在三个相互垂直的长条形轮廓中散落布置了几个矩形轮廓，相比其他四个显得稍有规则。

这四个项目（表 1.9）属于在原有建筑上的增建、改建，其中 15、16 号两个项目是增建，与原始建筑用虚线区分，22、50 号是室内改建，在外轮廓上并没有任何变化，所以将这四个归为其他类。

## 平面的内部分隔

除了外轮廓，平面图的内部分隔也能表达建筑师对空间的处理方式，下面对用于内部分隔的墙体进行简化，提取出抽象图示进行分析。

内部分隔墙体的抽象提取所遵循的原则是：保留内部主要墙体的同时，适当简化部分次要墙体，将房间内有高差的地方，如楼梯间的位置，以点阵标注出来。

从图纸上看明显比其他墙稍厚的墙体（作为主要结构），以及分隔出主要房间的墙体（作为主要空间划分）为主要墙体。主要房间内部再细分出小房间的隔墙等为次要墙体。抽象过程如表 1.10 所示。

表 1.10　112个建筑作品平面内部分隔抽象过程表

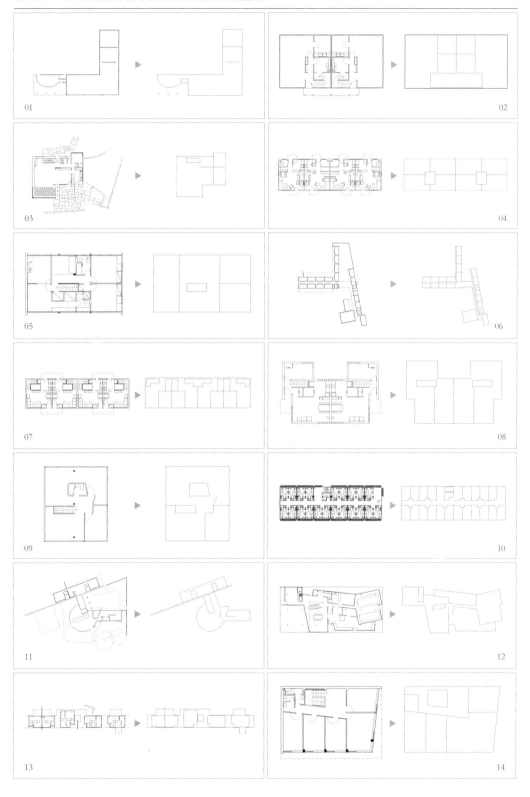

续表

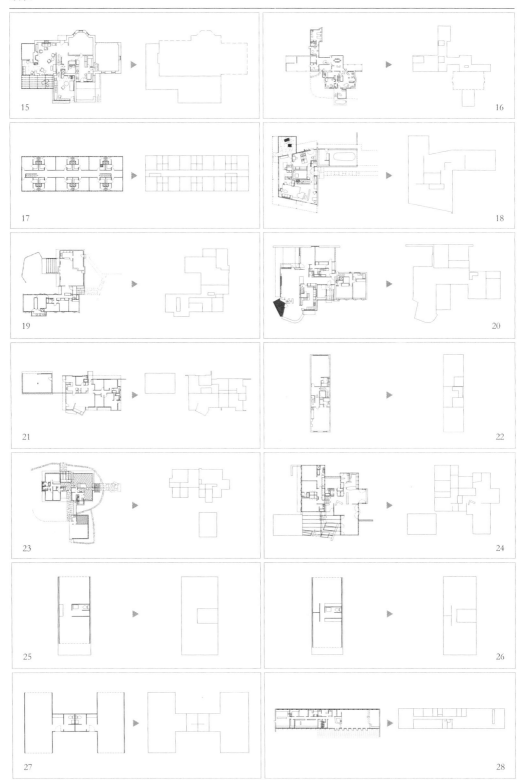

续表

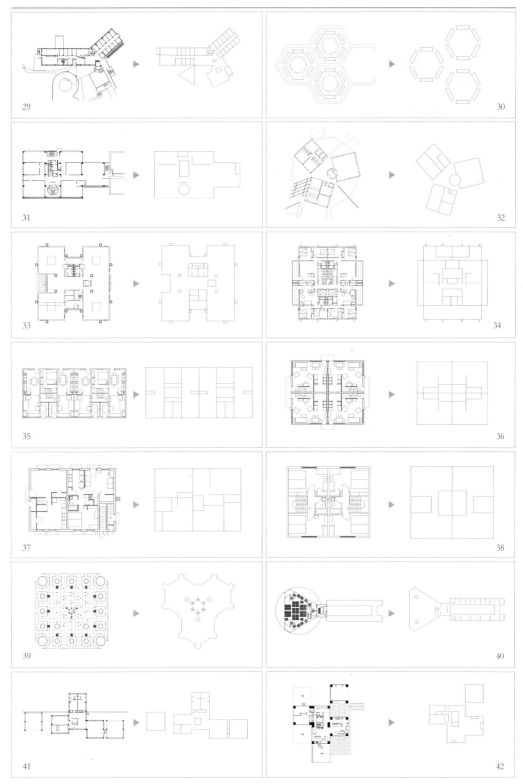

续表

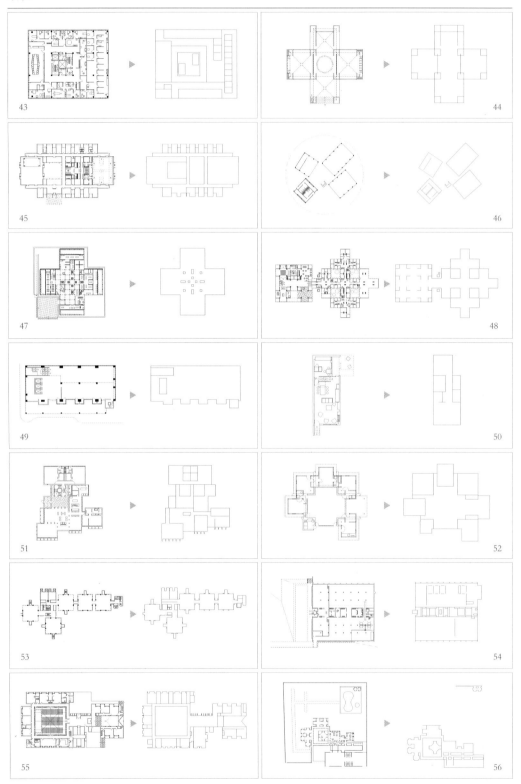

续表

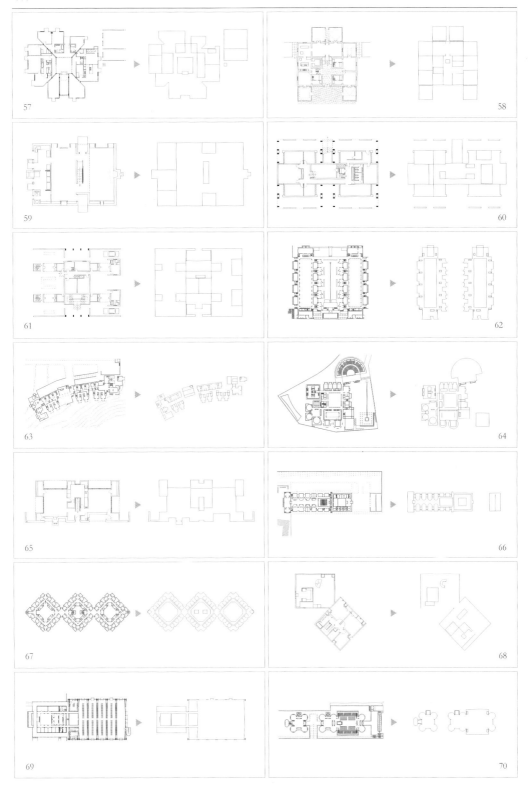

续表

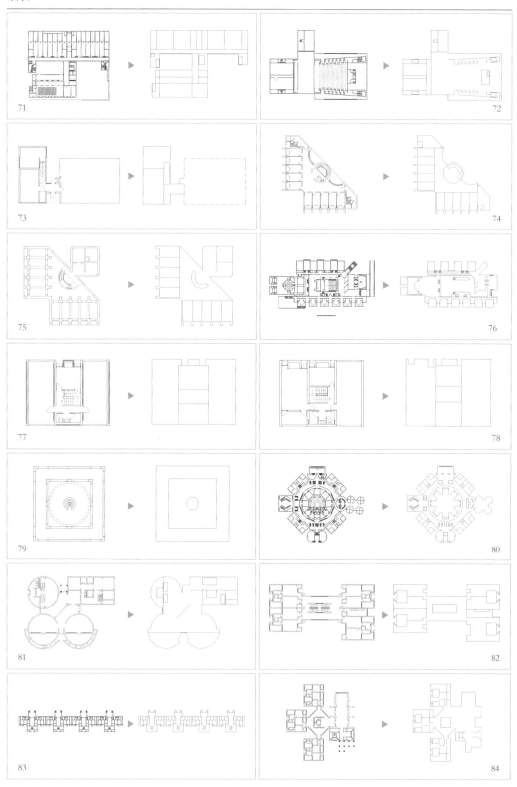

续表

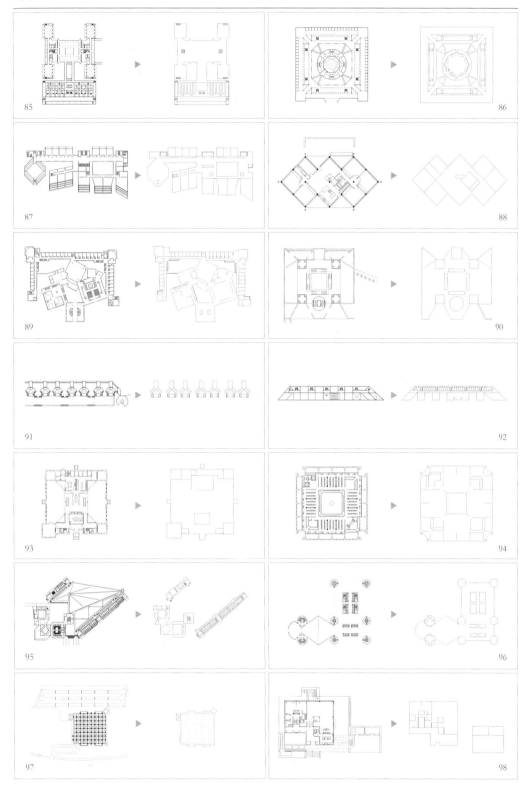

续表

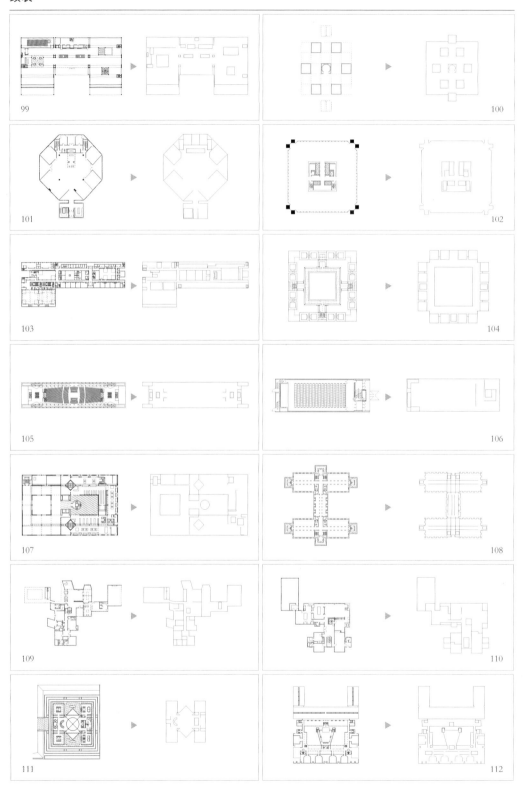

为了便于在下文中进行整体观察和分类说明，将这些轮廓的抽象图示单独整理成表 1.11。

表 1.11　112个建筑内部分隔抽象统计表

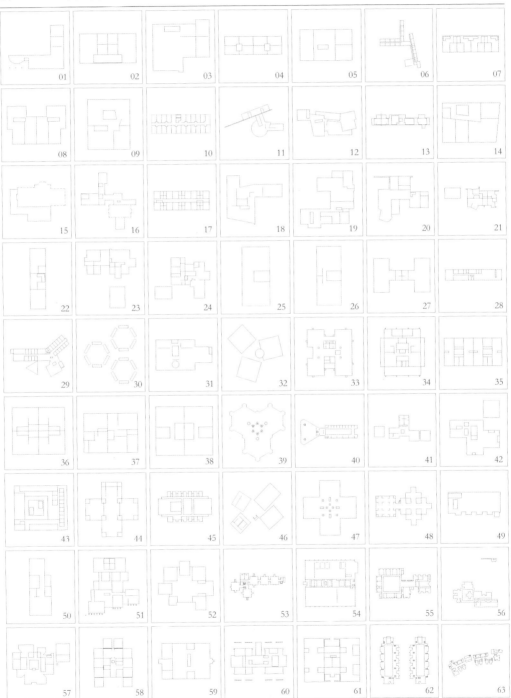

续表

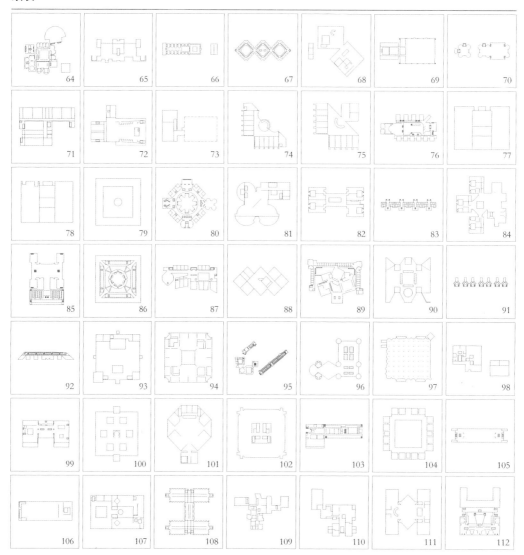

从整体上看，在这 112 个项目中，大部分内部分隔方式具有较强的规律，如矩形大空间边上附着小空间的组织方式，或是方形大空间周边对称环绕布置小空间的组织方式等，除此之外，也有少量自由灵活的内部分隔方式，多见于康德早期作品中。

这 112 个建筑的内部分隔的抽象图示可以分为以下几类（表 1.12 ~ 表 1.14）。

---

表 1.12　A 类：由重复单元构成的内部分隔

这个类别在康的设计中出现得最多，也最有代表性，其主要特征是有重复性单元的空间组织方式。02、04、07、08、34、35、36、38 号这几个项目是集合住宅，17、67、74、75 号这几个项目是集体宿舍，很明显的单元重复构成方式是比较常规的做法。其中 67 号项目较为复杂，是三个重复的中心空间对角相接，而 52、58 号这两个独栋住宅的内部分隔中出现了构成方式有所区别的方形或矩形的重复。前者是由重复的方形与矩形单元向心性地围合组织起来，而后者是由同等大小的方形单元并列拼合而成的。

39、44、47、80、86、94、104 号项目内部分隔有着明显的中心构图，但具体情况有所不同。39 号与 47 号虽然在形状上分别是三角形和方形，但中心部分均是交通空间，边角上的空间性质是一样的。44 号与 47 号虽然均为"十"字形空间，但 44 号是由四个方形单元组合而成的第五个空间，47 号是由于交通空间在中心而把空间隔成了四个均等的方形。80、86、94、104 号这四个项目，有着一样的中心空间和四周围合的组织方式，其中 86 号与 80 号的八边形内部核心较为相似，而 86 号与 104 号在外围上的组织方式相同，都是正方形四边上有一圈房间围合，留出转角的开口，但同样有着转角开口的 94 号又有所不同，它在正方形构图下的内部分隔并未强调环绕一圈的走廊，四周的房间也并不像另外三者那样较为封闭。

45、55、62、66、76 号项目均可以被看作一条宽阔的走廊（或者说矩形大房间）与在长向上分布的若干个重复的分隔单元组成内部分隔方式。这种分隔方式与在走廊侧方排布房间的办公建筑类似。具体来说，45、62、66 号项目在形式上比较对称，但 55 号的中部被破开了。根据项目资料，55 号项目的左右两部分是在不同时间建成的，右侧要扩建成办公部分可能是导致整体被破开的原因。62、76 号的内部分隔与前面几个大同小异，但是从整体构图上来看，62 号将这种形式（矩形大房间 + 两侧长向上的小房间）在内部又做了一次对称，而 76 号中间的大空间是室外广场，在右上角还破开了一个以 45 度角斜插入的入口空间。

83、91 号项目是比较简单的单元组合，前者连缀，后者脱开，不过前者内部的各个单元还是独立并置，没有贯通。82、84 号都是几个重复的单元加上局部变化形成的平面构图。89、92 号在构图上有某种相似性，可以把 89 号看作近似 92 号的折叠版。

表 1.13　B类：含非正交直线或弧线构成的内部分隔

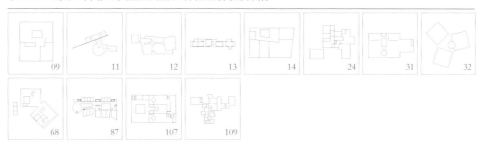

此类型项目在康的建筑实践中出现的次数较少，且比较集中于他的设计早期和后期，在中期较少出现。早期的 09、11、12、13、14、24 号项目内部分隔出现了斜线的墙体，而 31、32、68、107 号项目在内部出现了被圆或圆弧结构划分的空间。不同的是，31、107 号的两个圆弧是楼梯间，而 32、68 号的圆弧则是壁炉。最后，87、109 号这两个项目内部斜墙主要受制于外轮廓的线条方向，并不是起主动划分作用的墙体。

表 1.14　C类：其他类（未见有明显特征的内部分隔）

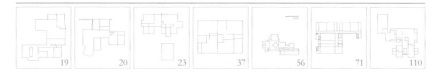

本类别项目的内部分隔没有明显的可归类特征，由于没有可作为分析对比的要点，因此仅列举若干此类平面内部分隔。

# 2 立面比较
*Comparison of façades*

在探讨空间变化的层面上，建筑立面能够提供的信息较少，主要是反映建筑的屋顶形式和建筑不同部分间的外轮廓变化。康的112个建筑作品的立面列表如表1.15。

表1.15　112个建筑作品的立面统计表

| 01 泽西住宅区学校 |
| --- |
| |

| 02 预制装配住宅 5D 单元 |
| --- |
| |

| 03 奥瑟住宅 |
| --- |
| |

| 04 帕恩福特公共住宅 E 单元 |
| --- |
| |

| 05 194X 年住宅 |
| --- |
| |

续表

| 06 威洛伦公共住宅区小学 |
| --- |
| |

| 07 斯坦顿路公共住宅二卧室单元 |
| --- |
| |

| 08 斯坦顿路公共住宅三卧室单元 |
| --- |
| |

| 09 战后住宅项目 |
| --- |
| |

| 10 194X 年酒店 |
| --- |
| |

| 11 模范邻里关系项目 |
| --- |
| |

| 12 帕拉索尔住宅区别墅 |
| --- |
| |

续表

| 13 帕拉索尔住宅区住宅群 |
|---|

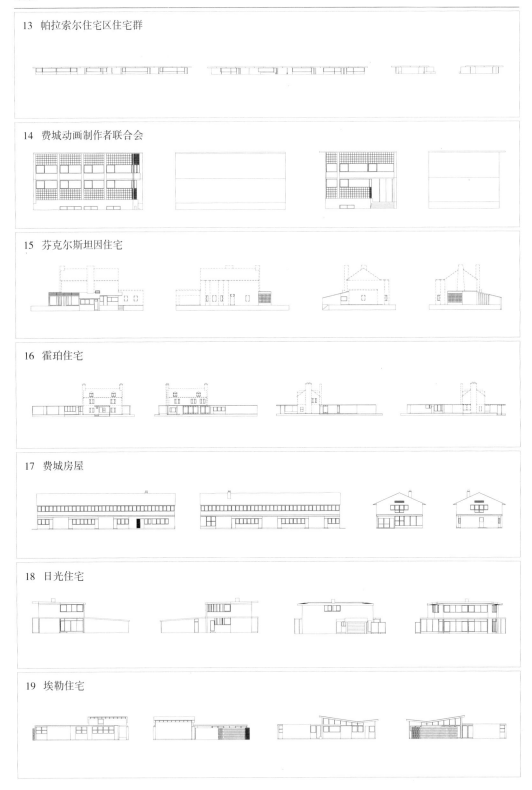

| 14 费城动画制作者联合会 |
|---|

| 15 芬克尔斯坦因住宅 |
|---|

| 16 霍珀住宅 |
|---|

| 17 费城房屋 |
|---|

| 18 日光住宅 |
|---|

| 19 埃勒住宅 |
|---|

续表

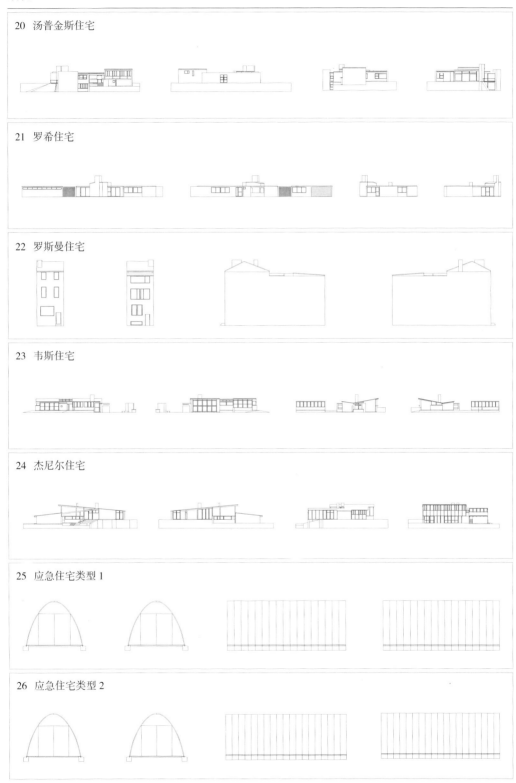

20　汤普金斯住宅

21　罗希住宅

22　罗斯曼住宅

23　韦斯住宅

24　杰尼尔住宅

25　应急住宅类型 1

26　应急住宅类型 2

续表

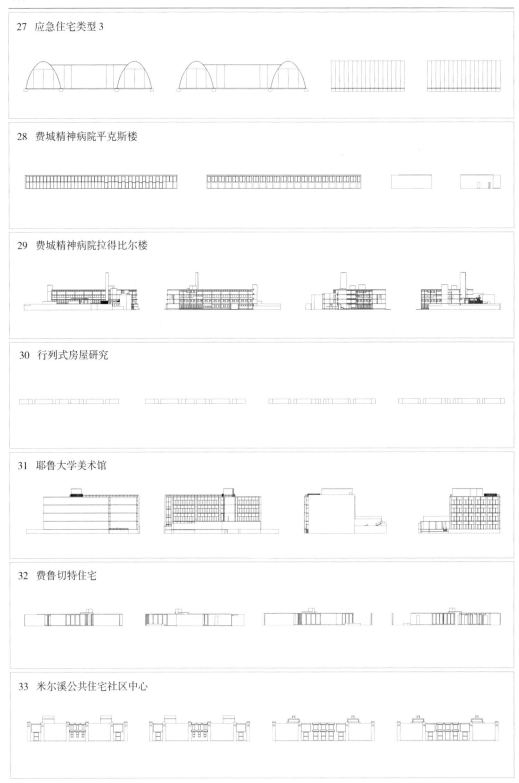

| 27 应急住宅类型3 |
| 28 费城精神病院平克斯楼 |
| 29 费城精神病院拉得比尔楼 |
| 30 行列式房屋研究 |
| 31 耶鲁大学美术馆 |
| 32 费鲁切特住宅 |
| 33 米尔溪公共住宅社区中心 |

续表

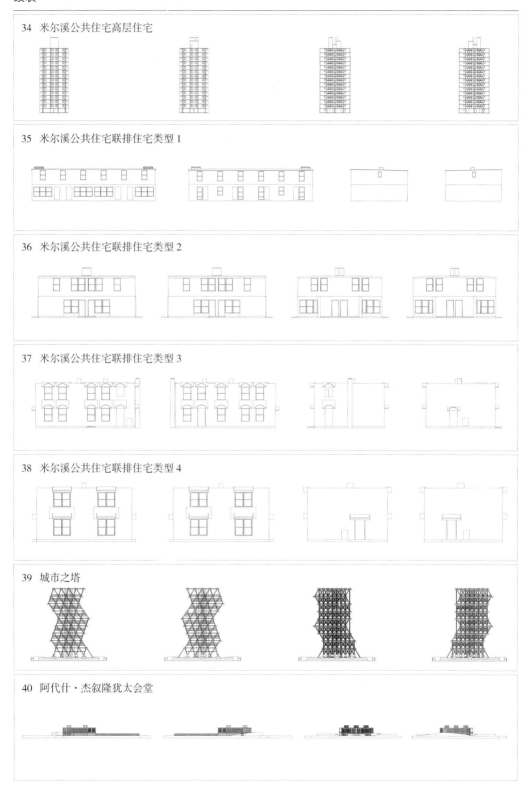

| 34 | 米尔溪公共住宅高层住宅 |
| 35 | 米尔溪公共住宅联排住宅类型 1 |
| 36 | 米尔溪公共住宅联排住宅类型 2 |
| 37 | 米尔溪公共住宅联排住宅类型 3 |
| 38 | 米尔溪公共住宅联排住宅类型 4 |
| 39 | 城市之塔 |
| 40 | 阿代什·杰叙隆犹太会堂 |

续表

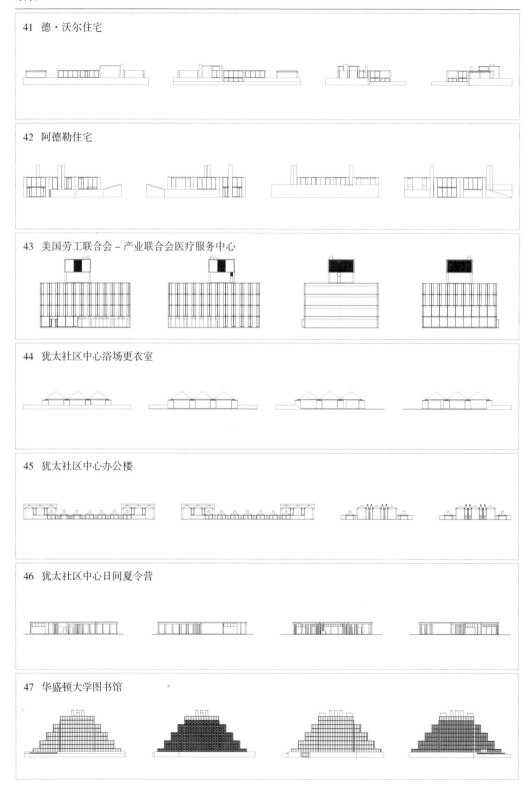

| 41 德·沃尔住宅 |
| --- |

| 42 阿德勒住宅 |

| 43 美国劳工联合会 – 产业联合会医疗服务中心 |

| 44 犹太社区中心浴场更衣室 |

| 45 犹太社区中心办公楼 |

| 46 犹太社区中心日间夏令营 |

| 47 华盛顿大学图书馆 |

续表

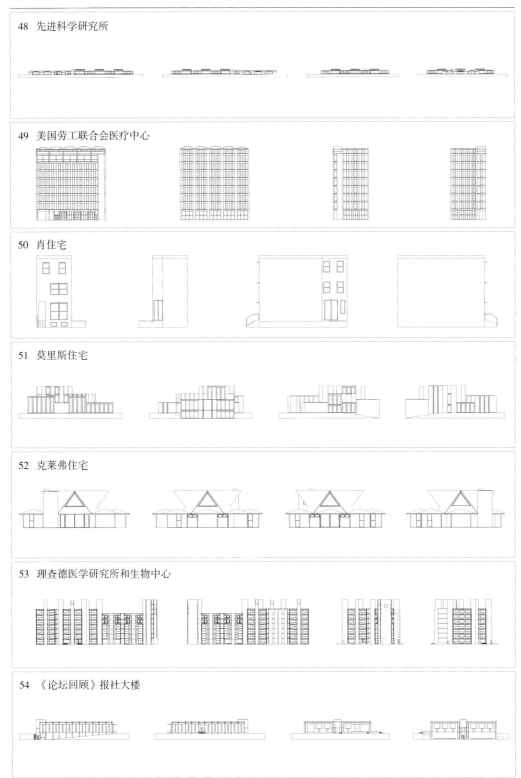

| 48 | 先进科学研究所 |
| 49 | 美国劳工联合会医疗中心 |
| 50 | 肖住宅 |
| 51 | 莫里斯住宅 |
| 52 | 克莱弗住宅 |
| 53 | 理查德医学研究所和生物中心 |
| 54 | 《论坛回顾》报社大楼 |

续表

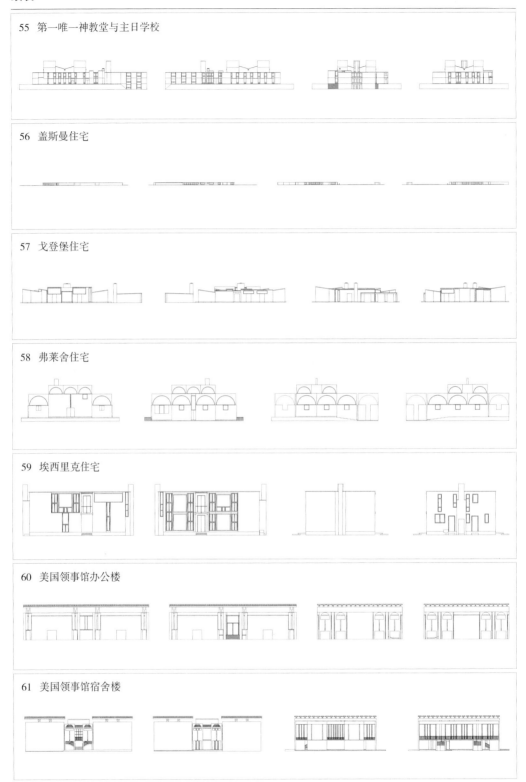

| 55 | 第一唯一神教堂与主日学校 |
| 56 | 盖斯曼住宅 |
| 57 | 戈登堡住宅 |
| 58 | 弗莱舍住宅 |
| 59 | 埃西里克住宅 |
| 60 | 美国领事馆办公楼 |
| 61 | 美国领事馆宿舍楼 |

续表

| 62 索尔克生物研究所实验室 |
| :--- |
| |

| 63 索尔克生物研究所住宅区 |
| :--- |
| |

| 64 索尔克生物研究所会议中心 |
| :--- |
| |

| 65 夏皮罗住宅 |
| :--- |
| |

| 66 布里斯托尔镇市政大楼 |
| :--- |
| |

| 67 布林莫尔学院宿舍楼 |
| :--- |
| |

| 68 费舍住宅 |
| :--- |
| |

续表

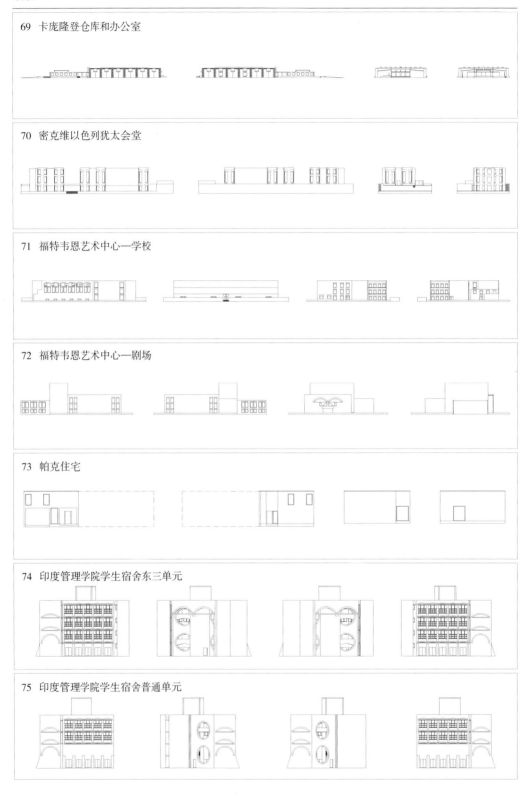

| | |
|---|---|
| 69 卡庞隆登仓库和办公室 | |
| 70 密克维以色列犹太会堂 | |
| 71 福特韦恩艺术中心—学校 | |
| 72 福特韦恩艺术中心—剧场 | |
| 73 帕克住宅 | |
| 74 印度管理学院学生宿舍东三单元 | |
| 75 印度管理学院学生宿舍普通单元 | |

续表

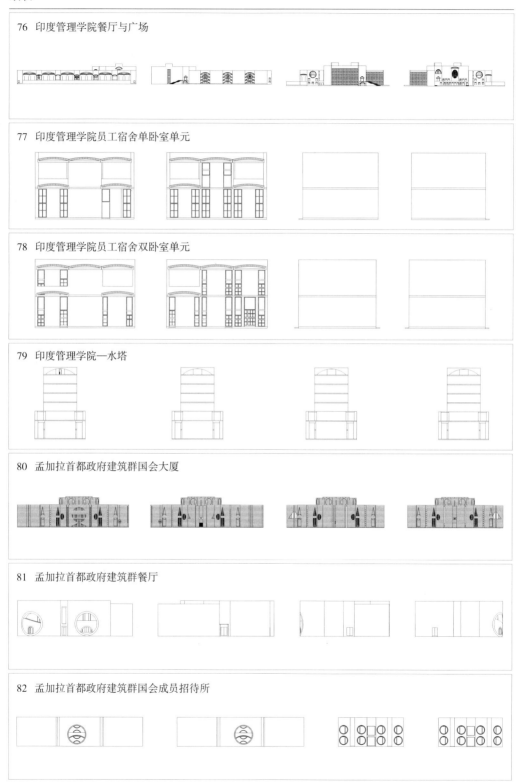

| 76 | 印度管理学院餐厅与广场 |
| 77 | 印度管理学院员工宿舍单卧室单元 |
| 78 | 印度管理学院员工宿舍双卧室单元 |
| 79 | 印度管理学院—水塔 |
| 80 | 孟加拉首都政府建筑群国会大厦 |
| 81 | 孟加拉首都政府建筑群餐厅 |
| 82 | 孟加拉首都政府建筑群国会成员招待所 |

续表

| 83 孟加拉首都政府建筑群部长招待所 |
| --- |

| 84 孟加拉首都政府建筑群秘书招待所 |
| --- |

| 85 孟加拉首都政府建筑群苏拉瓦底医院 |
| --- |

| 86 巴基斯坦总统府 |
| --- |

| 87 费城艺术学院 |
| --- |

| 88 家庭与病友住房 |
| --- |

| 89 多明尼加修道院 |
| --- |

续表

| | |
|---|---|
| 90 因特拉玛 B 社区展厅 | 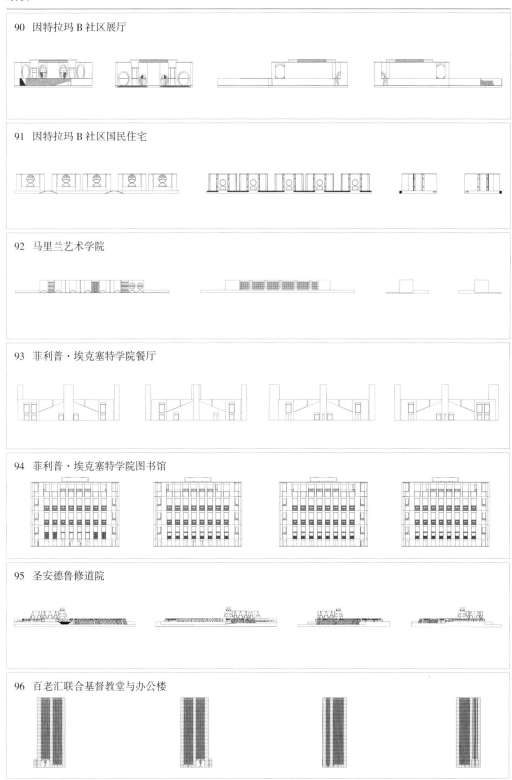 |
| 91 因特拉玛 B 社区国民住宅 | |
| 92 马里兰艺术学院 | |
| 93 菲利普·埃克塞特学院餐厅 | |
| 94 菲利普·埃克塞特学院图书馆 | |
| 95 圣安德鲁修道院 | |
| 96 百老汇联合基督教堂与办公楼 | |

**续表**

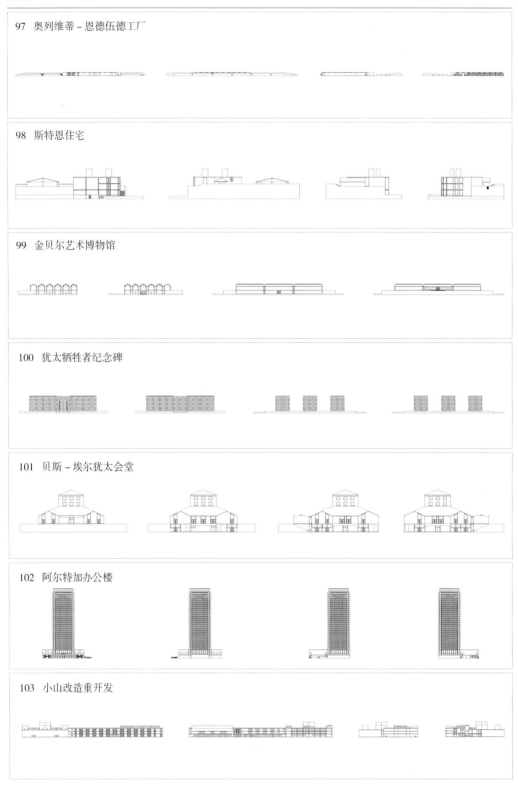

| | |
|---|---|
| 97 奥列维蒂 – 恩德伍德工厂 | |
| 98 斯特恩住宅 | |
| 99 金贝尔艺术博物馆 | |
| 100 犹太牺牲者纪念碑 | |
| 101 贝斯 – 埃尔犹太会堂 | |
| 102 阿尔特加办公楼 | |
| 103 小山改造重开发 | |

续表

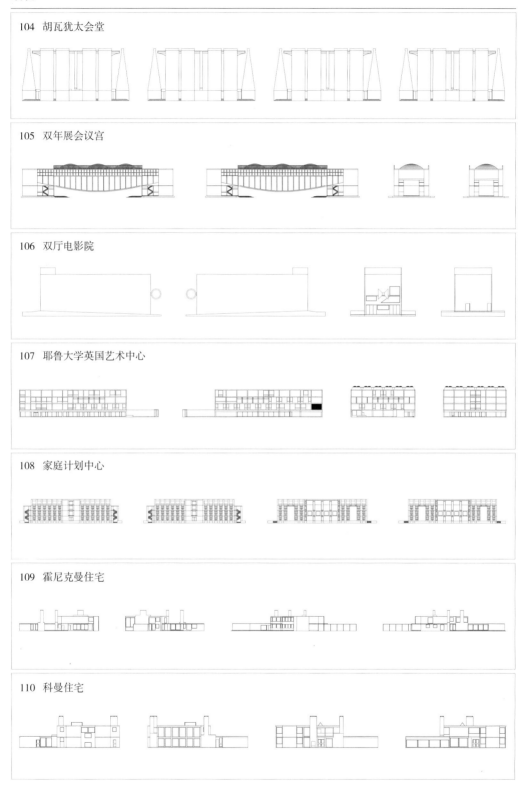

104  胡瓦犹太会堂

105  双年展会议宫

106  双厅电影院

107  耶鲁大学英国艺术中心

108  家庭计划中心

109  霍尼克曼住宅

110  科曼住宅

续表

| 111 联合神学研究生院图书馆 |
|---|
| 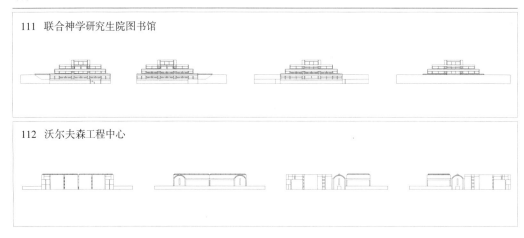 |
| 112 沃尔夫森工程中心 |

需要说明的是，15、16 号项目属于在已有建筑基础上的扩建，原始建筑部分在立面上用虚线表示。做立面分析时，只考虑增建部分。在立面的比较上，为避免混杂，分析时需要在每个建筑的四个立面中选取有代表性的立面来进行比较。因立面图在建筑空间层面反映的信息主要在屋顶及两侧轮廓上，故在选取有代表性（这里的"有代表性"仅用于观察与空间有关的信息，并不能代表该建筑作品的特征）立面时遵循如下原则：

原则一，能够更准确地反映建筑屋顶形式的立面。

示例：在这个项目的四个立面中，第一个、第三个更准确地反映屋顶的形式。

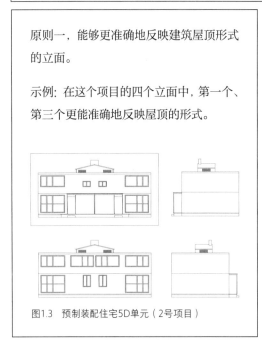

图1.3 预制装配住宅5D单元（2号项目）

原则二，能够在建筑不同部分间体现轮廓变化的立面。

示例：在这个项目的四个立面中，选择第一个更能体现外轮廓变化。

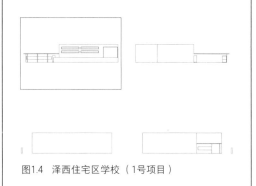

图1.4 泽西住宅区学校（1号项目）

表 1.16　112个建筑作品的代表性立面

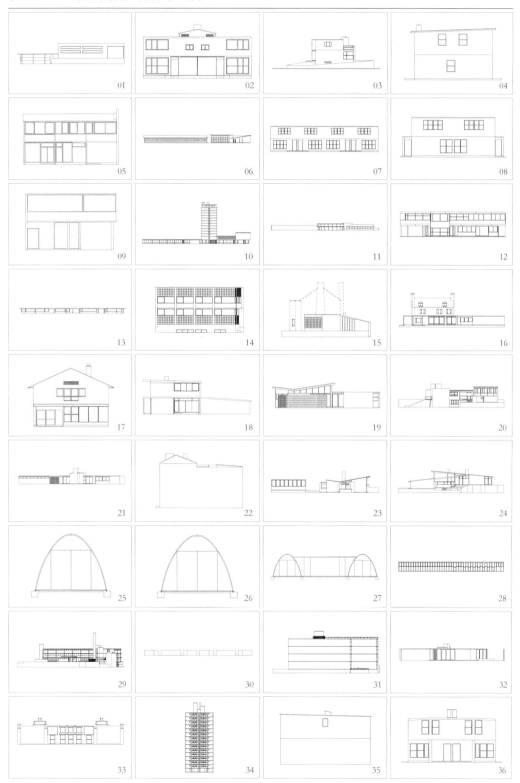

续表

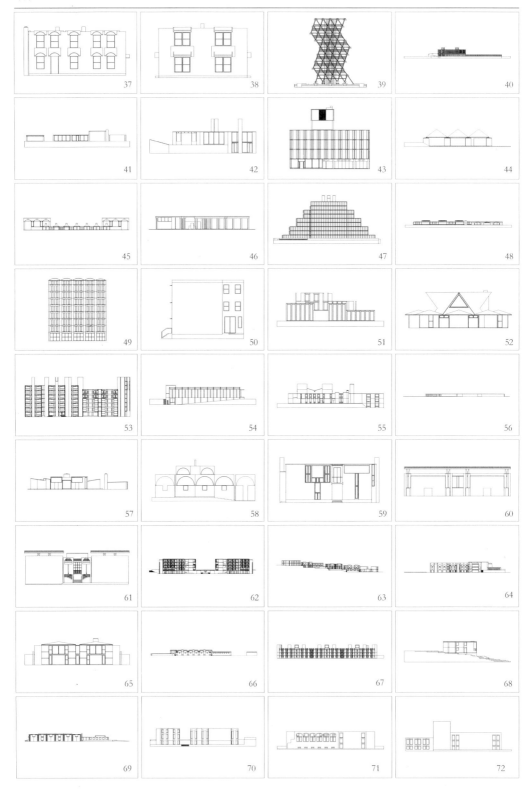

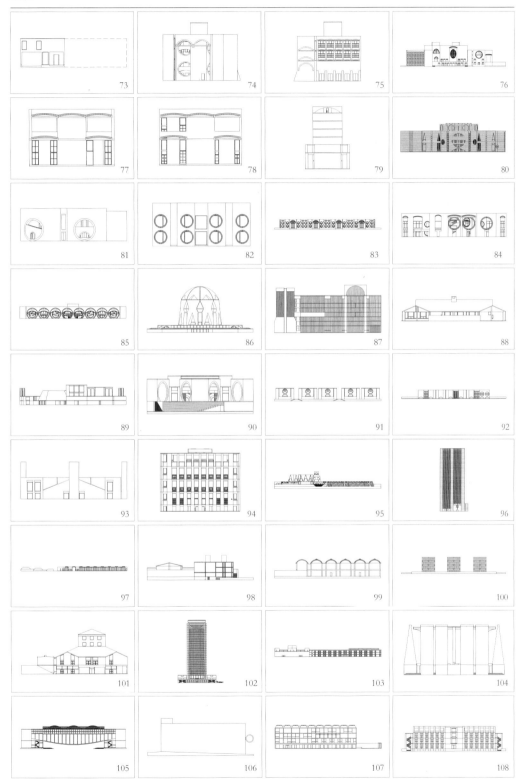

续表

续表

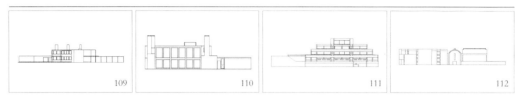

得到112个建筑作品的代表性立面（表1.16）之后，因为所需观察的信息较为简单，不用将其抽象后再观察，可将这些立面做如下分类（表1.17～表1.20）。

表1.17 A类：平屋顶屋面齐平的立面

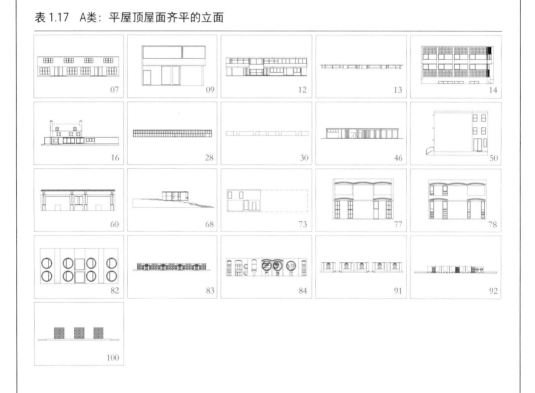

在此类立面中，07、09、12、13、16、30、50、68、73、77、78、91号项目是居住建筑，其中16、50号是住宅扩建；30号是一个住宅组团，因立面资料较少，只有一个矩形轮廓，也没有局部高差变化。除了100号项目为纪念碑之外，余下的公共建筑项目为八个。从编号范围来看，康在不同时期都设计过立面上没有高差变化的平屋顶建筑，但是从数量上来看，此类项目要比其他类少。

表 1.18　B类：平屋顶，屋面有高差的立面

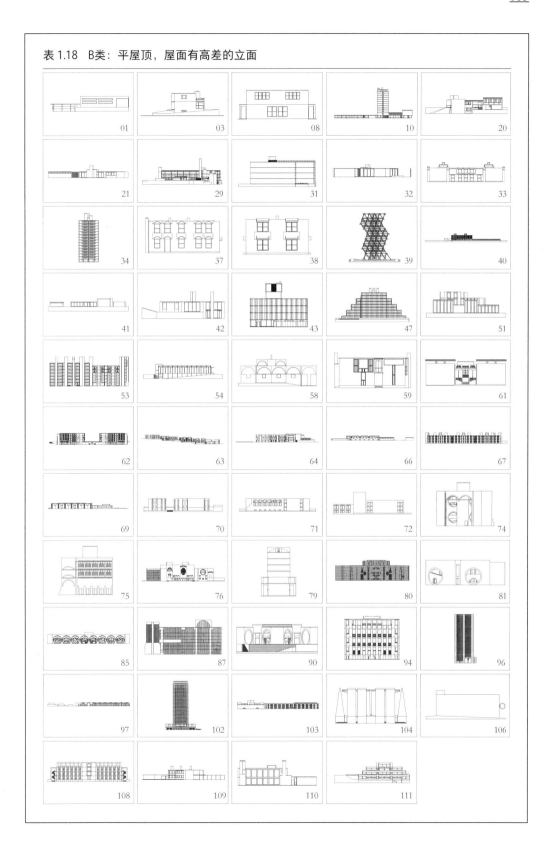

此类立面数量最多，可以得知康在立面上较为倾向于这样的构图，即由不同高度的屋面构成的高低错落的立面。具体来说，01、03、08、10、20、43、47、51、53、58、61、64、69、71、72、76、79、87、96、102、108、109、110、111 号这 24 个项目均是由于不同部分的层数不一，从而构成立面上的高低不同；29、31、34、40、54、62、67、74、75 号这 9 个项目是在楼梯间的高度与顶层高度不一致的情况下呈现的错落状态；而 21、32、37、38、42、59 号这六个项目主要是由于烟道凸出于屋面而形成的高低不同。

其他项目形成这种错落感的原因也各不相同，如 33 号项目是因为高窗凸出于屋面；39 号项目是因为结构节点的高差所致；63 号项目是由于位于一片本身就有高差的用地上，设计因地制宜，叠落布置；而 70、76、106 号项目则是在女儿墙上的局部抬高；97 号项目是为了设备通风而在结构上做了局部抬高。

表 1.19　C 类：含坡顶屋面的立面

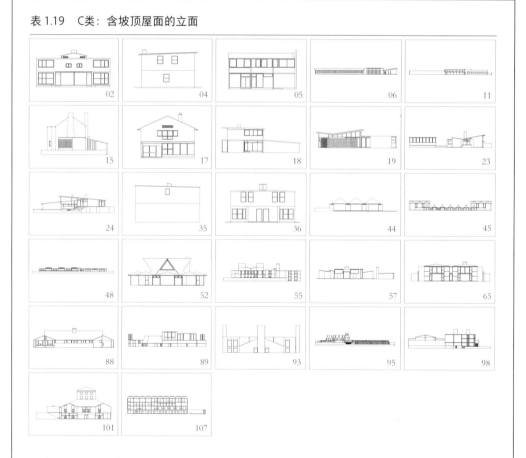

此类立面中都含有坡屋顶，02、06、11、15、19、23、36、45、48、55、89、93、95、98、107 号项目均属于平坡相结合的屋顶，其中，只有 19、23 号是反坡屋顶，其余

的均为正坡屋顶；107 号比较特殊，是由侧面的坡与顶面的平屋顶构成的；04、05、35
号则是单坡屋顶，其中 05 号的立面是该项目唯一能找到的立面图，虽然不能直观地看出是
坡顶，但根据屋顶上的长矩形与此时间段康的其他住宅项目的资料，可以推测此处极有可
能也是单坡屋顶。

17、18、44、52、57、65、88、101 号项目的坡屋顶情况较为复杂，其中 17 号是双坡屋顶，
18 号是由两个在不同高度上的单坡构成的屋顶，44、65 号是由两个或多个相同坡屋顶构成
的屋顶，而 52、88 号是由一个大坡屋顶与两个或多个小坡屋顶构成的，57 号是由多个单
坡屋顶构成的，而 101 号是由在不同高度上的不同类型的坡屋顶构成的。

表 1.20　D 类：含曲面屋面的立面

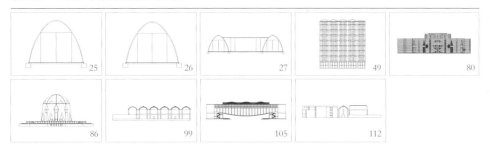

从编号上来看，除了 25、26、27 号作为一个项目的三个单体（均为应急住宅），属于康
早期的项目之外，曲面屋顶的设计主要集中在后期。

此类立面虽然都采用曲面屋顶，但 25、26、27 号是抛物线形的曲面屋顶，49、86、105
号是圆弧形屋顶，99、112 号是摆线形屋顶。另外，有一个项目的曲面屋顶未能在立面上看到，
是编号为 80 的孟加拉首都政府建筑群国会大厦，其中庭部分的屋顶是一个八边的抛物线伞
形拱顶。如果按项目来说，康在设计中采用曲面屋顶的项目只有七个（25、26、27 号为一
个项目），而建成的只有三个——99、112 与 80 号，相较于其他类型的屋顶，其数量是
最少的。

最后要说明的是，22、56 号未参与分类：22 号是增改建，对改造是否涉及屋顶尚不明确；
56 虽然有图，但是屋顶形式并不能确定（立面图中暂以平屋顶作为代替）。

# ③ 剖面比较
*Comparison of sections*

在探讨空间变化的层面上，建筑剖面提供的信息主要是在不同楼层上呈现出的平面变化与建筑轮廓。本节将112个单体的剖面图列出，以观察其整体形态。

**表 1.21　112个建筑作品的剖面图**

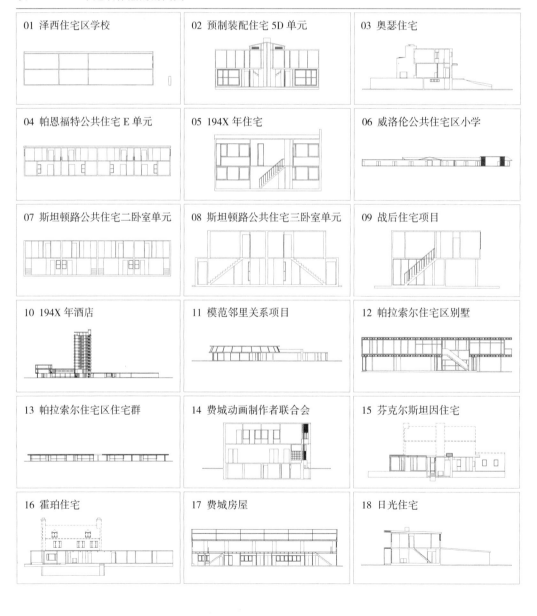

**续表**

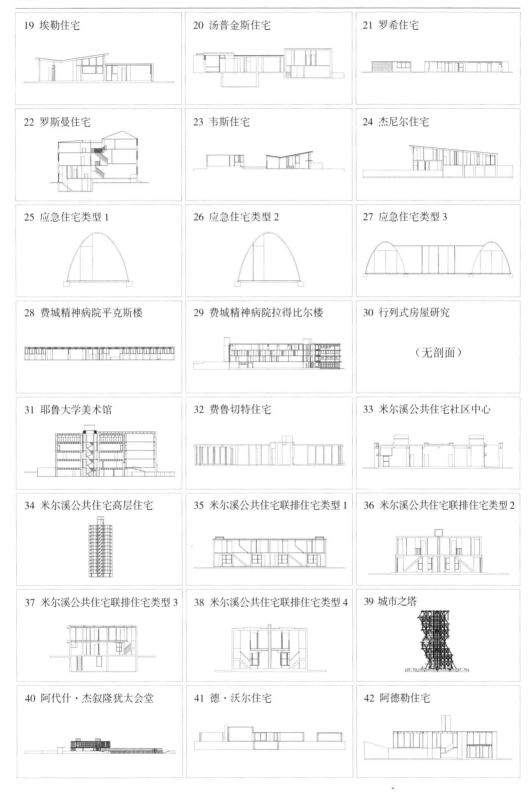

| 19 埃勒住宅 | 20 汤普金斯住宅 | 21 罗希住宅 |
| 22 罗斯曼住宅 | 23 韦斯住宅 | 24 杰尼尔住宅 |
| 25 应急住宅类型 1 | 26 应急住宅类型 2 | 27 应急住宅类型 3 |
| 28 费城精神病院平克斯楼 | 29 费城精神病院拉得比尔楼 | 30 行列式房屋研究（无剖面） |
| 31 耶鲁大学美术馆 | 32 费鲁切特住宅 | 33 米尔溪公共住宅社区中心 |
| 34 米尔溪公共住宅高层住宅 | 35 米尔溪公共住宅联排住宅类型 1 | 36 米尔溪公共住宅联排住宅类型 2 |
| 37 米尔溪公共住宅联排住宅类型 3 | 38 米尔溪公共住宅联排住宅类型 4 | 39 城市之塔 |
| 40 阿代什·杰叙隆犹太会堂 | 41 德·沃尔住宅 | 42 阿德勒住宅 |

续表

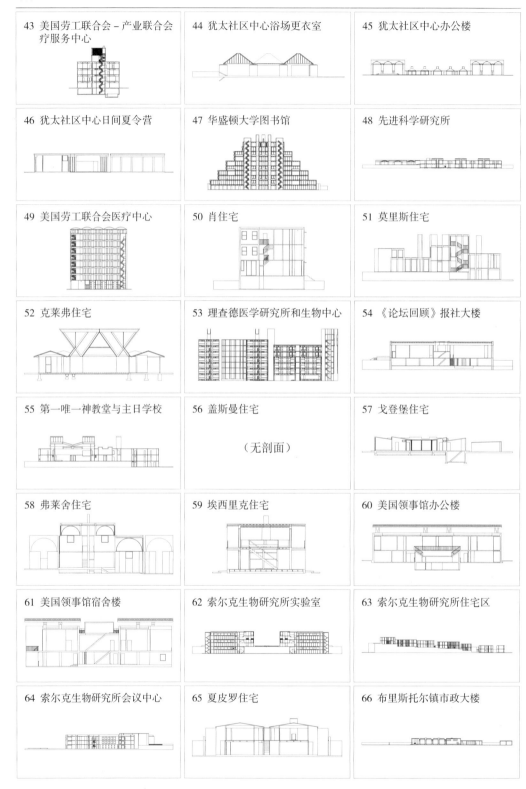

| 43 美国劳工联合会 – 产业联合会疗服务中心 | 44 犹太社区中心浴场更衣室 | 45 犹太社区中心办公楼 |
| 46 犹太社区中心日间夏令营 | 47 华盛顿大学图书馆 | 48 先进科学研究所 |
| 49 美国劳工联合会医疗中心 | 50 肖住宅 | 51 莫里斯住宅 |
| 52 克莱弗住宅 | 53 理查德医学研究所和生物中心 | 54 《论坛回顾》报社大楼 |
| 55 第一唯一神教堂与主日学校 | 56 盖斯曼住宅<br><br>（无剖面） | 57 戈登堡住宅 |
| 58 弗莱舍住宅 | 59 埃西里克住宅 | 60 美国领事馆办公楼 |
| 61 美国领事馆宿舍楼 | 62 索尔克生物研究所实验室 | 63 索尔克生物研究所住宅区 |
| 64 索尔克生物研究所会议中心 | 65 夏皮罗住宅 | 66 布里斯托尔镇市政大楼 |

续表

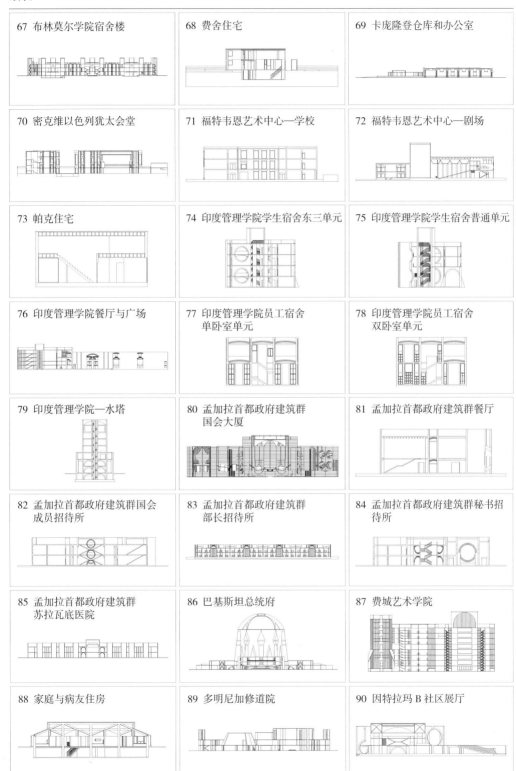

| 67 布林莫尔学院宿舍楼 | 68 费舍住宅 | 69 卡庞隆登仓库和办公室 |
| 70 密克维以色列犹太会堂 | 71 福特韦恩艺术中心—学校 | 72 福特韦恩艺术中心—剧场 |
| 73 帕克住宅 | 74 印度管理学院学生宿舍东三单元 | 75 印度管理学院学生宿舍普通单元 |
| 76 印度管理学院餐厅与广场 | 77 印度管理学院员工宿舍单卧室单元 | 78 印度管理学院员工宿舍双卧室单元 |
| 79 印度管理学院—水塔 | 80 孟加拉首都政府建筑群国会大厦 | 81 孟加拉首都政府建筑群餐厅 |
| 82 孟加拉首都政府建筑群国会成员招待所 | 83 孟加拉首都政府建筑群部长招待所 | 84 孟加拉首都政府建筑群秘书招待所 |
| 85 孟加拉首都政府建筑群苏拉瓦底医院 | 86 巴基斯坦总统府 | 87 费城艺术学院 |
| 88 家庭与病友住房 | 89 多明尼加修道院 | 90 因特拉玛 B 社区展厅 |

续表

| 91 因特拉玛 B 社区国民住宅 | 92 马里兰艺术学院 | 93 菲利普·埃克塞特学院餐厅 |
| 94 菲利普·埃克塞特学院图书馆 | 95 圣安德鲁修道院 | 96 百老汇联合基督教堂与办公楼 |
| 97 奥列维蒂－恩德伍德工厂 | 98 斯特恩住宅 | 99 金贝尔艺术博物馆 |
| 100 犹太牺牲者纪念碑 | 101 贝斯－埃尔犹太会堂 | 102 阿尔特加办公楼 |
| 103 小山改造重开发 | 104 胡瓦犹太会堂 | 105 双年展会议宫 |
| 106 双厅电影院 | 107 耶鲁大学英国艺术中心 | 108 家庭计划中心 |
| 109 霍尼克曼住宅 | 110 科曼住宅 | 111 联合神学研究生院图书馆 |
| 112 沃尔夫森工程中心 | | |

对于表1.21，需要说明的是，30号与56号这两个项目由于图纸资料信息过少，无法绘制剖面；在剖面的选择上，为了保证有效信息量尽可能大，本书一般会选择在建筑的长向上居中剖切，如果得到的信息不理想（如正好剖切到墙的轴线上，或不能准确反映室内高差变化），则会稍作移动调整。

在得到112个建筑作品剖面之后，为了便于比较建筑内部状况，需要将剖面进一步简化抽象，提取出较为关键的信息，因此本书将适当去除部分看线，保留剖面来进行观察，如图1.5所示。

图1.5 米尔溪公共住宅联排住宅类型1（35号项目）

按上述提取方式，这112个建筑作品剖面处理的过程如表1.22所示。

表1.22 112个建筑作品剖面的提取过程

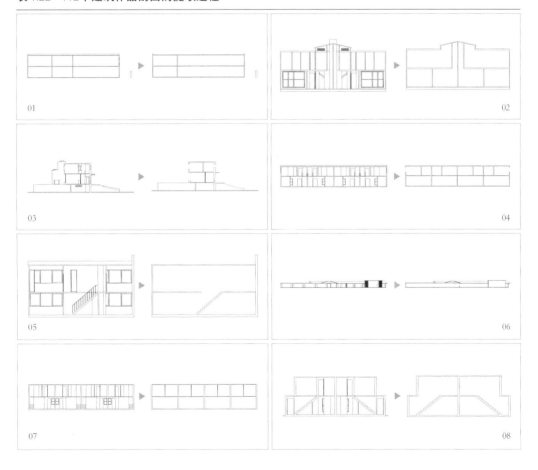

续表

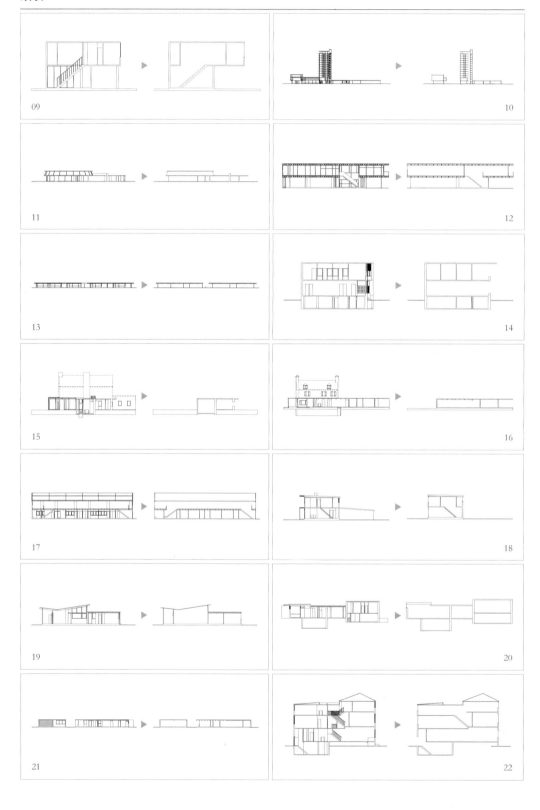

续表

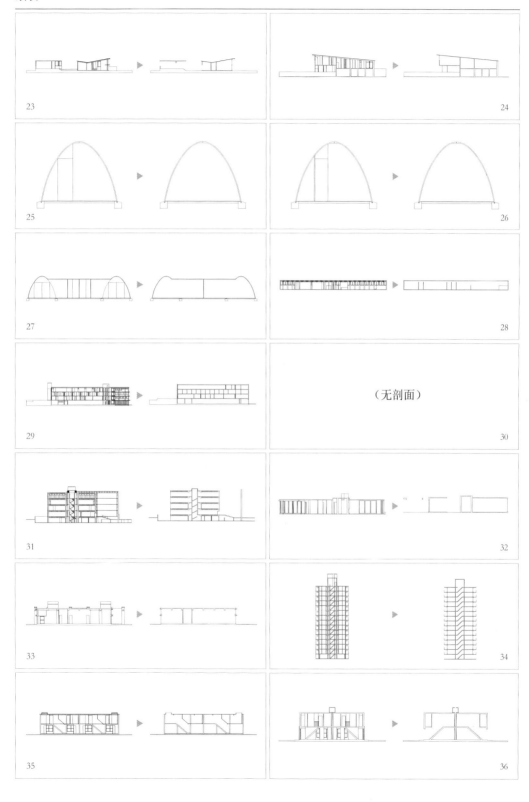

（无剖面）

续表

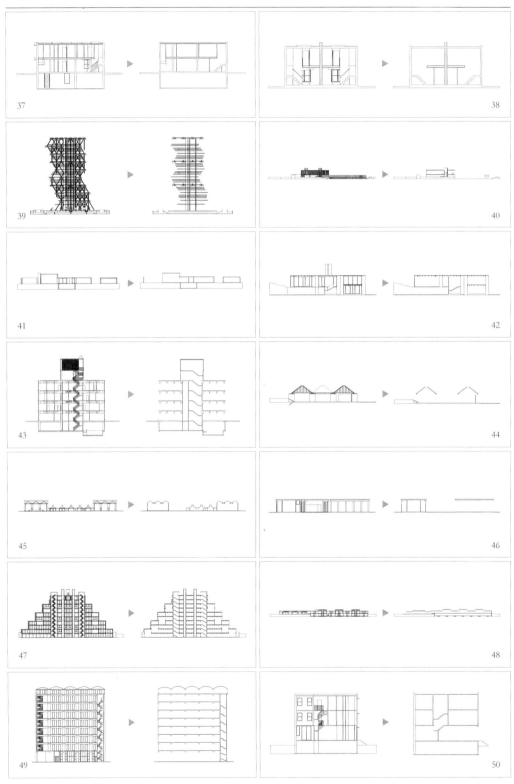

续表

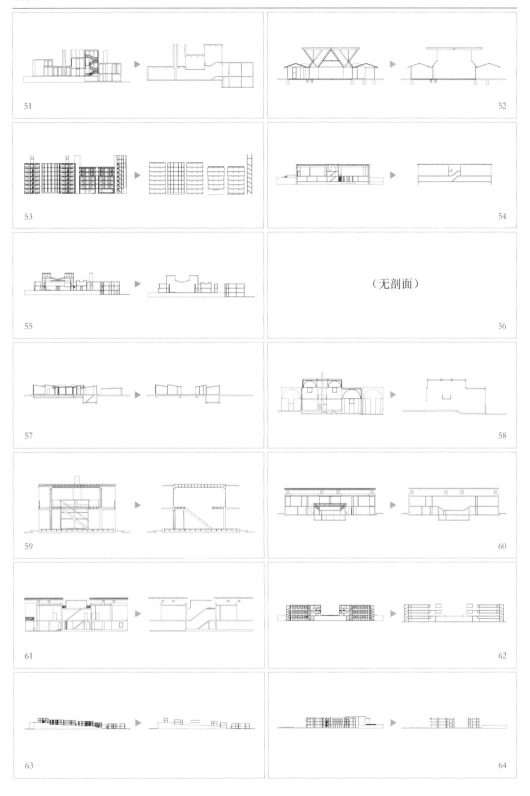

（无剖面）

续表

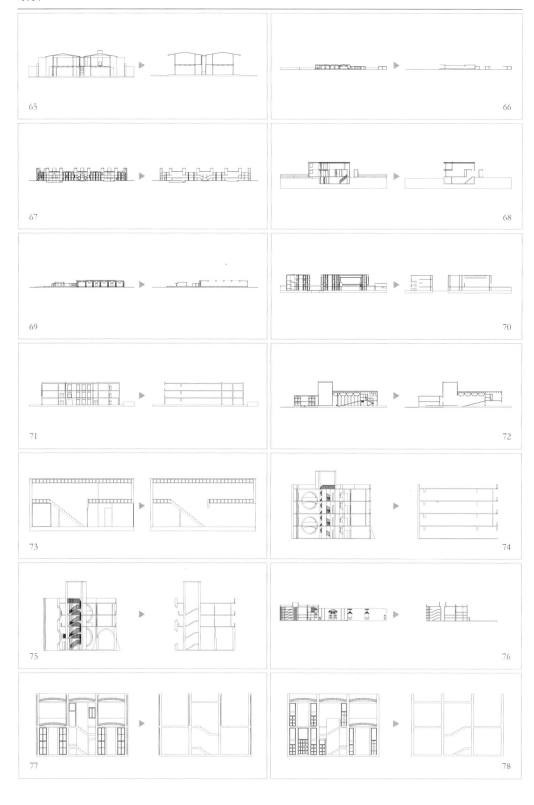

续表

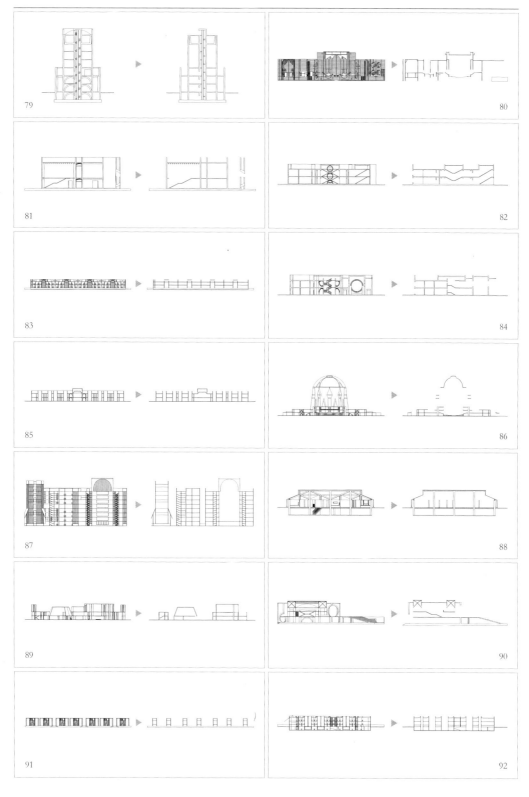

续表

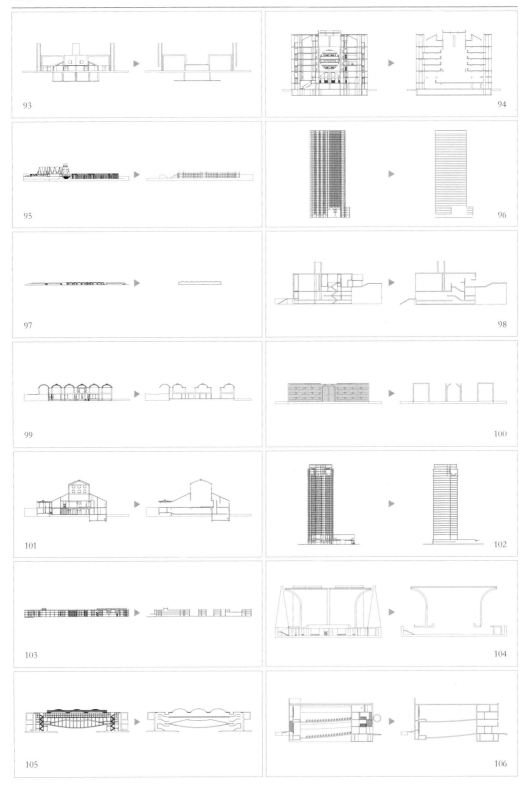

续表

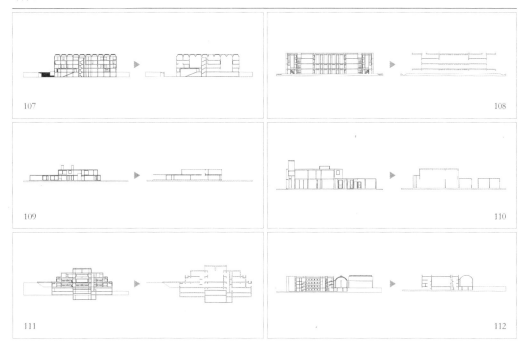

经过抽象提取后，为了便于整体观察和分类，现将这些剖面抽象图示单独整理成表1.23。

表 1.23　112个建筑作品的剖面提取统计表

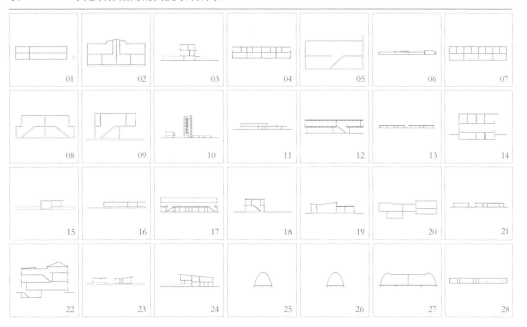

续表

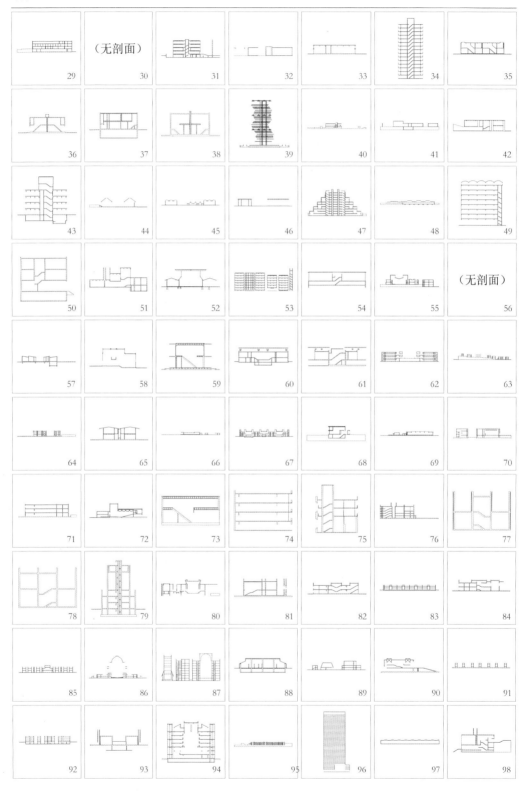

续表

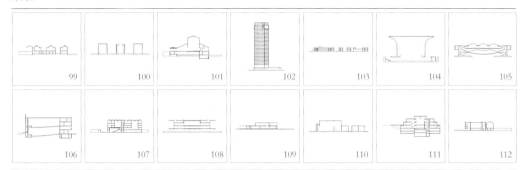

得到112个建筑作品剖面图的简化图示之后，可以将其分为以下几类（表1.24～表1.28）：

表1.24 A类：有通高部分的剖面

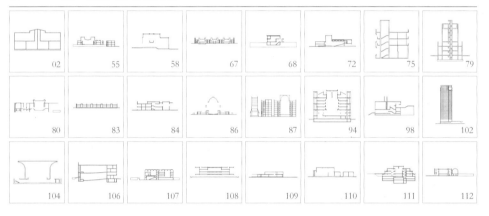

从编号上看，有通高的设计集中于康的中后期设计中，到后期尤甚。尽管建筑剖面都有通高部分，但各自情况不同。02、80、86、94、104、108、111号项目的通高部分均在中间，其中02号是设备原因；80、86、94、111号均在中庭采光，也是为了营造一种精神氛围；104号为宗教建筑，中庭通高但是并无采光；108号上方两层局部通高可以增加侧向采光量。55、67、87、107号项目也是为了给建筑内部提供采光。58、98、109号项目均为住宅，局部增加的通高部分会使视野更加开阔。在72号和106号项目中，通高部分是为了满足剧场的功能需求。

最后值得一提的是，102号是一个高层办公建筑，接近顶层的部分（图中右上部分）做了局部通高，并下调了下层楼板的局部高度，以在此处建一个视野开阔的游泳池。

表 1.25　B类：屋顶有局部升高的剖面

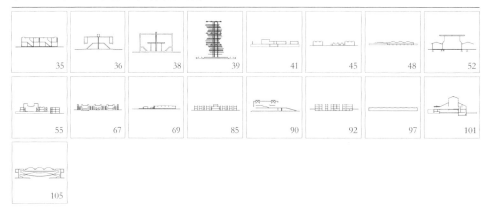

| | | | | | | | |
|---|---|---|---|---|---|---|---|
| 35 | 36 | 38 | 39 | 41 | 45 | 48 | 52 |
| 55 | 67 | 69 | 85 | 90 | 92 | 97 | 101 |
| 105 | | | | | | | |

屋顶的局部升高一般是由于结构、设备的安排或是需要开高窗来采光或通风。在本类别中，出于采光的目的而局部升高的项目有 35、41、45、48、52、55、65、67、85、90、92、101、105 号，其中 35、45、65 号屋面上凸起的玻璃顶窗与 105 号上的三个由钢结构和玻璃做的穹顶，都是直接从顶部采光；41、48、52、55、67、92、101 号则通过局部升高后的高侧窗采光；85、90 号是让光线从侧面进来后经墙体反射到室内形成漫射光。

其他项目顶部的局部升高，如 36、38、97 号项目是设备的原因，39 号则是由于结构节点的高度。

表 1.26　C类：有错层部分的剖面

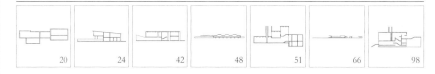

| | | | | | | |
|---|---|---|---|---|---|---|
| 20 | 24 | 42 | 48 | 51 | 66 | 98 |

有错层剖面的项目较少，从编号上看主要集中于康的中期设计中，从类型上看，除了 48、66 号项目是公共建筑外，其余均为住宅。在住宅中，错层设计多见于基地高差不一致的情况，可见康在错层设计的使用上可能较为谨慎，一般是受用地条件影响才采用这种手法的。

表 1.27　D类：常规类剖面

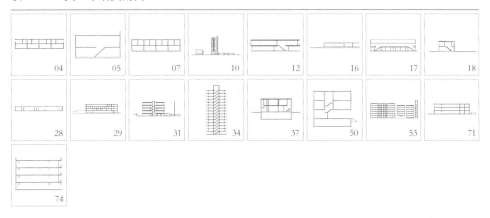

本类别的剖面每层几乎均等，也无特殊楼板的位置变化。此类剖面主要集中于康的早期和中期设计中，居住建筑与公共建筑都存在这种均分楼层且无特点的手法，剖面的设计可能不是这些项目的要点，但部分项目在其他方面突出了各自的特点，如：12 号项目的两层均使用同样的结构单元支撑；18 号利用了太阳光线的角度使住宅三面向阳；而 31 号则是康的成名之作——耶鲁大学美术馆，其中使用了三角形格构顶棚；在 53 号理查德医学研究所和生物中心，康用了较为罕见的组装空腹梁等。

除上述四类外，剩下的剖面没有可以归类的明显特征，列举此类部分剖面如下所示：

表 1.28　E类：其他类（并无明显特征的剖面）

通过比较剖面可以得知：在康的设计中，通高是一种较为常见的设计手法，在不同的地方可以实现不同的功能；不适宜做通高时，有些建筑为了采光等功能会在局部增加屋面高度；此外，错层设计较为少见，且多用于住宅。

 形体比较
*Comparison of forms*

从观察空间变化的角度上看，建筑形体能够提供的信息主要有建筑整体呈现出的形态变化与组织方式。本节先将 112 个建筑单体的轴测图列表（如表 1.29），以观察其整体形态。

表 1.29　112个建筑作品的形体统计表

| 01 泽西住宅区学校 | 02 预制装配住宅 5D 单元 | 03 奥瑟住宅 | 04 帕恩福特公共住宅 E 单元 |
| 05 194X 年住宅 | 06 威洛伦公共住宅区小学 | 07 斯坦顿路公共住宅 二卧室单元 | 08 斯坦顿路公共住宅 三卧室单元 |
| 09 战后住宅项目 | 10 194X 年酒店 | 11 模范邻里关系项目 | 12 帕拉索尔住宅区别墅 |
| 13 帕拉索尔住宅区住宅群 | 14 费城动画制作者联合会 | 15 芬克尔斯坦因住宅 | 16 霍珀住宅 |

续表

| 17 费城房屋 | 18 日光住宅 | 19 埃勒住宅 | 20 汤普金斯住宅 |
| 21 罗希住宅 | 22 罗斯曼住宅 | 23 韦斯住宅 | 24 杰尼尔住宅 |
| 25 应急住宅类型 1 | 26 应急住宅类型 2 | 27 应急住宅类型 3 | 28 费城精神病院平克斯楼 |
| 29 费城精神病院<br>拉得比尔楼 | 30 行列式房屋研究 | 31 耶鲁大学美术馆 | 32 费鲁切特住宅 |
| 33 米尔溪公共住宅<br>社区中心 | 34 米尔溪公共住宅<br>高层住宅 | 35 米尔溪公共住宅<br>联排住宅类型 1 | 36 米尔溪公共住宅<br>联排住宅类型 2 |
| 37 米尔溪公共住宅<br>联排住宅类型 3 | 38 米尔溪公共住宅<br>联排住宅类型 4 | 39 城市之塔 | 40 阿代什·杰叙隆<br>犹太会堂 |

续表

| 41 德·沃尔住宅 | 42 阿德勒住宅 | 43 美国劳工联合会–产业联合会医疗服务中心 | 44 犹太社区中心浴场更衣室 |
| 45 犹太社区中心办公楼 | 46 犹太社区中心日间夏令营 | 47 华盛顿大学图书馆 | 48 先进科学研究所 |
| 49 美国劳工联合会医疗中心 | 50 肖住宅 | 51 莫里斯住宅 | 52 克莱弗住宅 |
| 53 理查德医学研究所和生物中心 | 54 《论坛回顾》报社大楼 | 55 第一唯一神教堂与主日学校 | 56 盖斯曼住宅 |
| 57 戈登堡住宅 | 58 弗莱舍住宅 | 59 埃西里克住宅 | 60 美国领事馆办公楼 |
| 61 美国领事馆宿舍楼 | 62 索尔克生物研究所实验室 | 63 索尔克生物研究所住宅区 | 64 索尔克生物研究所会议中心 |

续表

| 65 夏皮罗住宅 | 66 布里斯托尔镇市政大楼 | 67 布林莫尔学院宿舍楼 | 68 费舍住宅 |
| 69 卡庞隆登仓库和办公室 | 70 密克维以色列犹太会堂 | 71 福特韦恩艺术中心—学校 | 72 福特韦恩艺术中心—剧场 |
| 73 帕克住宅 | 74 印度管理学院学生宿舍东三单元 | 75 印度管理学院学生宿舍普通单元 | 76 印度管理学院餐厅与广场 |
| 77 印度管理学院员工宿舍单卧室单元 | 78 印度管理学院员工宿舍双卧室单元 | 79 印度管理学院—水塔 | 80 孟加拉首都政府建筑群国会大厦 |
| 81 孟加拉首都政府建筑群餐厅 | 82 孟加拉首都政府建筑群国会成员招待所 | 83 孟加拉首都政府建筑群部长招待所 | 84 孟加拉首都政府建筑群秘书招待所 |
| 85 孟加拉首都政府建筑群苏拉瓦底医院 | 86 巴基斯坦总统府 | 87 费城艺术学院 | 88 家庭与病友住房 |

续表

| 89 多明尼加修道院 | 90 因特拉玛B社区展厅 | 91 因特拉玛B社区国民住宅 | 92 马里兰艺术学院 |
| 93 菲利普·埃克塞特学院餐厅 | 94 菲利普·埃克塞特学院图书馆 | 95 圣安德鲁修道院 | 96 百老汇联合基督教堂与办公楼 |
| 97 奥列维蒂-恩德伍德工厂 | 98 斯特恩住宅 | 99 金贝尔艺术博物馆 | 100 犹太牺牲者纪念碑 |
| 101 贝斯-埃尔犹太会堂 | 102 阿尔特加办公楼 | 103 小山改造重开发 | 104 胡瓦犹太教堂 |
| 105 双年展会议宫 | 106 双厅电影院 | 107 耶鲁大学英国艺术中心 | 108 家庭计划中心 |
| 109 霍尼克曼住宅 | 110 科曼住宅 | 111 联合神学研究生院图书馆 | 112 沃尔夫森工程中心 |

由于形体本身较为复杂，为了便于整体观察对比，须将这些建筑的形体简化并抽取特征以进行比较。抽象方式遵循如下两个原则：

原则一，体现形体中较为明显的几何体量。

示例：此项目主要由一个梯形体和两个长方体组成。在抽象过程中，将后面的围墙与前部的遮阳架取消，保留梯形体与长方体的体量关系，如图 1.6 所示。

图1.6　斯坦顿路公共住宅三卧室单元（08号项目）

原则二，体现形体中较为明显的构成关系。

示例：此项目是由一个结构单元多次重复构成的，故在抽象过程中保留了建筑形体上构成单元间的分隔，而并非将整个屋顶抽象成一块顶板，如图 1.7 所示。

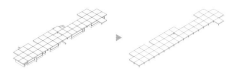

图1.7　帕拉索尔住宅区住宅群（13号项目）

从上述原则出发，112 个建筑作品的形体抽象过程见表 1.30 。

表 1.30　112个建筑作品的形体抽象过程

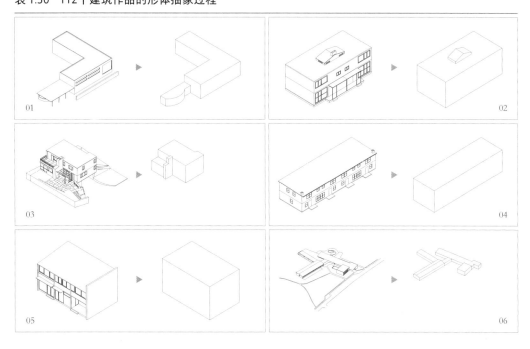

续表

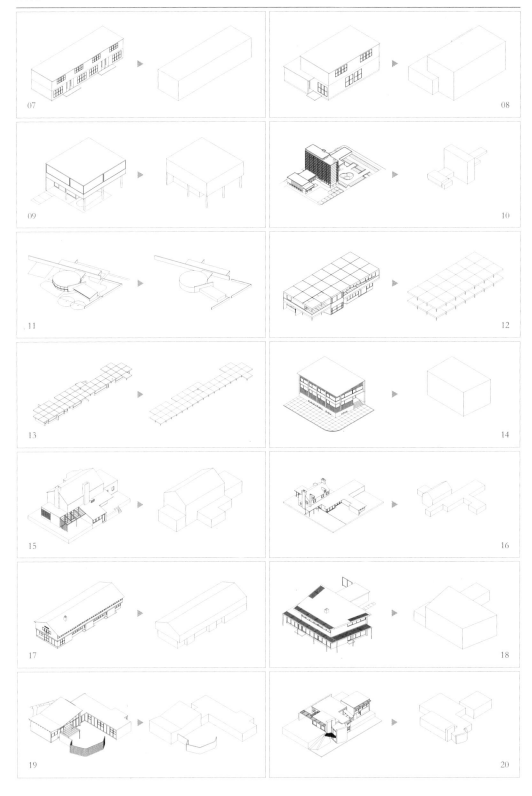

续表

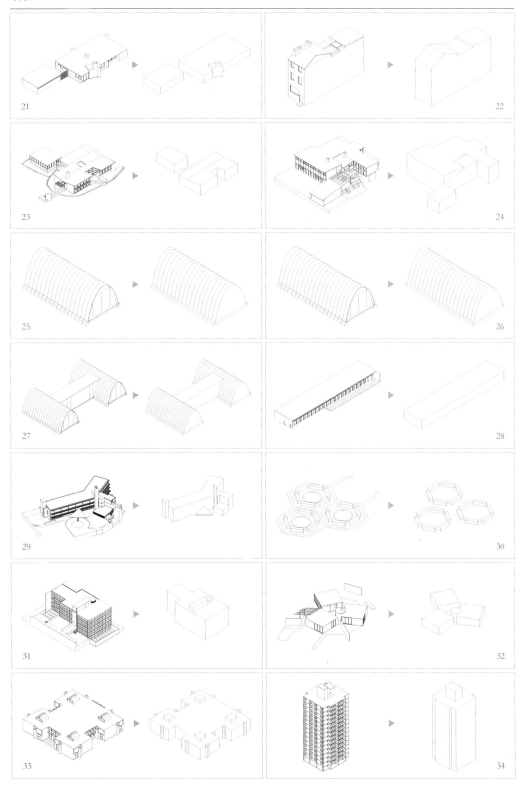

续表

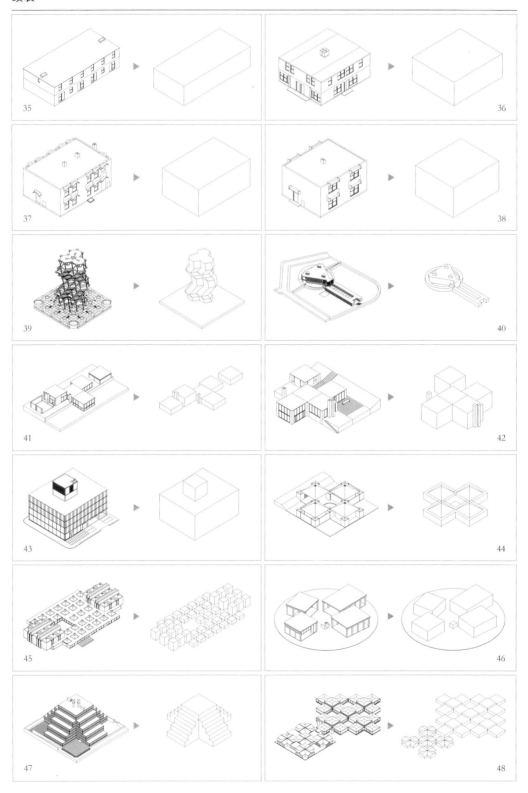

续表

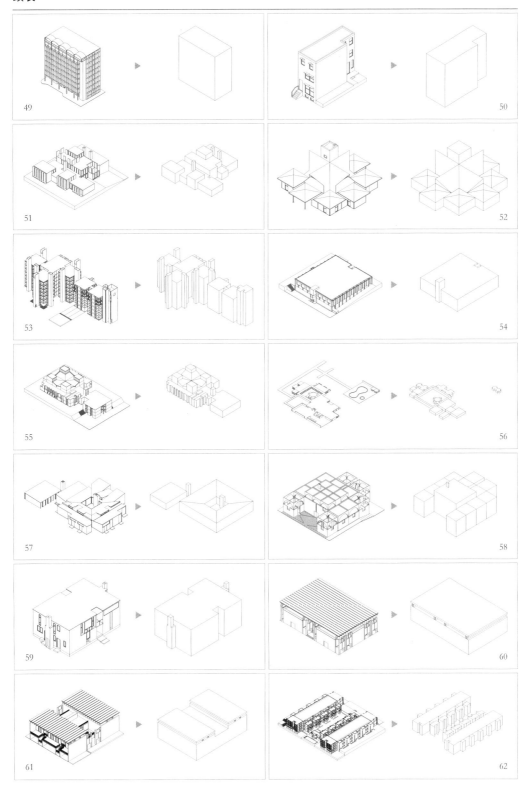

续表

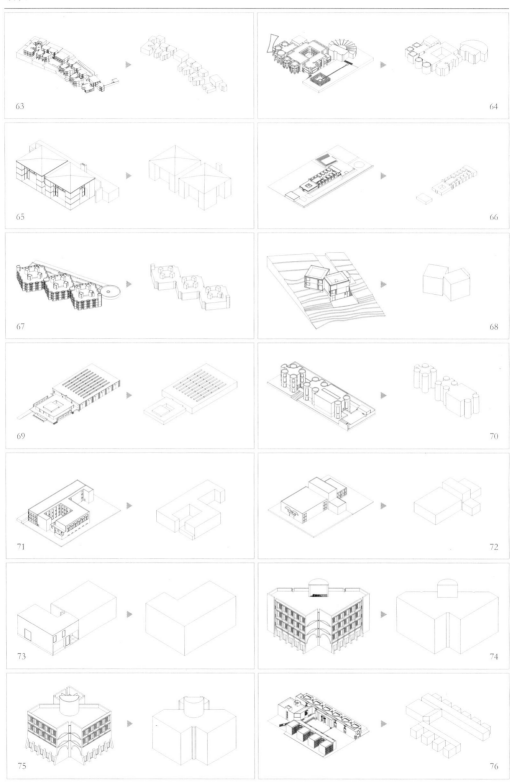

续表

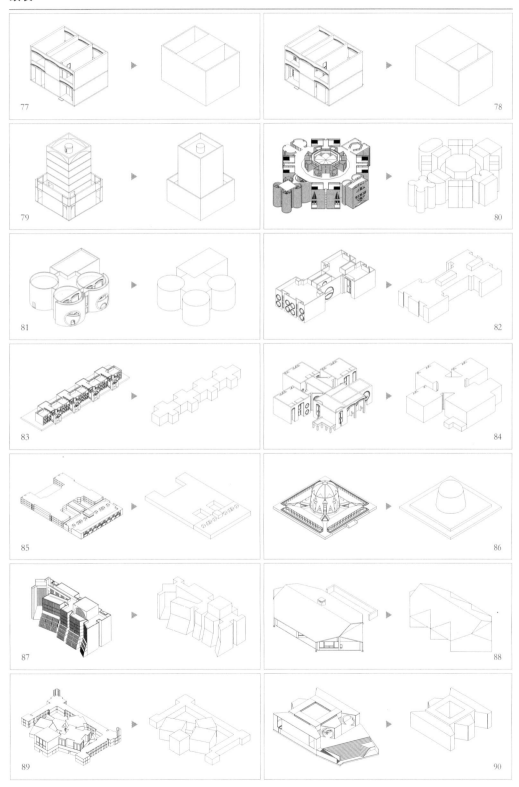

续表

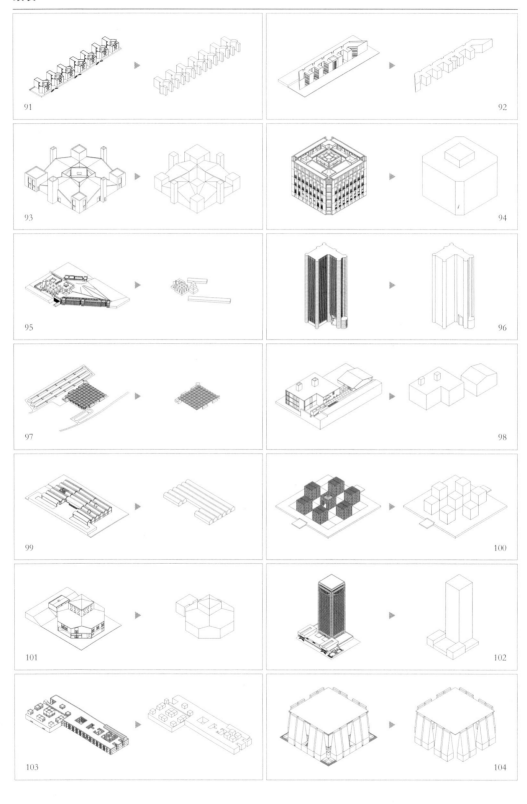

续表

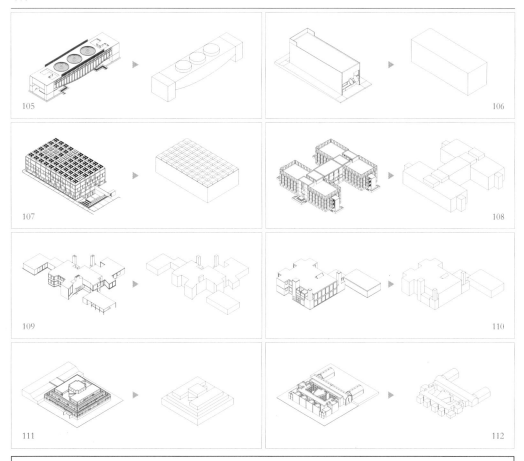

为了便于下文的分类观察，这些建筑形体的抽象图示提取成表1.31。

表1.31　112个建筑形体的抽象图示统计表

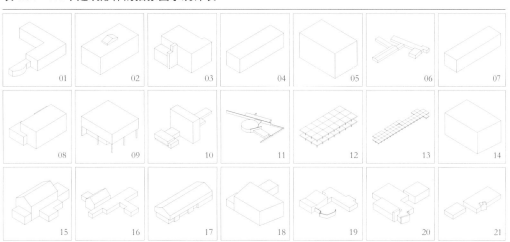

续表

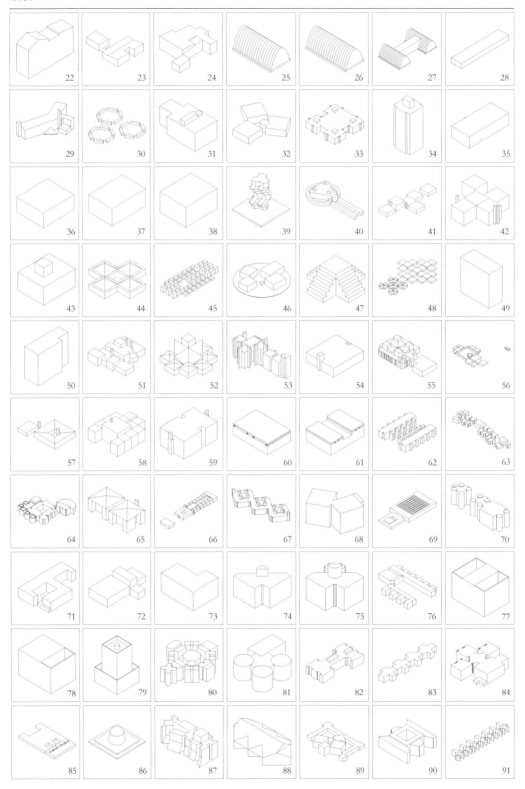

续表

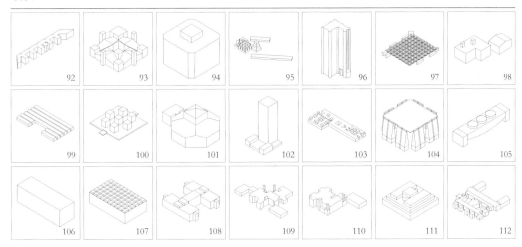

经过整合归类，可以将其分为以下几类（表 1.32 ~ 表 1.35）：

表 1.32　A 类：近似为单个长方体的形体

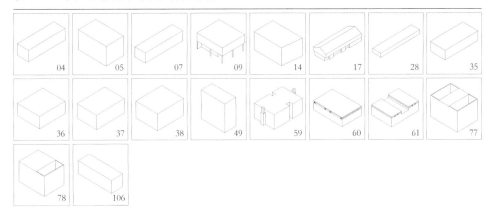

从编号上看，长方体体量主要集中于康的前期和中期的设计，后期只有一个。此类体量以居住建筑为主，如 04、05、07、09、17、35、36、37、38、59、61、77、78 号项目等。除了 09 号项目有底层架空部分，17、59、61 号形体有稍微变化之外，其他的项目基本上是较为纯粹的长方体。形体比一般居住建筑要长或高的 28、49 号项目则均是医疗建筑，此二者在康设计的公共建筑中也是不太常见的比较方正的体量。

表 1.33　B类：有重复单元组合的形体

此类形体在康的设计中最多，重复单元构成的方式也比较多，主要有如下几种：在12、13、25、26、41、53、63、65、67、83、85、91、92、99、105号等项目中，重复的单元近似为线性的排布；在30、32、42、44、52、55、58、80、81、84、93、96、100、104号这些项目中，重复的单元以向心聚拢的方式结合在一起；27、62、66、70、76、82、108、112号项目则主要把重复单元对称布置；而在45、48、97、103、107号项目中，重复单元则呈片状排布。

**表 1.34　C类：正交体量组合的形体**

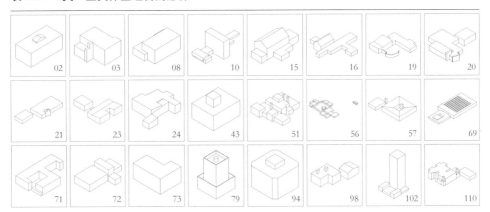

此类项目多是由矩形体量或近似于矩形的体量以不同组合方式构成的，并没有较强的规律性，其中 15、16 号项目的坡屋顶是原有建筑的，扩建的是矩形体量。

**表 1.35　D类：非正交体量组合的形体**

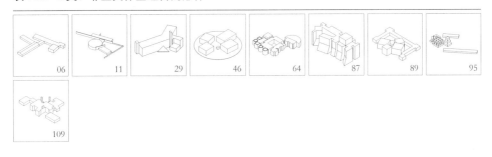

此类形体中，建筑的构成方向并不在同一垂直网格中，而是或多或少在倾斜的角度上伸展，形态比较自由。这类形体在康早期的项目中少量出现过，主要集中在后期，但数量比较少。

综合看来，30 号项目以前的项目并未呈现出较强的规律性，平面中有方有圆，屋顶有平有坡，形体有整有零，但 30 号以后，重复单元以不同方式组合的构图开始大量出现，一直延续到最后。

中篇
# 建筑类析

上一篇通过对抽象特征图示的比较，讨论了整体视角下康的建筑空间变化。本篇会在前一篇的基础上，加入 26 个资料相对较少的项目以及前面 112 个项目中某些项目的多个版本的图纸进行分析。

因为每个项目的资料详细程度不一，无法对比图纸信息，所以比较合适的分析方式是从功能类型的角度为这些项目分类，分别制成年表，根据时期来观察研究。本篇新加入的 26 个资料不全的建筑项目将通过画作、草图、照片、文字描述等形式加以呈现。

表 2.1  新增的路易斯·康的 26 个建筑作品信息统计表

| 序号 | 时间 | 作品名称 | 作品类别 | 资料性质 |
|---|---|---|---|---|
| 113 | 1924—1926 | 150 周年国际展览会 | 公共建筑 | 炭笔画 |
| 114 | 1933 | 费城东北部公共住宅 | 居住建筑 | 彩铅画 |
| 115 | 1935—1937 | 阿赫伐斯以色列集会堂 | 公共建筑 | 照片 |
| 116 | 1939 | 费城精神病院 | 公共建筑 | 平面图 |
| 117 | 1940—1942 | 帕恩福特社区中心 | 公共建筑 | 平面图 |
| 118 | 1941—1943 | 卡佛园公共住宅 | 居住建筑 | 照片 |
| 119 | 1941—1944 | 潘尼帕克公共住宅 | 居住建筑 | 照片 |
| 120 | 1942—1943 | 威洛伦公共住宅 | 居住建筑 | 照片 |
| 121 | 1942—1943 | 百合湖公共住宅 | 居住建筑 | 透视图 + 照片 |
| 122 | 1942—1944 | 林肯高速公路工人住宅 | 居住建筑 | 文字 |
| 123 | 1945 | 伯纳德住宅 | 居住建筑 | 草图 |
| 124 | 1949—1952 | 坦普尔西南公共住宅 | 居住建筑 | 草图 |
| 125 | 1950—1951 | 犹太社区中心 | 公共建筑 | 草图 |
| 126 | 1955—1961 | 沃顿工作室 | 公共建筑 | 草图 |
| 127 | 1958 | 圣约瑟夫山学院与栗子山学校 | 公共建筑 | 草图 |
| 128 | 1959—1960 | 奥博里植物园公共住宅 | 居住建筑 | 草图 |
| 129 | 1961 | 通用汽车展览会 | 公共建筑 | 草图 |
| 130 | 1964 | 皮博迪博物馆 | 公共建筑 | 草图 |
| 131 | 1967 | 里腾豪斯广场公寓 | 公共建筑 | 草图 |
| 132 | 1967—1968 | 拉布住宅 | 居住建筑 | 草图 |
| 133 | 1969—1970 | 莱斯大学艺术中心 | 公共建筑 | 草图 |
| 134 | 1971—1974 | 波克诺艺术中心 | 公共建筑 | 草图 + 模型照片 |
| 135 | 1971—1974 | 政府大楼小山公寓与酒店 | 公共建筑 | 草图 |
| 136 | 1971—1974 | 独立宫 200 周年纪念馆 | 公共建筑 | 草图 |
| 137 | 1973—1974 | 阿巴萨巴德管理中心 | 公共建筑 | 草图 |
| 138 | 1973—1974 | 门尼尔基金会艺术中心 | 公共建筑 | 草图 |

加上新项目后，共有 138 个项目，包含 64 个居住建筑与 74 个公共建筑。之所以大致分为两类来讨论，是因为居住建筑与公共建筑在尺度和功能上的区别较大，易于分类，并且康设计的这两类建筑在数量上也比较相当，没有严重偏向，再者在同类别作品中结合功能与形式的描述，会更清晰地呈现其空间特征的变化趋势。

需要说明的是，本章所列的年表时间跨度较大，项目资料繁杂，由于篇幅所限，用一张有代表性的平面图和形体轴测图呈现资料较为完善的 112 个建筑作品，对于其中整理到的有不同版本的作品，则将部分不同的版本的图纸也呈现出来，另外 26 个资料较少的作品视其资料详细程度用 1~2 张图片表示。

# 1 居住建筑
*Residential buildings*

本节分析康设计的 64 个居住建筑作品，时间跨度为 1933—1971 年（均指设计起始年份），统计年表见表 2.2（表中作品名称上方的数字为该项目在本书中的编号）。

表 2.2　64个居住建筑作品年表

| 时间 | 作品名称 | 图名 | 图纸相关资料 |
|---|---|---|---|
| 1933 | （114）<br>费城东北部公共住宅 | 立面图、透视图 | |
| 1937 | （02）<br>预制装配住宅 5D 单元 | 5B 单元<br>一、二层平面图 | |
| | | 5D 单元<br>一层平面图、轴测图 | |
| | | 未分类户型 1<br>一、二层平面图 | |
| | | 未分类户型 2<br>一、二层平面图 | |

续表

| 时间 | 作品名称 | 图名 | 图纸相关资料 | |
|------|---------|------|-------------|--|
| 1939 | （03）<br>奥瑟住宅 | 一层平面图、轴测图 | | |
| 1940 | （04）<br>帕恩福特公共住宅<br>E 单元 | E 单元<br>一层平面图、轴测图 | | |
| 1941 | （118）<br>卡佛园公共住宅 | 照片 | | |
| 1941 | （119）<br>潘尼帕克公共住宅 | 照片 | | |
| 1942 | （05）<br>194X 年住宅 | 二层平面图、轴测图 | | |
| 1942 | （120）<br>威洛伦公共住宅 | 透视图 | | |
| 1942 | (121)<br>百合湖公共住宅 | 鸟瞰图、<br>照片 | | |

续表

| 时间 | 作品名称 | 图名 | 图纸相关资料 | |
|------|---------|------|-------------|---|
| 1942 | （122）<br>林肯高速公路工人住宅 | 已建成<br>无图片资料 | 建筑形式与斯坦顿路<br>公共住宅类似 | — |
| | （07、08）<br>斯坦顿路公共住宅 | 二卧室单元<br>一层平面图、轴测图 | | |
| | | 三卧室单元<br>一层平面图、轴测图 | | |
| 1943 | （09）<br>战后住宅项目 | 一层平面图、轴测图 | | |
| | （12、13）<br>帕拉索尔住宅区 | 别墅<br>一层平面图、轴测图 | | |
| | | 住宅群<br>一层平面图、轴测图 | | |
| | | 住宅群住宅单元<br>一层平面图、轴测图 | | |

续表

| 时间 | 作品名称 | 图名 | 图纸相关资料 |
|------|---------|------|-------------|
| 1945 | （123）<br>伯纳德住宅 | 立面草图 | |
| 1945 | （15）<br>芬克尔斯坦因住宅 | 一层平面图、轴测图 | |
| 1946 | （16）<br>霍珀住宅 | 一层平面图、轴测图 | |
| 1946 | （17）<br>费城房屋 | 一层平面图、轴测图 | |
| 1946 | （18）<br>日光住宅 | 一层平面图、轴测图 | |
| 1947 | （19）<br>埃勒住宅 | 一层平面图、轴测图 | |
| 1947 | （20）<br>汤普金斯住宅 | 一层平面图、轴测图 | |

续表

| 时间 | 作品名称 | 图名 | 图纸相关资料 | |
|---|---|---|---|---|
| 1947 | （21）<br>罗希住宅 | 一层平面图、轴测图 | | |
| 1948 | （22）<br>罗斯曼住宅 | 一、二层平面图，轴测图 | | |
| | （23）<br>韦斯住宅 | 一层平面图、轴测图 | | |
| 1948 | （24）<br>杰尼尔住宅 | 一层平面图、轴测图 | | |
| 1949 | （25、26、27）<br>应急住宅 | 类型1<br>一层平面图、轴测图 | | |
| | | 类型2<br>一层平面图、轴测图 | | |
| | | 类型3<br>一层平面图、轴测图 | | |

续表

| 时间 | 作品名称 | 图名 | 图纸相关资料 | |
|------|----------|------|--------------|---|
| 1949 | （124）<br>坦普尔西南公共住宅 | 透视图 | | |
| 1951 | （30）<br>行列式房屋研究 | 由草图绘制<br>一层平面图、轴测图 | | |
| | （32）<br>费鲁切特住宅 | 方案一<br>一层平面图 | | — |
| | | 方案二<br>一层平面图 | | — |
| | | 方案三<br>一层平面图、轴测图 | | |
| | （34、35）<br>米尔溪公共住宅 | 高层住宅<br>标准层平面图、<br>轴测图 | | |
| | | 联排住宅类型1<br>一层平面图、轴测图 | | |

续表

| 时间 | 作品名称 | 图名 | 图纸相关资料 | |
|---|---|---|---|---|
| 1951 | （36、37、38）<br>米尔溪公共住宅 | 联排住宅类型 2<br>一层平面图、轴测图 | | |
| | | 联排住宅类型 3<br>一层平面图、轴测图 | | |
| | | 联排住宅类型 4<br>一层平面图、轴测图 | | |
| 1954 | （41）<br>德·沃尔住宅 | 早期版<br>一层平面图 | | — |
| | | 终版<br>一层平面图、轴测图 | | |
| | （42）<br>阿德勒住宅 | 早期版<br>一层平面图 | | — |
| | | 终版<br>一层平面图、轴测图 | | |

续表

| 时间 | 作品名称 | 图名 | 图纸相关资料 | |
|---|---|---|---|---|
| 1957 | （50）<br>肖住宅 | 一层平面图、轴测图 | | |
| | （51）<br>莫里斯住宅 | 早期版 方案一<br>一层平面图 | | — |
| | | 早期版 方案二<br>一层平面图 | | — |
| | | 中期版<br>一层平面图 | | — |
| | | 终版<br>一层平面图、轴测图 | | |
| | （52）<br>克莱弗住宅 | 一层平面图、轴测图 | | |
| 1959 | （56）<br>盖斯曼住宅 | 一层平面图（草图）、<br>轴测图 | | |

续表

| 时间 | 作品名称 | 图名 | 图纸相关资料 | |
|---|---|---|---|---|
| 1959 | （57）<br>戈登堡住宅 | 早期版（草图）<br>一层平面图 | | — |
| | | 终版<br>一层平面图、轴测图 | | |
| | （58）<br>弗莱舍住宅 | 一层平面图、轴测图 | | |
| | （128）<br>奥博里植物园公共住宅 | 草图 | | |
| | （59）<br>埃西里克住宅 | 一层平面图、轴测图 | | |
| | （61）<br>美国领事馆宿舍楼 | 一层平面图、轴测图 | | |
| | （63）<br>索尔克生物研究所<br>住宅区 | 一层平面图、轴测图 | | |

续表

| 时间 | 作品名称 | 图名 | 图纸相关资料 | |
|------|----------|------|--------------|---|
| 1959 | （65）<br>夏皮罗住宅 | 早期版<br>一层平面图、<br>模型照片 | | |
| | | 终版<br>一层平面图、轴测图 | | |
| 1960 | （67）<br>布林莫尔学院宿舍楼 | 一层平面图、轴测图 | | |
| | （68）<br>费舍住宅 | 一层平面图、轴测图 | | |
| 1962 | （73）<br>帕克住宅 | 一层平面图、轴测图 | | |
| | （74、75）<br>印度管理学院<br>学生宿舍 | 东三单元<br>标准层平面图、轴测<br>图 | | |
| | | 普通单元<br>一层平面图、轴测图 | | |

续表

| 时间 | 作品名称 | 图名 | 图纸相关资料 | |
|---|---|---|---|---|
| 1962 | （77、78）<br>印度管理学院<br>员工宿舍 | 单卧室单元<br>一层平面图、轴测图 | | |
| | | 双卧室单元<br>一层平面图、轴测图 | | |
| 1964 | （88）<br>家庭与病友住房 | 一层平面图、轴测图 | | |
| 1965 | （91）<br>因特拉玛 B 社区<br>国民住宅 | 一层平面图、轴测图 | | |
| 1966 | （98）<br>斯特恩住宅 | 一层平面图、轴测图 | | |
| 1967 | （131）<br>里腾豪斯广场公寓 | 草图 | | |
| | （132）<br>拉布住宅 | 草图 | | |

续表

| 时间 | 作品名称 | 图名 | 图纸相关资料 | |
|------|----------|------|--------------|---|
| 1971 | （109）<br>霍尼克曼住宅 | 一层平面图、轴测图 | | |
| | （110）<br>科曼住宅 | 一层平面图、轴测图 | | |

观察年表可以得知：

1942 年之前，康的居住建筑作品主要以集合住宅为主，形式上稍有变化，但总体较为统一；

1943—1950 年，康的居住建筑作品以独栋住宅为主，而且建筑的构成形式多种多样；

1951—1960 年，康的独栋住宅作品的设计呈现明显的由方形空间组织起来的构成规律；

后来的独栋住宅设计里继续延伸方形空间构成的理念，但也出现了多种空间组织形式；

1962—1971 年，康的居住建筑作品的构成方式开始变得不够明晰，但也有相似性，整体呈现出多样的空间组织方式。

接下来将对这四个时期的具体案例分别展开论述，探讨康在居住建筑设计中的空间变化方式和线索。

# 1933—1942 年

1933—1942 年，康有 15 个居住建筑设计作品，其中包含 13 个公共住宅项目和 2 个独栋住宅项目。

公共住宅项目从外形上看，主要是以方形体量或方形体量的组合为主的二层建筑，且多数都有一个较缓的单坡屋顶，稍宽于山墙面，向较长立面的两侧伸出挑檐，如图 2.1~图 2.5。在这些图中，集合住宅的一层部分与二层部分在体量上保持一致或略有差异。

图 2.1 帕恩福特公共住宅
E单元轴测图

图 2.2 潘尼帕克公共住宅

图 2.3 潘尼帕克公共住宅

图 2.4 斯坦顿路公共住宅
二卧室单元轴测图

图 2.5 斯坦顿路公共住宅
三卧室单元轴测图

在卡佛园与威洛伦公共住宅（图 2.6、图 2.7）中出现了以多面短墙并排架空底层的手法，在二层出现了狭长的窗户，这有可能是受柯布西耶的现代主义建筑设计原则的影响；而在百合湖公共住宅中（图 2.8），出现了一种在其他公共住宅中均未出现过的在双坡屋顶上局部做反坡的手法，目的应该是在屋顶上开高侧窗，以便采光和通风。

图 2.6 卡佛园公共住宅

图 2.7 威洛伦公共住宅透视图

图 2.8 百合湖公共住宅鸟瞰图

在室内方面，楼梯的布局基本上有两种方式：一种是将楼梯放在中间靠墙的位置，将室内空间划分成前后两个小房间；另一种是将楼梯放在墙角沿转角布置，或是放在室内的沿墙一侧，从而留出较大的室内空间作为起居空间。二层一般用作卧室。详见图2.9～图2.11。

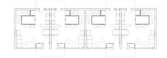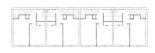

图2.9 预制装配住宅5D单元 未分类户型1一层与二层平面图　　图2.10 斯坦顿路公共住宅 二卧室单元一层平面图　　图2.11 斯坦顿路公共住宅 二卧室单元二层平面图

一层为起居空间，二层为卧室，这样的功能布置方式在康这个时期设计的两栋独栋住宅中也同样有所体现。这两个独栋住宅分别是奥瑟住宅与194X年住宅，如图2.12～图2.17。

图2.12 奥瑟住宅一层平面图　　图2.13 奥瑟住宅二层平面图　　图2.14 奥瑟住宅轴测图

图2.15 194X年住宅一层平面图　　图2.16 194X年住宅二层平面图　　图2.17 194X年住宅轴测图

在早期公共住宅的结构中，康很少用到柱子，除了威洛伦公共住宅（图2.7）底层架空处的柱子——这似乎是由卡佛园公共住宅（图2.6）底层的墙体演变而来的，和卡佛园公共住宅中用于支撑遮阳板的细柱（图2.19），后者也被用于奥瑟住宅中（图2.18）。194X年住宅也使用了柱子，四根细圆柱贴墙而立，将两个长立面各自划分成三部分（图2.17），这种贴墙柱具有的装饰性使原本与公共住宅外立面类似的二层长窗观感有所改变（图2.20）。

在室内，194X年住宅居中布置的楼梯与奥瑟住宅中偏于一角的楼梯有所区别（图2.15、图2.12），后者旨在将一层的活动空间最大化，而前者参与了室内空间的分隔。这两种楼梯的布置方式与在前文中提到的公共住宅的室内楼梯布局大同小异。

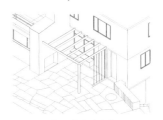

图 2.18　奥瑟住宅遮阳架

图 2.19　卡佛园公共住宅

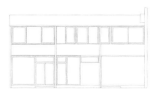

图 2.20　194X 年住宅立面

图 2.21　奥瑟住宅壁炉

图 2.22　奥瑟住宅底层入口

不同于 194X 年住宅中在室内靠墙的小壁炉（图 2.16），奥瑟住宅的壁炉（图 2.21）凸出于外立面，以垂直于立面的方式紧贴一层起居室与二层露台，在内服务于客厅，在外服务于遮阳架下的小空间。而在地形利用上，奥瑟住宅将车库设在地下一层，并可以从室外直接进入。从车库入口的角度看，奥瑟住宅与底层架空的公共住宅在视觉上较为相似（图 2.6、图 2.22）。

综上所述，这两个独栋住宅在设计元素上有多处和公共住宅相似的地方，但又有各自的特点。

# 1943—1950 年

在 1943—1950 年间，除了几个住宅增改建项目和一个公共住宅之外，康的建筑实践主要集中在设计上较为自由的独栋住宅上。

如前所述，康在 194X 年住宅中加入了柱子作为结构要素，而在战后住宅中，柱子不再与墙面贴近，而是独立的，除此之外，二层平面中的弧线隔墙所带来的室内空间分隔也罕见于其他项目，这几个特点酷似柯布西耶的现代主义住宅设计手法，可以看出康在独栋住宅设计上学习柯布西耶的痕迹（图 2.23 ~ 图 2.25）。

图 2.23　战后住宅项目一层平面图　　图 2.24　战后住宅项目二层平面图　　图 2.25　战后住宅项目轴测图

在接下来的项目中，1943 年的帕拉索尔住宅区别墅和住宅群算是一个特例，这可能是康最早采用相同结构单元来做设计的案例，无论单层的住宅群还是两层的别墅，都是由一根细钢柱与空腹钢梁组成的板柱结构拼合而成的（图 2.26）。此时，柱元素在建筑中已经扮演着统领结构的角色，这使墙体可以更加自由地分布。

在帕拉索尔住宅区住宅群中，康在适当的地方留了一个空单元，以便引入阳光照耀绿植（图 2.27、图 2.28），在此结构下，住宅群的部分墙体有了斜线构图，而别墅的外轮廓与内部分隔也处于非正交体系中，平面布局显得更加自由不羁（图 2.29）。

图 2.27　帕拉索尔住宅区一层平面图

图 2.26　帕拉索尔住宅区住宅群　　图 2.28　帕拉索尔住宅区住宅群　　图 2.29　帕拉索尔住宅区别墅
结构单元轴测图　　　　　　　　　轴测图，中部掏空　　　　　　　　一层平面图

1945 年的伯纳德住宅是一个改造项目，改造的立面草图延续了卡佛园和威洛伦（图 2.6、图 2.7）等公共住宅的外观设计（图 2.30、图 2.31）。同年，芬克尔斯坦因住宅在局部采用了与奥瑟住宅壁炉旁极为相似的柱子与遮阳架，在与遮阳架右侧相接的坡屋顶上，则出现了百合湖公共住宅中屋顶上的侧高窗（图 2.32）；而霍珀住宅的扩建则在局部加入了卡佛园公共住宅中的遮阳架（图 2.33）。

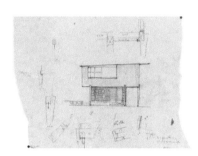 

图 2.30　伯纳德住宅立面草图1　　　　图 2.31　伯纳德住宅立面草图2

图 2.32　芬克尔斯坦因住宅轴测图　　　图 2.33　霍珀住宅轴测图

1946 年，费城房屋项目中出现了在立面上连贯的横向长窗设计（图 2.34）；在同年日光住宅项目中，梯形的平面并非是基于造型上的考虑，而是经过对太阳光线的入射角度分析，计算出的可以获得最长日照时间的平面构造（图 2.35）。从立面上看，日光住宅在三个侧面加入了由柱子支撑的遮阳篷（图 2.36）。室内的楼梯居中摆放，如奥瑟住宅中的壁炉一样，服务于两侧空间。

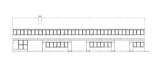  

图 2.34　费城房屋立面图　　　图 2.35　日光住宅一层平面图　　　图 2.36　日光住宅轴测图

从构图上看，1947 年的埃勒住宅的遮阳架连着一段折线形外墙（图2.37）。该设计也出现在了汤普金斯住宅里，但不同的是，在汤普金斯住宅里折墙变成了圆弧形外墙（图2.38）。而汤普金斯住宅中凸起的不规则壁炉烟囱，也出现在了罗希住宅中（图2.39）。在埃勒住宅中出现的反坡屋顶在韦斯住宅中则被赋予了更多的表现性——屋顶的一侧开了一个方洞（图2.40），与帕拉索尔住宅群里的空单元类似，而另一侧开口的屋架结构与帕拉索尔别墅的二层阳台相似（图2.40、图2.41）。

图 2.37 埃勒住宅轴测图

图 2.38 汤普金斯住宅轴测图

图 2.39 罗希住宅轴测图

图 2.40 韦斯住宅轴测图

图 2.41 帕拉索尔住宅区别墅轴测图

在 1948 年的杰尼尔住宅中（图2.42），之前多个住宅的设计元素在此建筑中集中地体现出来：一层选择了与战后住宅项目相似的一排结构柱架空底层（图2.43），二层的横向长窗出自费城房屋（图2.44），入口处延续了韦斯住宅露出屋架的结构设计（图2.40），其与下面的支撑柱结合的形式又类似于奥瑟住宅中的遮阳架（图2.45），而图中右侧的单坡屋顶与其下面的被短墙架空的底层，这一设计手法又与之前的卡佛园公共住宅的侧立面（图2.46）相差无几。

图 2.42 杰尼尔住宅轴测图

图 2.43 战后住宅项目轴测图

图 2.44 费城房屋轴测图

图 2.45 奥瑟住宅

图 2.46 卡佛园公共住宅

到了 1949 年的应急住宅项目中，康又开始从结构单元出发考虑设计。这是由一组抛物线形的混凝土板组成的应急住宅，用于难民居住。混凝土板既起到围挡作用，也是主体结构，不仅便于拆卸和安装，而且有灵活的组织方式（图 2.47 ～图 2.49）。同年的坦普尔西南公共住宅与之前的公共住宅项目类似，同样是较缓的单坡顶与底层架空，但在底层架空部分外侧多了一个围合的院子（图 2.50）。

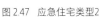

图 2.47　应急住宅类型2

图 2.48　应急住宅类型3

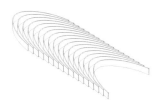

图 2.49　应急住宅的收起状态

图 2.50　坦普尔西南公共住宅

## 1951—1960 年

从 1951 年开始，康的居住建筑的空间组织方式与之前产生了很大的区别。从表 2.2 中看，这段时间的独栋住宅设计相比之前更加"几何化"①。从 1951 年的行列式房屋研究开始，康对重复使用一种正几何图形进行设计的方法表现出较大的兴趣（图 2.51～图 2.53）。

图 2.51　行列式房屋研究平面草图　　图 2.52　行列式房屋研究轴测图　　图 2.53　行列式房屋研究其他版本草图

同年，在独栋住宅——费鲁切特住宅中，三个有着各自功能的单元块——起居室、卧室和餐厨空间——以正三角形的构图被组织到一起形成建筑。方案一和方案二都较为纯粹，正三角形的壁炉与由三个功能块围合而成的三角形庭院形状相似，建筑外部用不同形式的墙体做了不同的围合尝试（图 2.54、图 2.55）。在最为详细的方案三中，康在建筑组团外限定了一个九边形的空间划分，出现了与之形式有关的遮阳架和片墙，但由于加上了圆柱形的壁炉和平面上方的短墙，建筑的形式感就没有那么纯粹了（图 2.56、图 2.57）。这几版方案的推进似乎表明康想在自成一体的建筑组团之外将周围的消极空间也纳入建筑空间。

图 2.54　费鲁切特住宅方案一　　图 2.55　费鲁切特住宅方案二　　图 2.56　费鲁切特住宅方案三　　图 2.57　费鲁切特住宅方案三轴测图

在 1954 年的德·沃尔住宅与阿德勒住宅中，康放弃了正三角形的严谨构图，转而将不同的方形功能块在同一正交体系下进行水平或垂直拼接，在保留各模块的结构独立性的同时，回归到住宅的正常功能流线上，从而完成了空间组织方式的转化——从费鲁切特住宅中功能块互不相干的形式到德·沃尔住宅与阿德勒住宅合并功能块以产生住宅内部空间的形式（图 2.59～图 2.62）。

① 这段时间安妮·婷正好在康的事务所工作，她在设计中较为喜欢用三角形构图及含有三角形的空间结构，由此可以推测康在设计中出现这种变化很有可能是受了安妮·婷的影响。

这两个建筑的不同之处，在于德·沃尔住宅里的功能块是由六根柱子做支撑结构，早期版本的平面里出现了一个较大的功能块（图2.58），但是为了解决起居室模块过大的问题，终版设计增加了一个功能块，并把楼梯相应做了调整（图2.59、图2.60）；而在阿德勒住宅里，功能块的呈现方式更加纯粹——由四根角柱支撑着方形房间，这可能出于使室内动线更加便捷的考虑。该方案中功能块的排布比德·沃尔住宅横向展开的布局更紧凑，但这也带来一个问题——当功能块继续以重合整条边的方式合并时，除了结构上的独立性，功能块各自的形式以及由此构成的建筑内房间的独立性都会有较大损失（图2.61~图2.63）。而当住宅变成了由方块单元按功能组织的结构时，形式围绕着功能服务，显然对形式本身是有影响的。如何使被功能串联的独立形式不受干扰可能是康接下来要考虑的问题。

莫里斯住宅的早期版本仍然延续了方形功能块构筑空间的概念，但康似乎回到了设计费鲁切特住宅时对功能块形式独立性的偏好上。在莫里斯住宅中，他对房间形式的独立性做了强调，创造了一些"小通路"作为过渡空间（图2.64），这样既保留了功能流线的顺畅，又强调了房间的独立性。这时，这些"小通路"空间在建筑中还没有地位，只是为了区分房间而存在，

图 2.58　德·沃尔住宅早期版一层平面图

图 2.59　德·沃尔住宅终版一层平面图

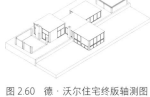

图 2.60　德·沃尔住宅终版轴测图

图 2.61　阿德勒住宅早期版一层平面图

图 2.62　阿德勒住宅终版一层平面图

图 2.63　阿德勒住宅终版轴测图

图 2.64　莫里斯住宅早期版方案一一层平面图

图 2.65　莫里斯住宅早期版方案二一层平面图

图 2.66　莫里斯住宅终版一层平面图

图 2.67　莫里斯住宅终版轴测图

它们很可能是之后被康正名为"服侍空间"的前身。而在方案二中，康在房间独立的形式上又向功能做出了妥协，因为四面都开门的房间在功能上利用率是很低的，但康加入了网格系统限定空间，柱子被强调出来（见上页图2.65），这似乎是他又在寻找某种解决房间独立性的方法。

到了终版方案中，"小通路"与网格系统带来的结构细分使康尝试将参差不齐的独立房间融合起来（见上页图2.66），但是房间的独立性又变得较为含混。但是，康并未继续思考如何使房间形式在平面上独立，而是将目光转回了德·沃尔住宅的设计手法上——用一种由立面或形体的高低错落来强调房间独立性（图2.60）。于是，他在建筑内部使用双柱紧贴形成的短墙间隔，既在平面上暗示了单柱围合的房间形式的独立性，又由于其高于部分屋面，在立面乃至形体上更加强调了房间的独立性。在终版轴测图上，可以看出高低不一的屋面与升高的短墙带来的无顶空间（见上页图2.67），与德·沃尔住宅的几种方块单元构成的类型非常一致。

1957年的克莱弗住宅对房间形式的强调方式与此前阿德勒住宅早期版本的立面形式也较为一致，都是用四坡顶架在一个由四根柱子搭起的结构上，而克莱弗住宅中，被众多房间围合的中心部分是一个有着大屋顶的大房间（图2.68 ~ 图2.70）。

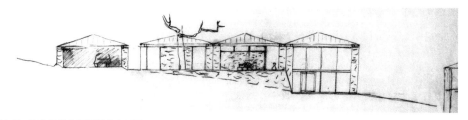

图 2.68　阿德勒住宅早期版本立面图

图 2.69　克莱弗住宅一层　图 2.70　克莱弗住宅轴测图　　图 2.71　盖斯曼住宅　　图 2.72　盖斯曼住宅轴测图
平面图　　　　　　　　　　　　　　　　　　　　一层平面图（草图）

1959年的盖斯曼住宅，其构成方式如同莫里斯住宅早期版本一样，但是中部加入了一个柱廊庭院（图2.71 ~ 图2.72）。由此可知，在建筑内加入中心大空间的设计手法在这两个建筑中慢慢形成了。同年的戈登堡住宅的早期版和终版中的天井或是弗莱舍住宅中从入口走进去的室内"十"字形中心，都表明康在此时想在建筑中加入"中心"这一设计理念（图2.73 ~ 图2.75）。

图 2.73　戈登堡住宅
早期版（草图）一层平面图

图 2.74　戈登堡住宅
终版一层平面图

图 2.75　弗莱舍住宅
一层平面图

在戈登堡住宅的早期版中，出现了与之前平面构图不同的 45° 线（图 2.73），康似乎在使房间围绕中心天井排布后对缺失独立性的问题有所察觉，于是引入 45° 墙体的设计，使得在角部的房间重新被强调出来，而角部与角部之间的房间便可以利用不同房间屋顶的交叠错落强调出来，在形成屋面高差的地方也设置了侧高窗采光，这样每个房间都通过屋顶的形式被强调了出来（图 2.76）；而在弗莱舍住宅中，康开始借助识别度较高的拱形窗来强调房间的独立性，形成拱形 + 方形的组合（图 2.77）。在平面图 2.75 中，5 个明显外墙厚度要薄于其他方块的房间，这也暗示着中部由厚墙所形成的房间是由这些薄墙房间拼合而成的，而各个方形房间中部的方形窗洞似乎又在视觉上回归了莫里斯住宅早期版的"小通路"设计（图 2.64）。

图 2.76　戈登堡住宅终版轴测

图 2.77　弗莱舍住宅轴测

到 1959 年的埃西里克住宅项目时，从平面上看康已经不再强调房间的独立性了，设计的重点转到了开窗的细节上，建筑矩形体量两侧的烟囱似乎是对中部内凹阳台的一种形式上的补偿（图 2.78 ~ 图 2.80）。此住宅在功能上与早先的公共住宅和独栋住宅没有太大区别，均为一层起居室、二层卧室的布局。不同的是，放置在中部的楼梯分隔了室内空间，此时，之前建筑中所要设立的中心空间似乎被楼梯一分为二了。

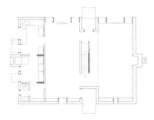

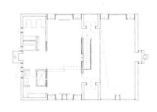

图 2.78　埃西里克住宅一层平面图

图 2.79　埃西里克住宅二层平面图

图 2.80　埃西里克住宅轴测图

之后的美国领事馆宿舍楼和索尔克生物研究所住宅区项目中的住宅单元都在建筑中部放置了楼梯（图2.81、图2.82）。夏皮罗住宅早期版本设计并未采用矩形空间的设置，但从建筑平面图与轴测图可以看出，两个由四根凸出于立面的空心柱（房间）搭起来的四面坡顶的建筑并排而立，中间是一部直跑楼梯（图2.83～图2.85）。

在1960年的布林莫尔学院宿舍楼（图2.86、图2.87）中，建筑中部区域也有楼梯，由此看来，康把楼梯放在建筑中部的设计已成为习惯性手法。此外，布林莫尔学院宿舍楼转角相接的方式在此前的居住建筑中并未出现，这样使得该建筑不仅在齿形轮廓上强调了每个房间，还在三栋建筑之间保留了各自的独立性，在此之后的费舍住宅中也出现了转角接墙面的手法（图2.88）。

图 2.81　美国领事馆宿舍楼一层平面图　　　　图 2.82　索尔克生物研究所住宅区一层平面图

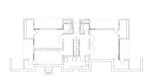

图 2.83　夏皮罗住宅早期版一层平面图　　图 2.84　夏皮罗住宅终版一层平面图　　图 2.85　夏皮罗住宅终版轴测图

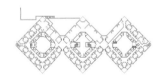

图 2.86　布林莫尔学院宿舍楼一层平面图　　图 2.87　布林莫尔学院宿舍楼轴测图　　图 2.88　费舍住宅轴测图

综上分析所述，这段时期康的居住建筑设计有以下变化：从如何把住宅中的功能空间用相同的方块形式表现出来，然后组织形成新的建筑，到如何处理功能块之间的关系——讨论了功能流线与房间形式的独立性之间的权衡，再到对房间独立性的强调与建筑中心空间的设计，最后将建筑体量在外形上做了明显的单元区分，强调其独立性。

# 1962—1971 年

到了印度管理学院项目，学生宿舍与员工宿舍均在建筑中部设置楼梯，学生宿舍的普通单元甚至继承了之前费舍住宅中的转角接墙面的设计（图2.89 ~ 图2.92）。

图 2.89 印度管理学院
学生宿舍东三单元

图 2.90 印度管理学院
学生宿舍普通单元

图 2.91 印度管理学院
员工宿舍单卧室单元

图 2.92 印度管理学院
员工宿舍双卧室单元

在 1964 年的家庭与病友住房设计中，康用了与布林莫尔学院学生宿舍楼同样的转角相接的构图，但是这个建筑尺度较小，屋顶形式与结构也不一样（图2.93、图2.94）。

在 1965 年的因特拉玛 B 社区国民住宅项目中，楼梯同样被安排在建筑的中部，并且每套居住单元建筑伸出三个角，呈 Y 形，可以看成是三个矩形两两转角相接，保证了各自的独立性（图2.95）。在 1966 年的斯特恩住宅（图2.96）、1971 年的霍尼克曼住宅和科曼住宅（图2.97、图2.99）中，其中部也各有一部楼梯。

图 2.93 家庭与病友住房一层平面图

图 2.94 家庭与病友住房轴测图

图 2.95 因特拉玛B社区国民住宅一层平面图

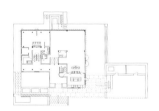

图 2.96 斯特恩住宅一层平面图

图 2.97 霍尼克曼住宅
一层平面图

图 2.98 霍尼克曼住宅轴测图

图 2.99 科曼住宅
一层平面图

图 2.100 科曼住宅轴测图

在霍尼克曼住宅中，不同的房间通过不同的倾角或轮廓强调着各自的独立性，而科曼住宅则是通过直角实现的（见上页图2.98、图2.100）。1967年的里腾豪斯广场公寓项目与拉布住宅项目的设计都在一个矩形轮廓中展开，而且有将花园引入建筑的设计，前者是在一侧（图2.101），而后者居中（图2.102），此二者都只有草图，无法进行详细分析。

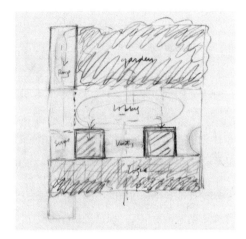

图 2.101　里腾豪斯广场公寓草图

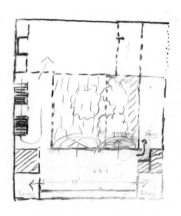

图 2.102　拉布住宅草图

康的居住建筑作品经历了几个变化，从公共住宅使用现代主义建筑语汇开始，转化为对功能和形式的探讨，最后在中心空间的设计与建筑中的房间，乃至整栋建筑中不同体量的独立性上做了大量的研究与实践。据此，可以将康的建筑实践大致分为三个阶段：学习现代主义阶段、单元构成阶段和区分单元与强调独立性阶段。

# 2 公共建筑
*Public buildings*

本节分析康设计的 75 个公共建筑作品，时间跨度为 1924—1973 年（均指设计起始年份），统计见表 2.3（表中作品名称后的数字为该项目在本书中的编号）。

表 2.3　75个公共建筑作品年表

| 时间 | 作品名称 | 图名 | 图纸相关资料 |
|---|---|---|---|
| 1924 | （113）150 周年国际展览会 | 透视草图 | |
| | （115）阿赫伐斯以色列集会堂 | 照片 | |
| 1935 | （01）泽西住宅区学校 | 根据平面草图绘制的一层平面图、轴测图 | |
| | | 根据透视关系绘制的一层平面图、轴测图 | |
| | | 其他版本 | |

续表

| 时间 | 作品名称 | 图名 | 图纸相关资料 | |
|------|---------|------|-------------|---|
| 1939 | （116）<br>费城精神病院 | 一层平面图、二层平面图 | | |
| 1940 | （117）<br>帕恩福特社区中心 | 鸟瞰图、照片 | | |
| 1942 | （06）<br>威洛伦公共住宅区小学 | 一层平面图、轴测图 | | |
| 1943 | （10）<br>194X 年酒店 | 一层平面图、轴测图 | | |
| | （11）<br>模范邻里关系项目 | 社区中心<br>一层平面图、轴测图 | | |
| 1944 | （14）<br>费城动画制作者联合会 | 一层平面图、轴测图 | | |
| 1949 | （28）<br>费城精神病院<br>平克斯楼 | 一层平面图、轴测图 | | |

续表

| 时间 | 作品名称 | 图名 | 图纸相关资料 | |
|------|----------|------|--------------|---|
| 1949 | （29）<br>费城精神病院<br>拉得比尔楼 | 一层平面图、轴测图 | | |
| 1950 | （125）<br>犹太社区中心 | 透视图 | | |
| 1951 | （31）<br>耶鲁大学美术馆 | 一层平面图、轴测图 | | |
| 1951 | （33）<br>米尔溪公共住宅<br>社区中心 | 一层平面图、轴测图 | | |
| 1952 | （39）<br>城市之塔 | 一层平面图、轴测图 | | |
| 1954 | （40）<br>阿代什·杰叙隆<br>犹太会堂 | 一层平面图、轴测图 | | |
| 1954 | （43）<br>美国劳工联合会－产业<br>联合会医疗服务中心 | 一层平面图、轴测图 | | |

续表

| 时间 | 作品名称 | 图名 | 图纸相关资料 | |
|------|----------|------|--------------|---|
| 1954 | （44）<br>犹太社区中心<br>浴场更衣室 | 早期版<br>一层平面图 | | — |
| | | 终版<br>一层平面图、轴测图 | | |
| | （45）<br>犹太社区中心<br>办公楼 | 早期版<br>一层平面图 | | — |
| | | 终版<br>一层平面图、轴测图 | | |
| 1954 | （46）<br>犹太社区中心<br>日间夏令营 | 早期版<br>一层平面图 | | |
| | | 终版<br>一层平面图、轴测图 | | |
| 1955 | （126）<br>沃顿工作室 | 草图、照片 | | |

续表

| 时间 | 作品名称 | 图名 | 图纸相关资料 | |
|---|---|---|---|---|
| 1956 | （47）华盛顿大学图书馆 | 一层平面图、轴测图 | | |
| | （48）先进科学研究所 | 早期版 方案一一层平面图 | | — |
| | | 早期版 方案二一层平面图 | | — |
| | | 终版一层平面图、轴测图 | | |
| 1957 | （49）美国劳工联合会医疗中心 | 一层平面图（草图）、轴测图 | | |
| | （53）理查德医学研究所和生物中心 | 一层平面图、轴测图 | | |
| 1958 | （127）圣约瑟夫山学院与栗子山学校 | 草图 | | — |

续表

| 时间 | 作品名称 | 图名 | 图纸相关资料 | |
|---|---|---|---|---|
| 1958 | （54）<br>《论坛回顾》报社大楼 | 一层平面图、轴测图 | | |
| | （55）<br>第一唯一神<br>教堂与主日学校 | 早期版1（草图）<br>一层 | | — |
| | | 早期版2<br>一层平面图 | | |
| | | 早期版3<br>一层平面图 | | — |
| | | 早期版4<br>一层平面图 | | — |
| | | 终版（扩建前）<br>一层平面图 | | — |
| | | 终版（扩建后）<br>一层平面图、轴测图 | | |

续表

| 时间 | 作品名称 | 图名 | 图纸相关资料 | |
|------|---------|------|-------------|---|
| 1959 | （60）<br>美国领事馆办公楼 | 一层平面图、轴测图 | | |
| | （62）<br>索尔克生物研究所<br>实验室 | 一层平面图、轴测图 | | |
| | （64）<br>索尔克生物研究所<br>会议中心 | 二层平面图、轴测图 | | |
| 1960 | （66）<br>布里斯托尔镇市政大楼 | 一层平面图、轴测图 | | |
| | （69）<br>卡庞隆登仓库和办公室 | 一层平面图、轴测图 | | |
| 1961 | （129）<br>通用汽车展览会 | 草图 | | |
| | （70）<br>密克维以色列犹太会堂 | 一层平面图、轴测图 | | |

续表

| 时间 | 作品名称 | 图名 | 图纸相关资料 | |
|------|----------|------|--------------|---|
| 1961 | （71、72）<br>福特韦恩艺术中心 | 学校<br>一层平面图、轴测图 | | |
| | | 剧场<br>1966 年版<br>一层平面图 | | — |
| | | 剧场<br>1967 年版<br>一层平面图 | | — |
| | | 剧场<br>终版<br>一层平面图、轴测图 | | |
| 1962 | （76、79）<br>印度管理学院 | 餐厅与广场<br>一层平面图、轴测图 | | |
| | | 水塔<br>一层平面图、轴测图 | | |
| | （80）<br>孟加拉首都政府建筑群 | 国会大厦<br>48 英尺层平面图、<br>轴测图 | | |

续表

| 时间 | 作品名称 | 图名 | 图纸相关资料 | |
|---|---|---|---|---|
| 1962 | （81、82、83、84、85）<br>孟加拉首都政府建筑群 | 餐厅<br>一层平面图、轴测图 | | |
| | | 国会成员招待所<br>一层平面图、轴测图 | | |
| | | 部长招待所<br>一层平面图、轴测图 | | |
| | | 秘书招待所<br>一层平面图、轴测图 | | |
| | | 苏拉瓦底医院<br>一层平面图、轴测图 | | |
| 1963 | （86）<br>巴基斯坦总统府 | 一层平面图、轴测图 | | |
| 1964 | （130）<br>皮博迪博物馆 | 平面图、剖面图<br>（草图） | | |

续表

| 时间 | 作品名称 | 图名 | 图纸相关资料 | |
|---|---|---|---|---|
| 1964 | （87）<br>费城艺术学院 | 9英尺层平面图、<br>轴测图 | | |
| 1965 | （89）<br>多明尼加修道院 | 一层平面图、轴测图 | | |
| 1965 | （90）<br>因特拉玛B社区展厅 | 二层平面图、轴测图 | | |
| | （92）<br>马里兰艺术学院 | 一层平面图、轴测图 | | |
| | （93、94）<br>菲利普·埃克塞特学院 | 餐厅<br>一层平面图、轴测图 | | |
| | | 图书馆<br>一层平面图、轴测图 | | |
| 1966 | （95）<br>圣安德鲁修道院 | 一层平面图、轴测图 | | |

续表

| 时间 | 作品名称 | 图名 | 图纸相关资料 | |
|---|---|---|---|---|
| 1966 | （96）百老汇联合基督教堂与办公楼 | 一层平面图、轴测图 | | |
| | （97）奥列维蒂－恩德伍德工厂 | 总平面图、轴测图 | | |
| | （99）金贝尔艺术博物馆 | H 形平面 第一版 一层平面图 | | — |
| | | H 形平面 第二版 一层平面图 | | — |
| | | C 形平面 第一版 一层平面图 | | — |
| | | C 形平面 第二版（终版）一层平面图、轴测图 | | |
| | （100）犹太牺牲者纪念碑 | 九柱版 一层平面图、轴测图 | | |

续表

| 时间 | 作品名称 | 图名 | 图纸相关资料 | |
|------|----------|------|------|------|
| 1966 | （100）<br>犹太牺牲者纪念碑 | 七柱版 第一版<br>一层平面图、轴测图 | | |
| | | 七柱版 第二版<br>一层平面图、轴测图 | | |
| | （101）<br>贝斯－埃尔犹太会堂 | 一层平面图、轴测图 | | |
| | （102）<br>阿尔特加办公楼 | 第一版<br>广场层平面图、<br>标准层平面图 | | |
| | | 第二版<br>广场层平面图、<br>标准层平面图 | | |
| | | 第三版<br>广场层平面图、<br>轴测图 | | |
| 1967 | （103）<br>小山改造重开发 | 一层平面图、<br>轴测图 | | |

续表

| 时间 | 作品名称 | 图名 | 图纸相关资料 |
|------|---------|------|------------|
| 1967 | （104）<br>胡瓦犹太会堂 | 一层平面图、轴测图 | |
| 1968 | （105）<br>双年展会议宫 | 二层平面图、轴测图 | |
| 1969 | （133）<br>莱斯大学艺术中心 | 模型照片 | |
| 1969 | （106）<br>双厅电影院 | 一层平面图、轴测图 | |
| 1969 | （107）<br>耶鲁大学英国艺术中心 | 一层平面图、轴测图 | |
| 1970 | （108）<br>家庭计划中心 | 一层平面图、轴测图 | |
| 1971 | （134）<br>波克诺艺术中心 | 模型照片 | |

续表

| 时间 | 作品名称 | 图名 | 图纸相关资料 | |
|---|---|---|---|---|
| 1971 | （135）<br>政府大楼<br>小山公寓与酒店 | 模型照片 | | |
| 1971 | （136）<br>独立宫200周年纪念馆 | 模型照片 | | |
| 1971 | （111）<br>联合神学研究生院<br>图书馆 | 二层平面图、轴测图 | | |
| 1971 | （112）<br>沃尔夫森工程中心 | 一层平面图、轴测图 | | |
| 1973 | （137）<br>阿巴萨巴德管理中心 | 草图 | | |
| 1973 | （138）<br>门尼尔基金会艺术中心 | 草图 | | |

观察年表可知，康的公共建筑作品可以分为以下三个时期：

1949 年前，没有太多可以归类的特征；

1949—1957 年，大量几何性构图和重复的生长式单元构图出现在建筑中；

1957—1973 年，构图的多样性开始增加，类型变得复杂。

接下来将根据这三个时期中的具体案例探讨康在公共建筑设计中的空间变化方式和线索。

# 1924—1949 年

1949 年以前，康的公共建筑项目较少，从年表上看也没有太多规律。

从 1924 年的 150 周年国际展览会的展馆建筑的透视草图中可以看出，柱头与拱券表现出康早期的设计偏向古典风格的特性（图 2.103）。1935 年的阿赫伐斯以色列集会堂是康个人的第一个项目，但未找到任何图纸。从照片上看，这是一个外形方正的建筑，沿街立面上开了小窗，侧面开了大面积的玻璃窗（图 2.104）。同年的泽西住宅区学校项目，则表现出柯布西耶式的曲线构图（图 2.105）。1939 年的费城精神病院是一个改造项目，图纸展现的是改造后的情况，也未找到其他资料（图 2.106、图 2.107）。

图 2.103 150 周年国际展览会

图 2.104 阿赫伐斯以色列集会堂

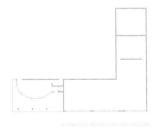

图 2.105 泽西住宅区学校一层平面图

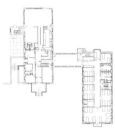

图 2.106 费城精神病院一层平面图

图 2.107 费城精神病院二层平面图

从 1940 年开始，康设计了一些社区中心和学校公共建筑。1940 年的帕恩福特社区中心与 1942 年的威洛伦公共住宅区小学都使用了大坡屋顶；而在平面组织上，威洛伦公共住宅区小学、194X 年酒店、模范邻里关系项目的社区中心，以及 1944 年的费城动画制作者联合会等项目，虽然其规模和功能都不尽相同，但在平面构图中都有一些斜线（图 2.108 ～图 2.115）。

图 2.108　帕恩福特社区中心鸟瞰图

图 2.109　威洛伦公共住宅区小学一层平面图

图 2.110　威洛伦公共住宅区小学轴测图

图 2.111　194X年酒店一层平面图

图 2.112　模范邻里关系项目社区中心一层平面图

图 2.113　模范邻里关系项目社区中心轴测图

图 2.114　费城动画制作者联合会一层平面图

图 2.115　费城动画制作者联合会轴测图

在康早期的公共建筑中，除1940—1949 年设计的平面中有斜线参与构成的共性之外，矩形、梯形、圆形、片墙的使用并存，再无其他明显可归纳的特征。

# 1949—1957 年

在此期间，康的公共建筑设计与前期相比有较大的改变。

1949 年费城精神病院平克斯楼，其立面上的窗的分隔（图2.116）与1950年犹太社区中心立面上的窗户（图2.117）较为相似，均为阵列的条窗。而值得注意的是，与平克斯楼同属于一个项目的拉得比尔楼的平面中，较为罕见地出现了一个正三角形（图2.118、图2.119），此前康的公共建筑设计中从未出现过任何三角形。经查阅资料得知，此处的三角形是一个雨篷，是康设计这个项目时接受了安妮·婷的建议加上的。

图2.116 费城精神病院平克斯楼立面图

图2.117 犹太社区中心透视图

图2.118 费城精神病院拉得比尔楼一层平面图

图2.119 费城精神病院拉得比尔楼轴测图

从这个三角形开始，康在接下来的实践中多次使用了包含三角形的结构或者构图，其中最为出名的，也是康的成名作之一的是耶鲁大学美术馆扩建工程。康在此项目中极具装饰性的三角形混凝土格构架中设置了设备管道，试图避免使其沦为纯粹的形式主义。他还在圆形墙体围合成的楼梯间中布置了三角形的三跑楼梯（图2.120），而在此楼梯间顶部有着一圈砌着玻璃砖的侧高窗和构成了正三角形的梁（图2.121）。

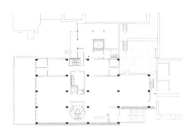

图2.120 耶鲁大学美术馆一层平面图

图2.121 耶鲁大学美术馆四层顶棚轴测图

从搜集的资料来看，运用三角形格构架的项目还包括两个未建成项目——1952 年的城市之塔与 1954 年的阿代什·杰叙隆犹太会堂。

城市之塔是一个看似较为复杂的高层建筑，但实际上除了核心筒是圆形的，其余整体都由正四面体结构的柱子自下而上交织而成，包括柱子交织处的大节点与楼板下的小正四面体格构架（图 2.122、图 2.123）。虽然这个建筑本身几何形式控制严密，极度理性，但康与安妮·婷赋予了这个建筑一种自然生长的概念——如同在山顶的树，在抵抗风力的同时通过树干与枝丫的弯曲来完成其生长的形态。

该建筑较为独特之处在于其柱子的剖面是由一个圆与在圆心上共用顶点的三个均匀分布的正三角形组成（图 2.124）。由于柱本身是倾斜的，在柱上做梯段设计可以解决在核心筒之外不同楼层间的交通问题（图 2.125），这样的好处是不用另设楼梯，使整体形态更加纯粹。

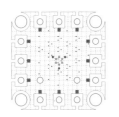 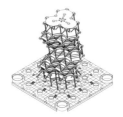  

图 2.122　城市之塔一层平面图　　　图 2.123　城市之塔轴测图　　　图 2.124　城市之塔的柱（三根）剖面　　　图 2.125　城市之塔的柱上梯段

在阿代什·杰叙隆犹太会堂这个项目中，康把建筑分成了两个部分。宗教集会部分是在一个大的正三角形的控制之下，三角形柱构成的核心筒处于大三角形等分之下，而所有的小三角形柱也都是由大正三角形的等比例分隔得到的。学校部分由两个教室模块组成，二层的一部分是连通的，而连通部分下面的六根三角形架空柱在建筑入口广场处也暗示了这种三角形控制关系（图 2.126 ~ 图 2.128）。康做此项目的时候，安妮·婷在罗马，两人在通信中也交流过对此项目的设计观点。

在该项目的三个三角形核心筒构成的大三角形中，小三角形柱的位置关系比较特殊，将其位置关系绘制成小图进行说明（图 2.129）。图中第一排第一个三角形代表三个核心筒围成的三角形，然后经过等分得到了作为核心筒的小三角形；第二排在核心筒的三角形基础上经过等分，确定了三角形结构柱的位置，但这些三角柱并未在大三角形不断等分之下的小三角形中被确定，而是各自又往边长的中点方向收了约半个边长的距离，以适应楼梯的摆放（图 2.130）。

从安妮·婷所参与的项目，如城市之塔以及她做过的一个学校的结构模型（图2.131）与宿舍楼模型（图2.132）中可以看出，在她的设计中，建筑的形式只与结构最终的形态相关，而结构的生长是无穷无尽的，结构在满足了建筑功能的时候便停止了生长，在那一刻，建筑的形式就完成了。康显然受到了安妮·婷的影响，空间有了生长的概念，但与安妮·婷不太在意结构最终构成的形态如何有所不同，受过宾夕法尼亚大学古典建筑教育的康可能还有一种与结构生长相抗衡的空间组织方式——对建筑自上而下地控制。任凭一个结构单元生长与在一个大空间下对内部进行划分是两种截然不同的建筑设计方式，康在后续的公共建筑空间构成上，不断地在这两种设计方式上进行着取舍。

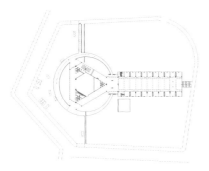

图 2.126　阿代什·杰叙隆犹太会堂一层平面图

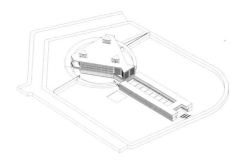

图 2.127　阿代什·杰叙隆犹太会堂轴测图

图 2.128　阿代什·杰叙隆犹太会堂入口

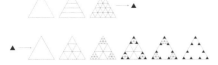

图 2.129　阿代什·杰叙隆犹太会堂核心筒及其内部三角柱位置关系

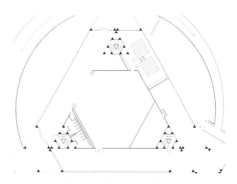

图 2.130　阿代什·杰叙隆犹太会堂中部三角形核心筒围合的空间

图 2.131　安妮·婷设计的学校结构模型

图 2.132　安妮·婷设计的布林莫尔学院女生宿舍楼模型

康在这段时间内除了用三角形做了较多的设计，也有一些较为方正的建筑，如米尔溪公共住宅社区中心便是一个平面近似正方形的建筑（图 2.133、图 2.134），再者，1954 年的美国劳工联合会－产业联合会医疗服务中心（图 2.135）与犹太社区中心浴场更衣室图（图 2.136、图 2.137）的早期版本也都是比较方正的构图。

虽然在近似于九宫格设计的美国劳工联合会－产业联合会医疗服务中心的平面上，除了角柱脱开其他柱轴线交点外似乎没有什么特点，但该建筑的空腹梁结构体系设计（图 2.138）似乎可以追溯到康在耶鲁大学美术馆扩建项目中的三角格构顶棚中放置的设备管道，而这种空腹梁设计到了 1957 年时，在理查德医学研究所和生物中心中的主次梁交接节点上（图 2.139）就变得更加复杂了。

图 2.133　米尔溪公共住宅
社区中心一层平面图

图 2.134　米尔溪公共住宅
社区中心轴测图

图 2.135　美国劳工联合会-产业
联合会医疗服务中心一层平面图

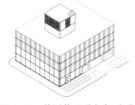

图 2.136　美国劳工联合会-产业
联合会医疗服务中心轴测图

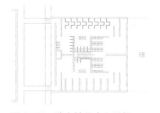

图 2.137　犹太社区中心浴场
更衣室早期版一层平面图

图 2.138　美国劳工联合会-产业
联合会医疗服务中心梁架

图 2.139　理查德医学研究所和
生物中心梁架

1954—1959 年康设计的犹太社区中心浴场更衣室的早期版（图 2.137），除了轮廓比较方正之外毫无特色，但在终版（图 2.140）中，康似乎找到了控制建筑形式的方法，不再让结构单元任意生长。在这个项目中，结构单元的构成方式与同时期的住宅设计极为类似，不妨同时对比一下 1951—1954 年的费鲁切特住宅（图 2.141）与 1954—1955 年的阿德勒住宅（图 2.142）的平面图。

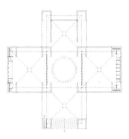

图 2.140 犹太社区中心浴场更衣室，终版一层平面图

图 2.141 费鲁切特住宅方案二一层平面图

图 2.142 阿德勒住宅终版一层平面图

从图上看，阿德勒住宅在空间构成上与另外两个不属于同一类型，除了左侧和中部的三个方块有两条重合的边之外，右侧上下两个方块的位置关系也显得比较特殊。这两个方块之间没有房间，但是留出的室外空间正好是上下两个方块各贡献一条边（两根方柱）形成的空方块，这个空方块是由实方块（房间）特殊的位置关系而产生的。此前，康对房间独立性的要求使房间结构也必须区分出来，而这个改变产生了室内结构与室外结构的重合，使结构显得暧昧不清，于是中空部分似乎也具有了与房间同等的属性，再加上延续了费鲁切特住宅的形式感以及围合中庭的设计方式，如此便成为犹太社区中心浴场更衣室的构成方式。可能是考虑到更衣室需要私密性，由中空的柱子进行流线转换与视线遮蔽便也顺理成章。

在犹太社区中心的设计中，十字构图是稳定的，中间的核心一旦保持了周围房间的尺度，周围的房间便不能再生长运动下去，这种达到稳定状态的设计与该项目中的其他两个建筑的不同版本均有联系：犹太社区中心办公楼的早期版与终版（图 2.143 ~ 图 2.145），以及日间夏令营的早期版与终版（图 2.146 ~ 图 2.148），都在显示建筑由一种肆意生长的结构单元最终被控制下来的稳定状态。

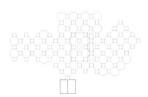

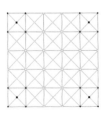

图 2.143 犹太社区中心办公楼早期版一层

图 2.144 犹太社区中心办公楼终版一层平面图

图 2.145 犹太社区中心办公楼终版轴测图

图 2.146 犹太社区中心日间夏令营早期版一层平面图

图 2.147 犹太社区中心日间夏令营终版一层平面图

图 2.148 犹太社区中心日间夏令营终版轴测图

犹太社区中心日间夏令营这个项目有一处较为微妙的地方，四个矩形体块不规则地散布在室外火炉旁边，但康在四个体块端部做了轻微的尺寸调整，每个建筑的端部开间尺寸（2.1 米）要略小于中部开间尺寸（2.4 米），这种轻微的尺寸调整在美国劳工联合会 - 产业联合会医疗服务中心中也出现过，也许是为了让结构单元在生长到边界时稳定下来。

在 1956 年的先进科学研究所项目中，早期版方案一（图 2.149）又出现了结构生长不可控的状态，整体平面如同将费鲁切特住宅的方块组合方式作为结构单元再大量生长复制得到；方案二（图 2.150）平面在左侧的正方形体量形成稳定态势之后，右侧的开角仍处在一种生长的不确定状态中；到终版（图 2.151）可以看出，在右侧的开角到了第四列时将同样的结构单元对称复制，使两侧的结构单元都呈现出一种稳定感。在先进科学研究所终版中，右侧部分中心的结构单元中的支撑双柱的开口方向也表达了整个建筑的对称轴线方向。不同的结构单元在高度上有所区别，左右两个部分均用 5 个稍高的结构单元间隔排布，以便将整体建筑的所有结构单元区分出来，在轴测图（图 2.152）上呈现出一种韵律感。

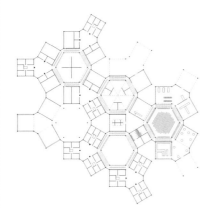

图 2.149　先进科学研究所，早期版方案一
一层平面图

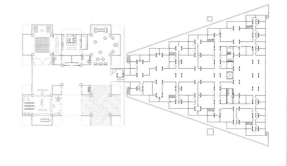

图 2.150　先进科学研究所早期版方案二一层平面图

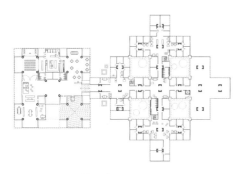

图 2.151　先进科学研究所终版一层平面图

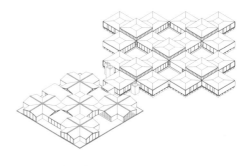

图 2.152　先进科学研究所终版轴测图

在同年的华盛顿大学图书馆项目中，康设计了一个阶梯型的十字空间（图2.153），稳定如金字塔，每层柱子的截面尺寸，从内到外、从下到上逐渐变小，因为是四面退台，上部和外部的柱子不需要同下部和内部的柱子承受一样多的荷载（图2.154）。到了1957年的理查德医学研究所和生物中心项目时，这些单元式的建筑被线性地组织到了一起，没有了几何形式上的稳定性，但到右侧收头的地方，康做了一栋不一样的单元楼作为这种线性关系的结束，再加上其他单元楼四周的八根结构柱与楼梯单元及通风井等竖向构图元素也有限制每栋单元楼向其他方向延展的意图，最终也是为了制造一种稳定的效果（图2.155、图2.156）。

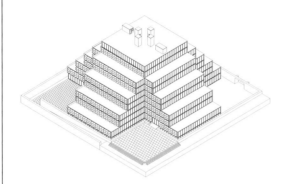

图2.153　华盛顿大学图书馆轴测图

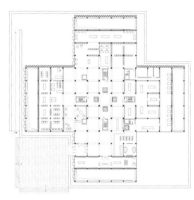

图2.154　华盛顿大学图书馆一层平面图

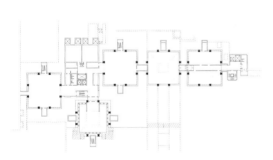

图2.155　理查德医学研究所和生物中心一层平面图

图2.156　理查德医学研究所和生物中心轴测图

在这段时期，康在几何语言和重复单元的构成上探索了相当数量的方式和方法，而且空间组织高度规则化，虽然受到安妮·婷的几何构成的影响，但正如康在完成犹太社区中心浴场更衣室后说，他发现，几何构成不再是唯一目的，对建筑形式的控制回到了他的理念中。

# 1958—1973 年

在这段时间里，康的设计呈现出多种构成特点。1958 年，圣约瑟夫山学院与栗子山学校的草图（图 2.157）显示，康延续了理查德医学研究所和生物中心的线性构图，在图中用重笔在条形空间标示出了可能为竖向构图元素的楼梯间。而同年的《论坛回顾》报社大楼的平面（图 2.158）又表达了类似于耶鲁大学美术馆扩建部分（图 2.159）的功能分区，但这种在中部做交通与小房间分割大空间的功能分区也并非在公共建筑中才出现，早在 1937 年，康在公共住宅项目中就使用过把楼梯与洗手间和设备用房整合到室内中部，然后分隔出两个大房间做卧室或活动室的做法（图 2.160）。

从康的第一唯一神教堂与主日学校项目的各个版本草图中可以看出，他在开始时用到了方和圆两种形式，然后试图使这两种形式代入功能后进行结合，结合的形式在草图中被表达得更为清晰（图 2.161、图 2.162）。

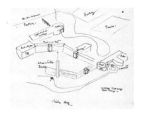

图 2.157 圣约瑟夫山学院与栗子山学校草图

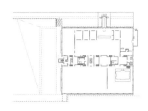

图 2.158 《论坛回顾》报社大楼一层平面图

图 2.159 耶鲁大学美术馆四层平面图

图 2.160 预制装配住宅项目未分类户型1

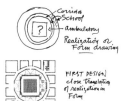

图 2.161 第一唯一神教堂与主日学校构思1

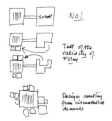

图 2.162 第一唯一神教堂与主日学校构思2

从草图上看，构思 1 是由学校、回廊和中心的教堂部分组成，在圆形教堂周围的回廊上开口进入方形的教室空间；构思 2 是两个建筑由走廊连接，通过不断地修改调整，学校附属在教堂周围，而用于联系的走廊消失了。这两种构思都有个前提，即教堂大空间本身不可分割，而学校可分割成小教室，于是教堂本身的大空间自然变成了建筑的核心部分，能被拆解的学校自然就变成了附属部分，包括后来增建的办公室，也不会改变教堂本身的核心地位，而是排布在教堂轴线两侧（图 2.163、图 2.164）。

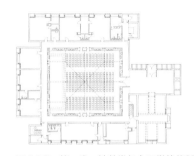

图 2.163　第一唯一神教堂与主日学校终版
（扩建前）一层平面图

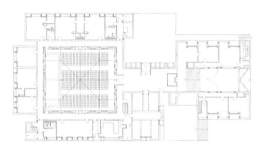

图 2.164　第一唯一神教堂与主日学校终版（扩建后）
一层平面图

于是，在一个建筑中，大空间总是需要被小空间围绕，小空间服务于大空间，而小空间同样有表达各自独立性的需要，在终版的轴测图（图 2.165）上可以看到，齿形外观就是在强调小空间单元的独立性。

此时，康不再从重复的结构单元开始组织空间，而是从整体中分离出需要的空间，或是先将功能分离，让这些空间根据大小重新组织，赋予这些空间新的意义，产生新的联系，这也许就是康的服侍与被服侍空间——此二者都是从整体空间中被分离出来形成服侍与被服侍的关系——的设计理念。

在 1959 年美国领事馆办公楼项目中，康第一次使用了双层墙体来防止眩光，而之前的项目使用的一直是遮阳架。康将外墙做了区分，一种用于维护，另一种用于调节光线。在此项目中，康将屋顶也做了区分，分为遮阳顶和遮雨顶（图 2.166、图 2.167）。由此可见，康的区分思想正在从空间和功能中慢慢向更细致的地方发展。

图 2.165　第一唯一神教堂与主日学校
终版（扩建后）轴测图

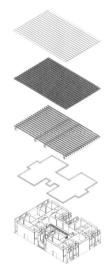

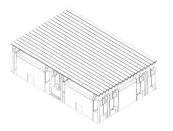

图 2.166　美国领事馆办公楼轴测图　　图 2.167　美国领事馆办公楼轴测分解图

索尔克生物医学研究所呈现出重复单元对称的稳定状态（图2.168）。在索尔克生物医学研究所的会议中心中，双层墙体再次得到了应用（图2.169）。在接下来的项目中，重复单元的使用作为建筑的主要构成方式被延续下来：通用汽车展览会、布里斯托尔镇市政大楼、密克维以色列犹太会堂、印度管理学院餐厅与广场等几个项目都利用了重复单元构成的设计手法（图2.170～图2.173）。在1962年的孟加拉首都政府建筑群项目中，重复单元的组合形式加上了双层墙体的设计在每个建筑中都有所体现，有将重复单元围绕中心的方式，也有将重复单元一字展开的空间构成方式（图2.174～图2.179）。而在1963年的巴基斯坦总统府中，康用了一种较为罕见的处理方法，直接将建筑的核心部分凸起，在上面开窗洞调节室内光线（图2.180、图2.181）。

图2.168　索尔克生物研究所
实验楼轴测图

图2.169　索尔克生物研究所
会议室轴测图

图2.170　通用汽车展览会草图

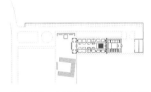

图2.171　布里斯托尔镇市政大楼
一层平面图

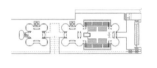

图2.172　密克维以色列犹太会堂
一层平面图

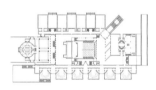

图2.173　印度管理学院餐厅与广场
一层平面图

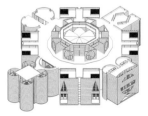

图2.174　孟加拉首都政府建筑群
国会大厦轴测图

图2.175　孟加拉首都政府建筑群
餐厅轴测图

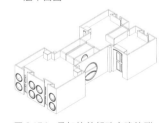

图2.176　孟加拉首都政府建筑群
国会成员招待所轴测图

图2.177　孟加拉首都政府建筑群
部长招待所轴测图

图2.178　孟加拉首都政府建筑群
秘书招待所轴测图

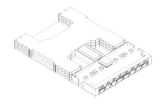

图2.179　孟加拉首都政府建筑群
苏拉瓦底医院轴测图

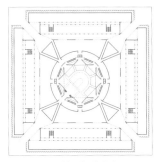

图 2.180 巴基斯坦总统府一层平面图

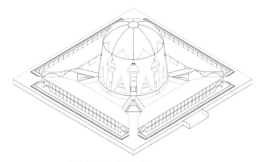

图 2.181 巴基斯坦总统府轴测图

但到了 1964 年，费城艺术学院的建筑平面构图又呈现出扩散的状态，似乎每个房间都想要表达自身（图 2.182），与 1965 年的多明尼加修道院以及马里兰艺术学院中的构图十分类似——一侧固定，另一侧散开（图 2.183、图 2.184）。之后到了 1965 年的菲利普·埃克塞特学院图书馆与餐厅两个建筑中，几何关系才又稳定下来（图 2.185、图 2.186）。到了 1966 年，奥列维蒂-恩德伍德工厂项目中再次出现了结构单元大面积扩张的状况，经过金贝尔艺术博物馆的并排布置的重复单元，又在 1966 年的贝斯-埃尔犹太会堂与 1967 年的胡瓦犹太会堂中达到稳定的几何构图（图 2.187～图 2.190）。

图 2.182 费城艺术学院9英尺层平面图

图 2.183 多明尼加修道院一层平面图

图 2.184 马里兰艺术学院一层平面图

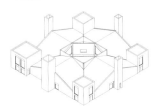

图 2.185 菲利普·埃克塞特学院餐厅轴测图

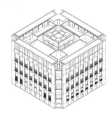

图 2.186 菲利普·埃克塞特学院图书馆轴测图

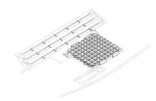

图 2.187 奥列维蒂-恩德伍德工厂轴测图

图 2.188 金贝尔艺术博物馆C形平面第二版（终版）轴测图

图 2.189 贝斯-埃尔犹太会堂轴测图

图 2.190 胡瓦犹太会堂轴测图

之后 1970 年的耶鲁大学英国艺术中心在空间上类似于多层的金贝尔艺术博物馆，从结构单元中开天窗采光，但顶棚的结构单元也呈现出扩张状态（图2.191）。在1971年的联合神学研究生院图书馆中，由华盛顿大学图书馆方案的阶梯十字组合了菲利普·埃克塞特学院图书馆中厅上空的十字梁，形式又趋于稳定（图2.192）。

康在1971年设计了很多未建成的方案，除了上文提到的联合神学研究生院图书馆外，其他建筑空间构成比较复杂，整体上虽然都有对称、轴线等，但还是与之前的生长式的单元和稳定构图的单元这两种基本形态有较大不同（图2.193～图2.196）。

图 2.191　耶鲁大学英国艺术中心轴测图

图 2.192　联合神学研究生院图书馆轴测图

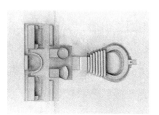

图 2.193　波克诺艺术中心模型照片一

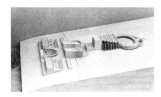

图 2.194　波克诺艺术中心模型照片二

图 2.195　政府大楼小山公寓与酒店模型照片方案一

图 2.196　政府大楼小山公寓与酒店模型照片方案二

波克诺艺术中心和政府大楼小山公寓与酒店两个项目的形态虽然和之前建筑出入较大，但基本上还是能看出康在构图上使用了一些避免空间发散的处理方法，波克诺艺术中心右侧的圆环围合使其形成封闭的形式，大体上近似在先进科学研究所中让空间单元收头的手法（图2.197、图2.198），而政府大楼小山公寓与酒店的两版方案也在收敛空间单元上做了调整。

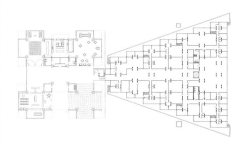

图 2.197　先进科学研究所第二版一层平面图

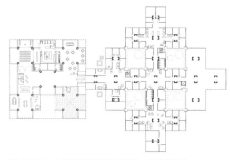

图 2.198　先进科学研究所终版一层平面图

在后期，康的设计除了有上文提到的变化外，还有些将之前作品中的空间进行交叉整合形成新方案的设计手法，如以下方案的设计：

· 华盛顿大学图书馆方案＋菲利普·埃克塞特学院图书馆＝联合神学研究生院图书馆

· 百老汇联合基督教堂与办公楼＋金贝尔艺术博物馆＝独立宫200周年纪念馆（图2.199、图2.200）

· 或是沃尔夫森工程中心也使用了金贝尔艺术博物馆的摆线拱顶与采光方式，而该项目在建筑空间组合上也与独立宫200周年纪念馆较为相似（图2.201、图2.202）。

图2.199　独立宫200周年纪念馆模型照片一　图2.200　独立宫200周年纪念馆模型照片二　图2.201　沃尔夫森工程中心一层平面图　图2.202　沃尔夫森工程中心轴测图

康在早期的公共建筑平面中采用了斜墙作为空间的构成要素，而到中后期在重复单元的空间构成中一直在发散式的生长构图和接近正几何图形（如正方形、圆等）的稳定构图之间摇摆，利用重复单元的多种组合方式，在设计中表达了各种形态与空间。

到后期，康的建筑设计表现出不同的手法的叠加的特点，部分新方案是将之前的建筑作品中的代表性空间进行重组而得到的。

本章主要从年表的视角上讨论了居住建筑与公共建筑两个建筑类别。

从两个建筑类别上看，二者虽在功能和尺度上有所区别，但在1950年左右，康在空间处理上出现了与此前并不一致的方法，公共建筑中1949年的拉得比尔楼与居住建筑中1951年的行列式房屋研究都出现了三角形及其衍生物的构图。自此以后，从三角形结构单元的生长式到方形的空间单元的简单组合式建筑，再到后来对空间单元组合上的复杂变化，包括加上了对空间单元的独立性的强调，强调独立性之余对建筑要素如墙体、屋顶也进行了多种区分。

康在空间单元的组合上进行了多种尝试，在整体构图上出现了多次生长式空间单元和稳定式的空间单元排布方式。到中后期，由空间单元围合而成的中心空间的设计到最后的几个设计中，使用前期设计里同样类型的空间的叠加组合。

下篇

# 案例重建

本篇将对有详细图纸资料的 112 个建筑作品进
行逐一展示。为方便查阅，没有对这 112 个作
品进行分类，而是采用与上篇和中篇一致的序
号排列。由于资料所限，有些项目未查到相关
项目简介，另有一些项目有多个方案，则项目
简介在最后一个方案中体现。

# 01 泽西住宅区学校
## Jersey Homesteads Cooperative Development—School

-----

设计时间：1935—1937
项目地点：美国新泽西州卡姆登县
建成情况：未建成
项目性质：学校

轴测图

康与其同事卡斯特纳共同着手设计泽西住宅区项目中的学校部分，并将其作为社区中心。此方案是根据康的草图绘制而成的，从这个设计中的自由的曲线墙体与板柱体系可以看出康学习了柯布西耶的设计语言，但最终康的这个设计并未被采纳。

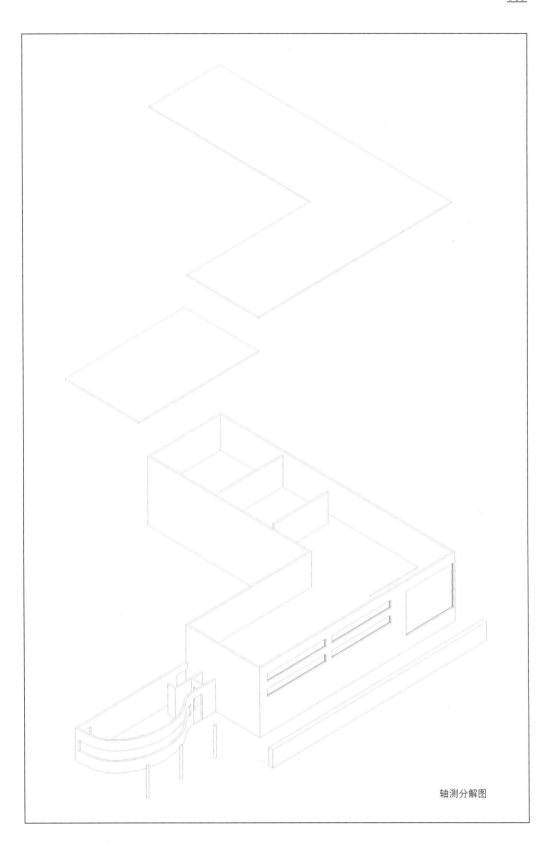

轴测分解图

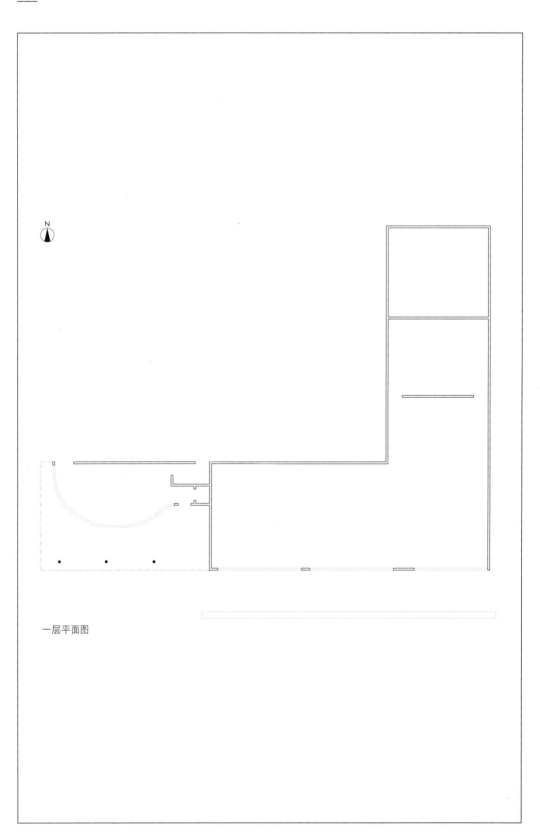

一层平面图

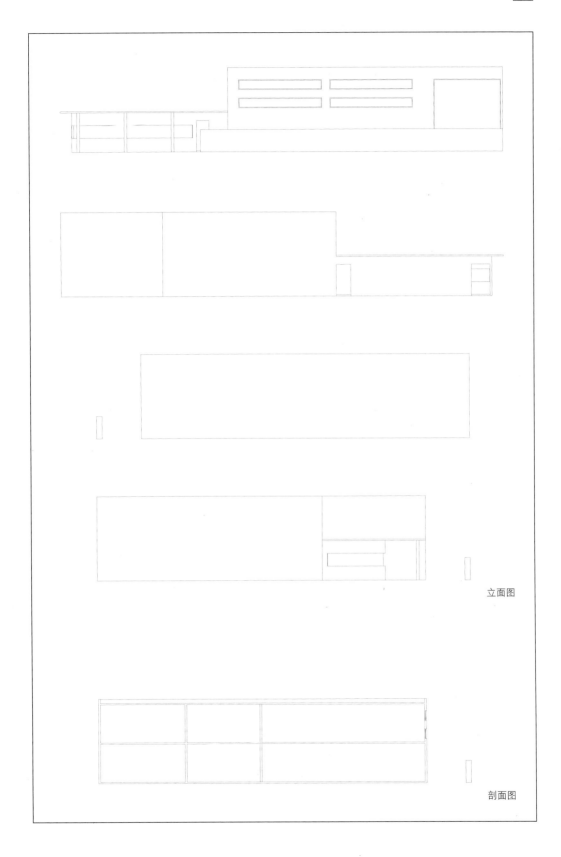

立面图

剖面图

# 02 预制装配住宅 5D 单元
## Prefabricated House 5D

-----

设计时间：1937
项目地点：美国宾夕法尼亚州费城
建成情况：未建成
项目性质：集合住宅

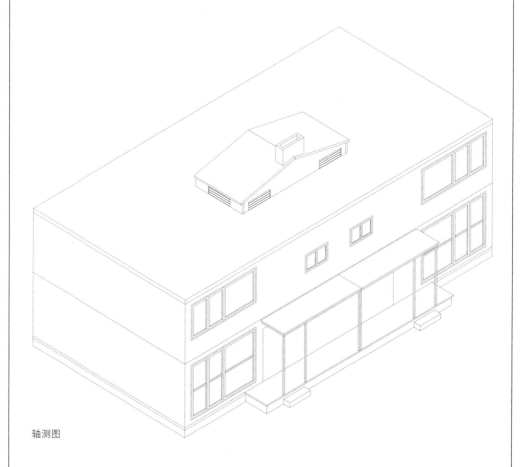

轴测图

康在早期设计了很多装配式住宅，这是其中资料相对较全的一个方案。两层的住宅，左右两户对称式布局，一层是起居室、厨房、洗衣房等功能空间，二层是卧室部分。在入口处有一个小型雨棚，室内外有两步台阶的高差，房子的造型比较简单、普通。

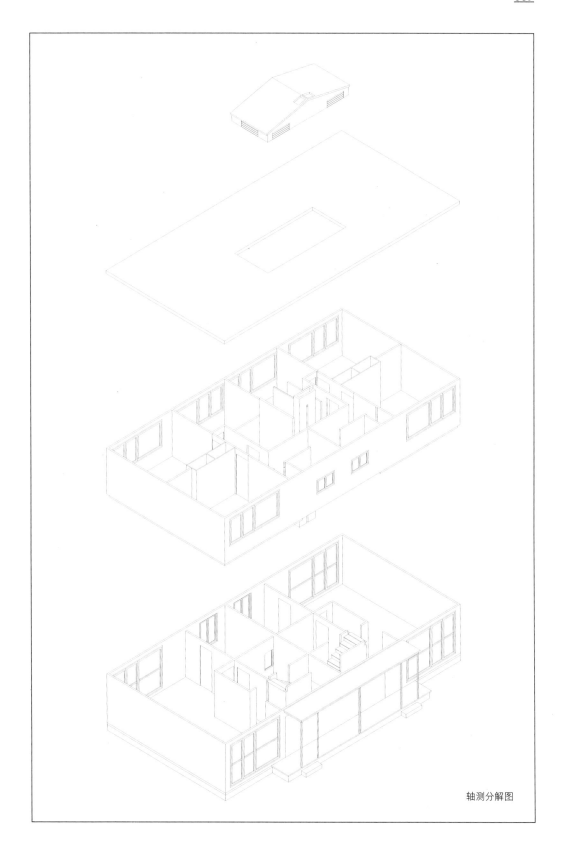

轴测分解图

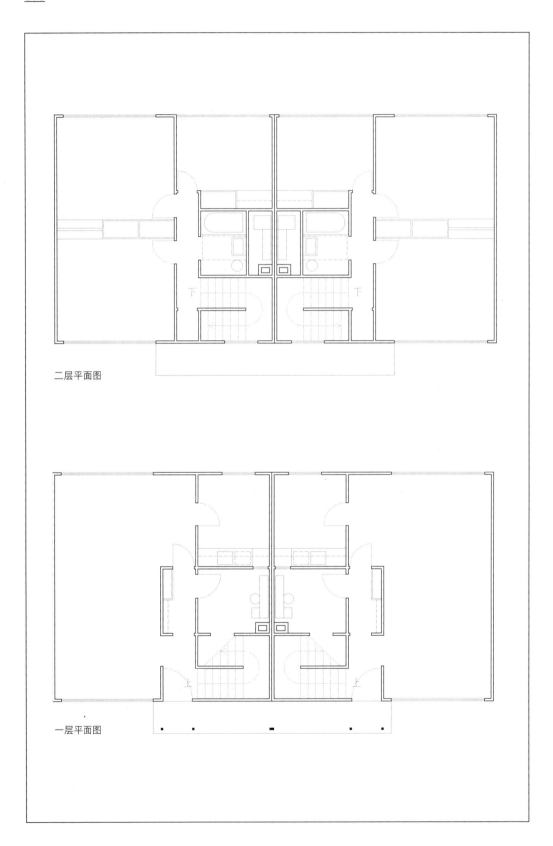

二层平面图

一层平面图

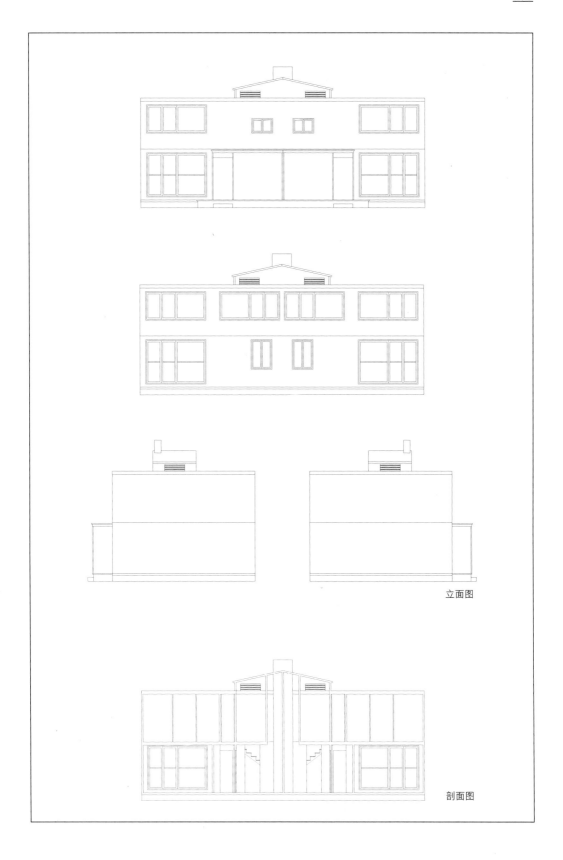

立面图

剖面图

# 03

# 奥瑟住宅

Oser House

-----

设计时间：1939—1943

项目地点：美国宾夕法尼亚州蒙哥马利县

建成情况：建成

项目性质：独栋住宅

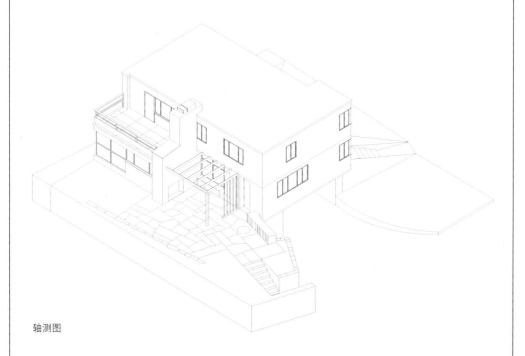

轴测图

这是康为老朋友奥瑟设计的一幢住宅，坐落在一座小山上的树林之中。此时，康在住宅设计方面已经较有经验。整个建筑根据地形，加上了一个直通地下车库的入口。设计在立面上也显示了石材和木材的对比。这栋住宅在平面的处理上较为紧凑，这也是康此阶段的设计特点。

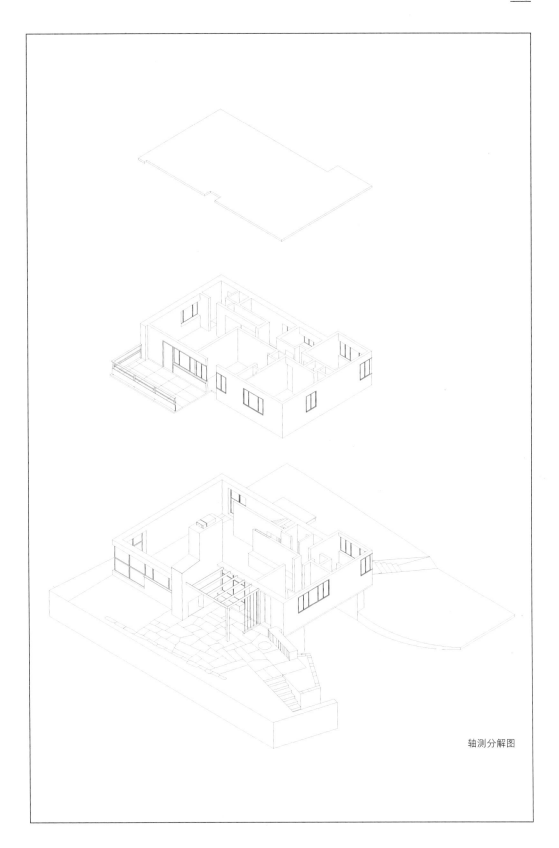

轴测分解图

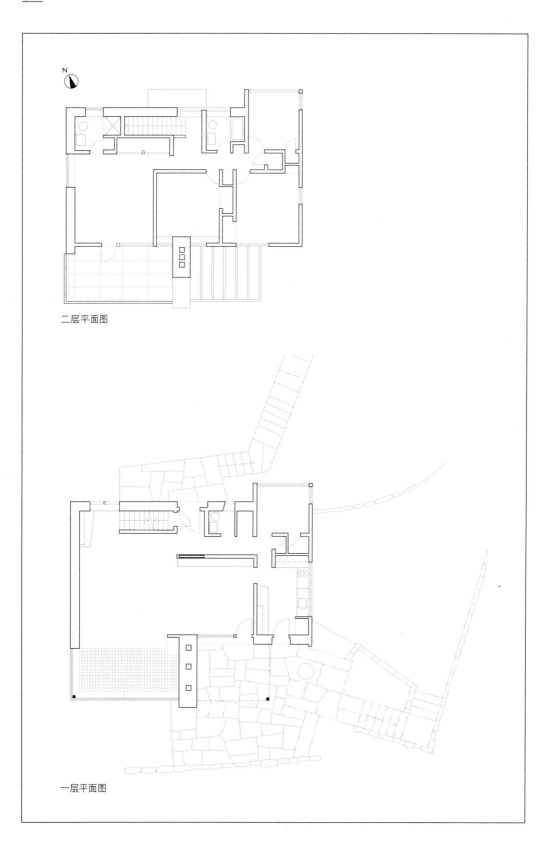

二层平面图

一层平面图

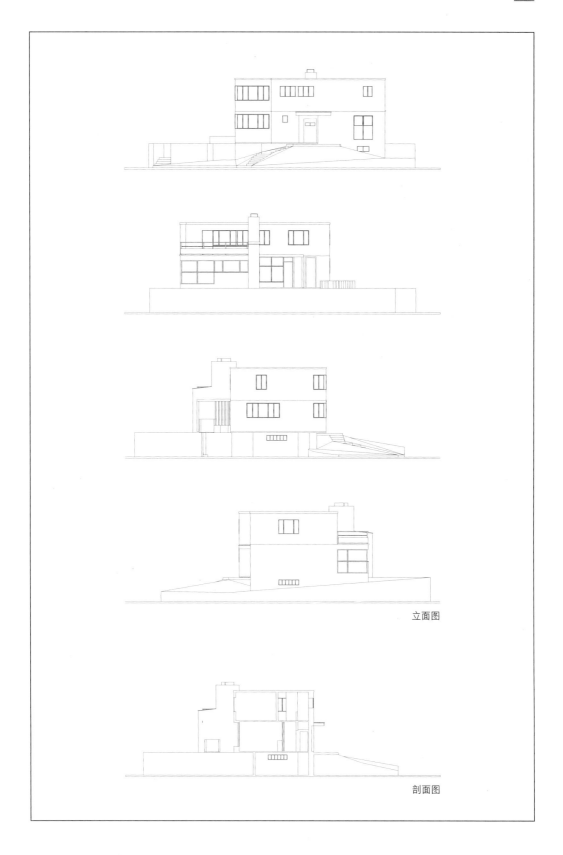

立面图

剖面图

# 04 帕恩福特公共住宅 E 单元

## Public Housing—Pine Ford Acres E

-----

设计时间：1940—1942
项目地点：美国宾夕法尼亚州多芬县
建成情况：建成
项目性质：集合住宅

轴测图

与早期的预制装配住宅 5D 单元项目一样，康早期的公共住宅均为二层建筑，主要是为了满足大量涌入城市的人群的基本居住需求。这是一个四户联合住宅，平面采用对称式布局，一层为起居空间，二层为卧室，在每户的一侧有直跑楼梯通向二层。

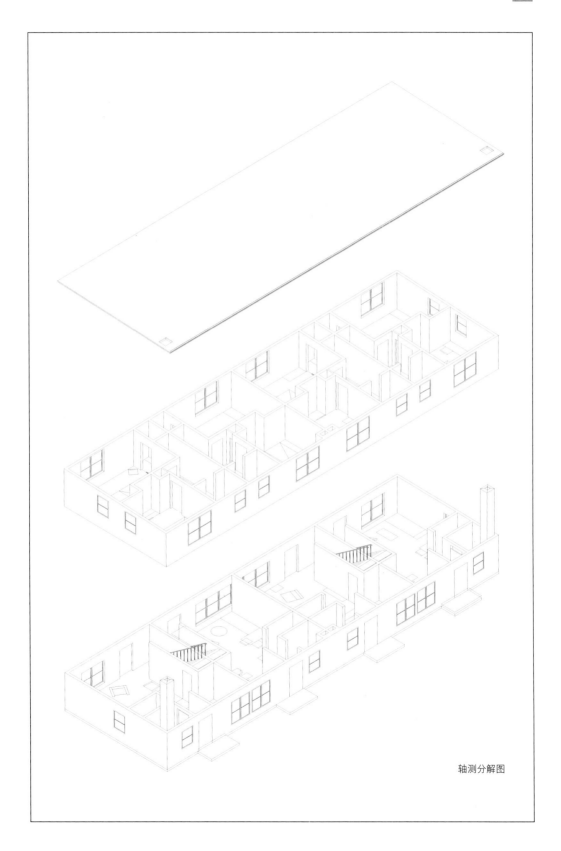

轴测分解图

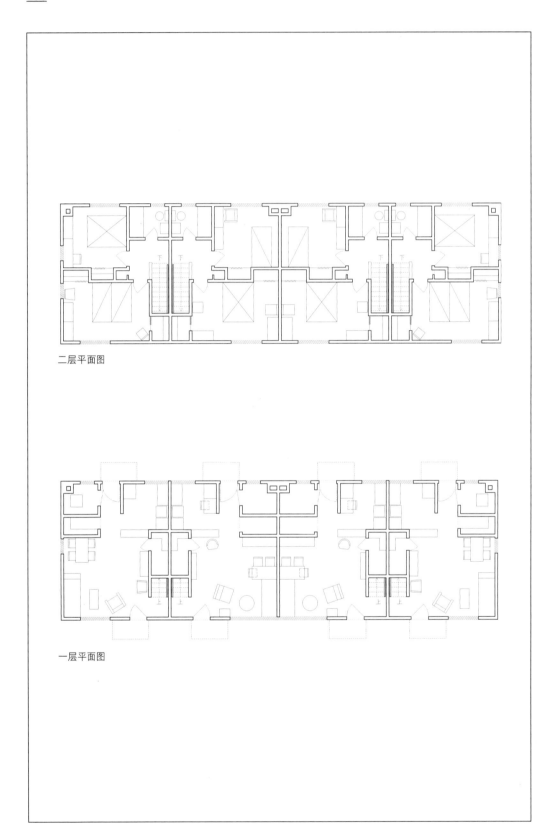

二层平面图

一层平面图

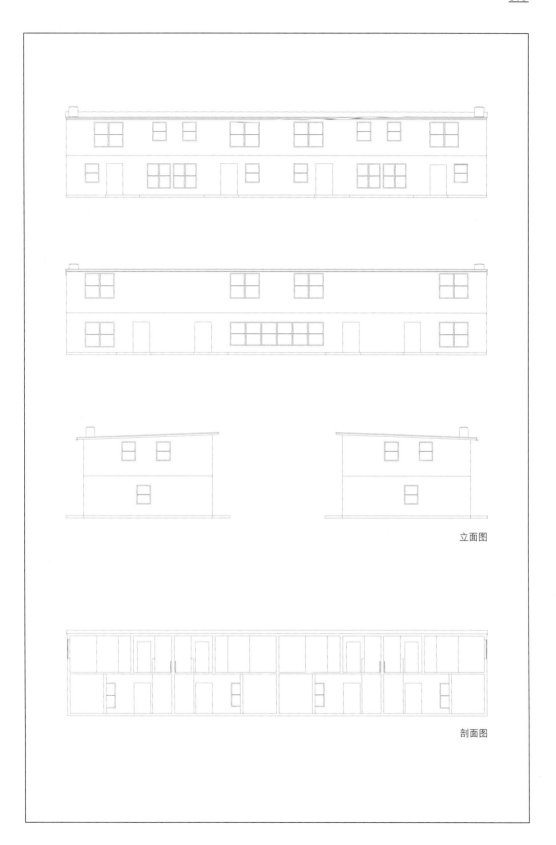

立面图

剖面图

# 05 194X 年住宅

## House For 194X

-----

设计时间：1942
项目地点：美国宾夕法尼亚州费城
建成情况：未建成
项目性质：独栋住宅

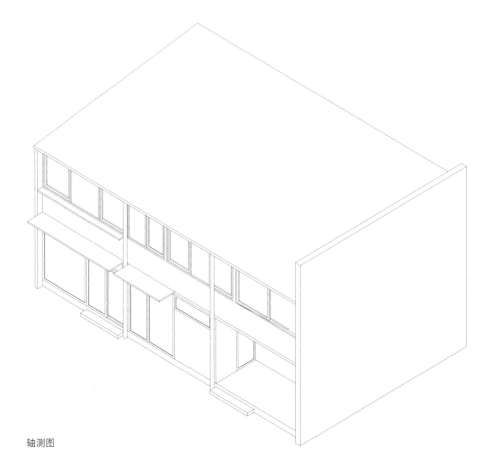

轴测图

1942 年 9 月，《建筑论坛》杂志邀请康为他们的新住宅"194X"做设计，重点是强调"预制"。但在此期间，威洛伦公共住宅区小学项目也在进行中，所以康错过了 194X 年住宅图纸的最后提交时间。从部分图纸上看，柱子在建筑中作为独立要素被强调出来，这也是与之前康的住宅项目有较大区别的地方。

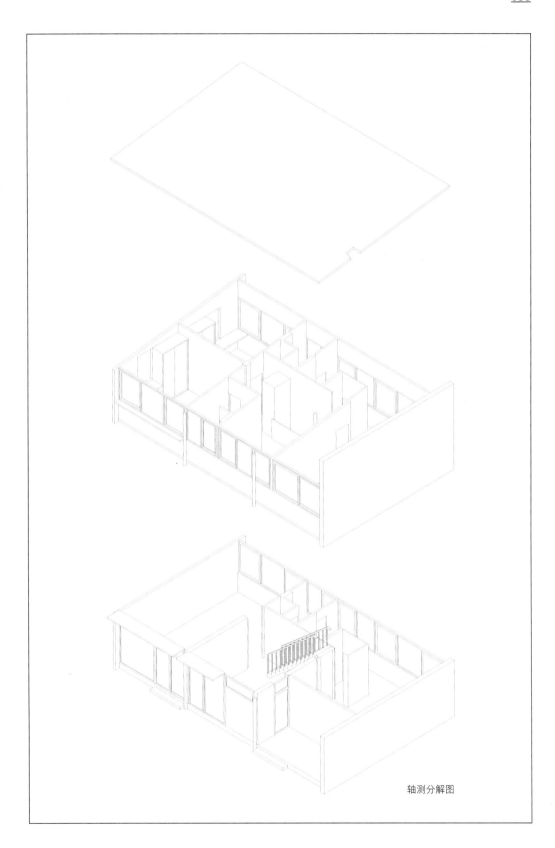

轴测分解图

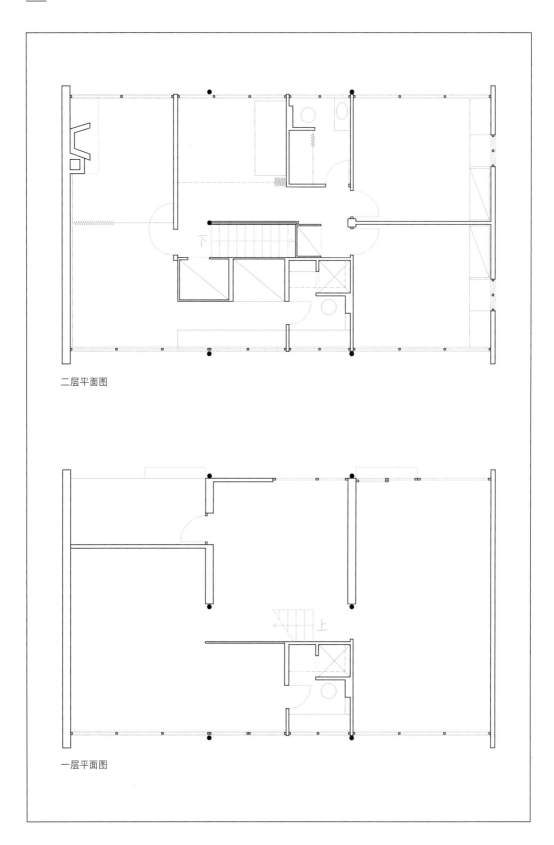

二层平面图

一层平面图

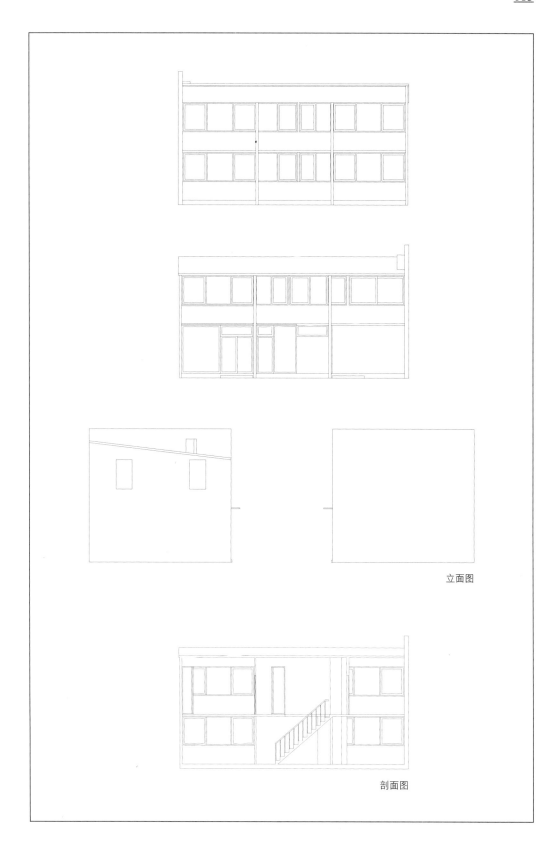

立面图

剖面图

# 06 威洛伦公共住宅区小学
## Willow Run Elementary School

-----

设计时间：1942—1943
项目地点：美国密歇根州瓦市特洛县
建成情况：未建成
项目性质：学校

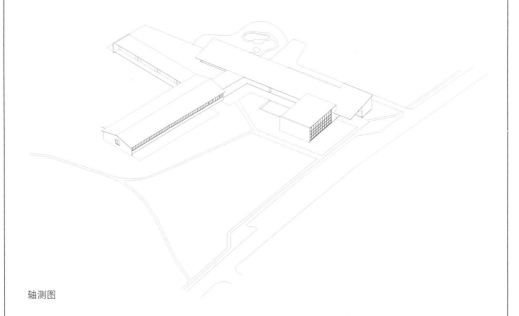

轴测图

从整体上看，康试图在建筑中加入斜线作为构成要素，可以看出学校整体是两个 L 形的建筑连廊进行连接，两套正交体系形成了较为舒展的平面，而建筑本身也运用了之前的部分设计语汇，如单坡屋顶等。

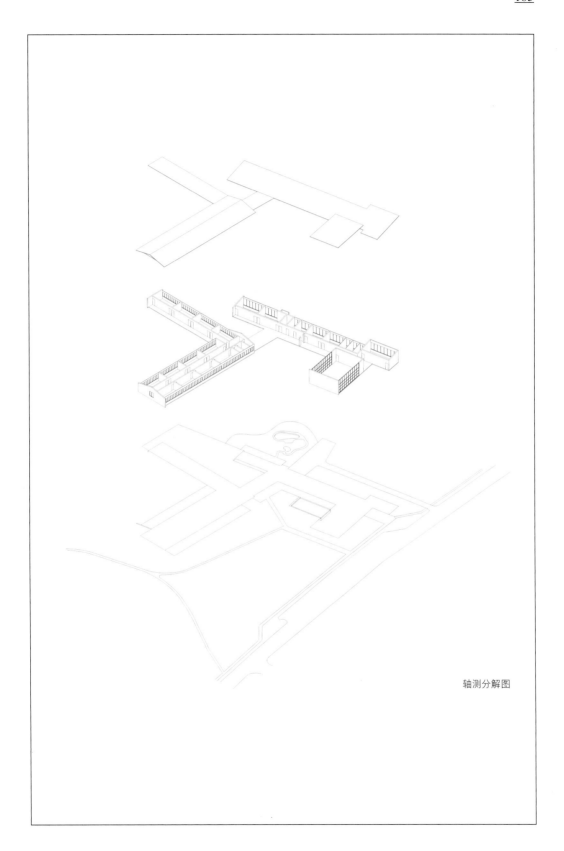

轴测分解图

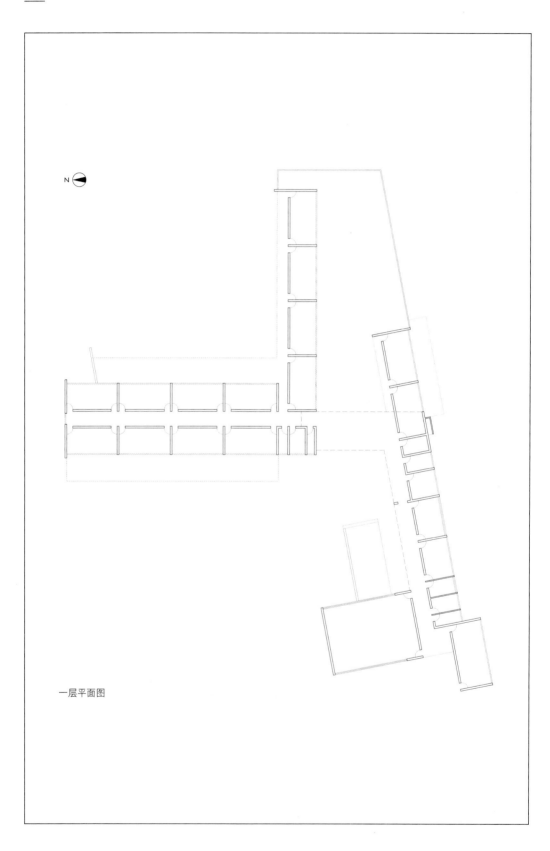

N

一层平面图

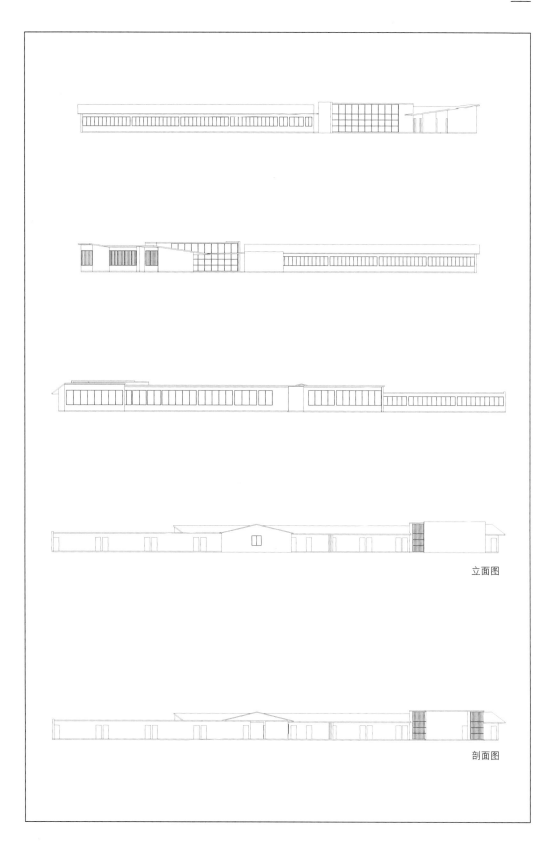

立面图

剖面图

# 07 斯坦顿路公共住宅二卧室单元

## Public Housing—Stanton Road, Two-bedroom Unit

-----

设计时间：1942—1947
项目地点：美国华盛顿特区
建成情况：未建成
项目性质：集合住宅

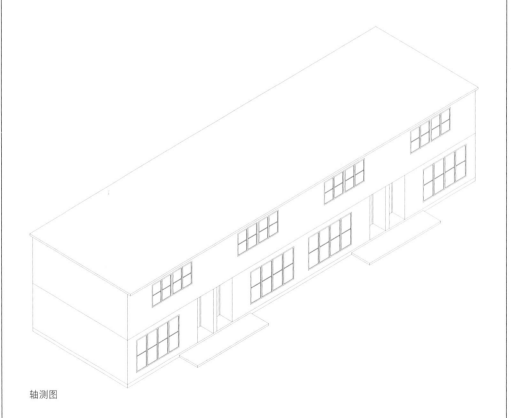

轴测图

（描述详见 08 号项目）

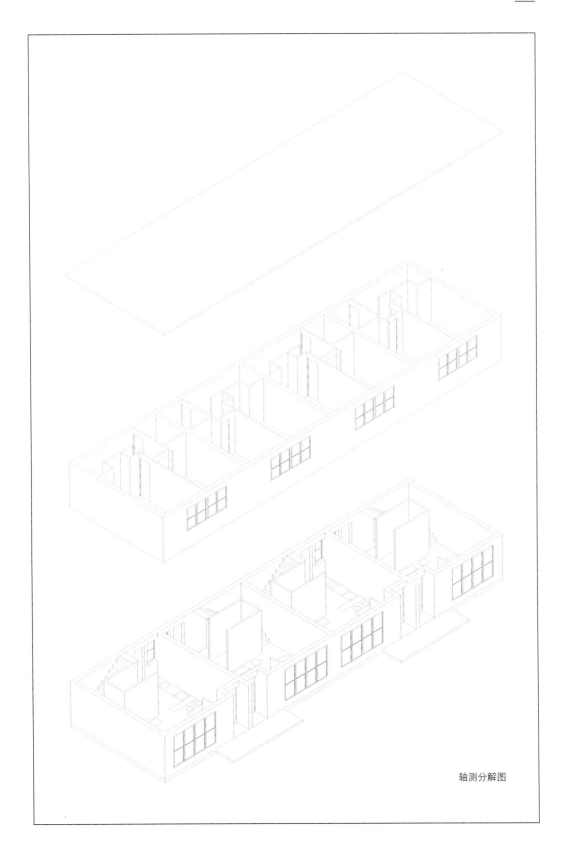

轴测分解图

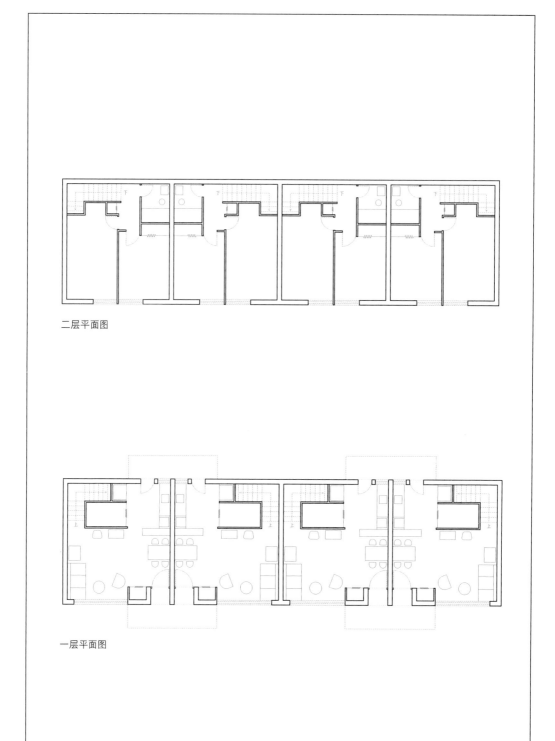

二层平面图

一层平面图

立面图

剖面图

# 08 斯坦顿路公共住宅三卧室单元

## Public Housing—Stanton Road, Three-bedroom Unit

-----

设计时间：1942—1947

项目地点：美国华盛顿特区

建成情况：未建成

项目性质：集合住宅

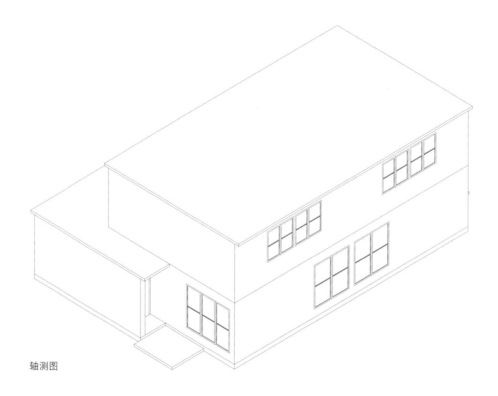

轴测图

康在斯坦顿路公共住宅中仍然采用了他早期在公共住宅项目中常用的处理手法——紧凑的平面布置与单坡屋顶，但在一层和二层部分做了适当变化。

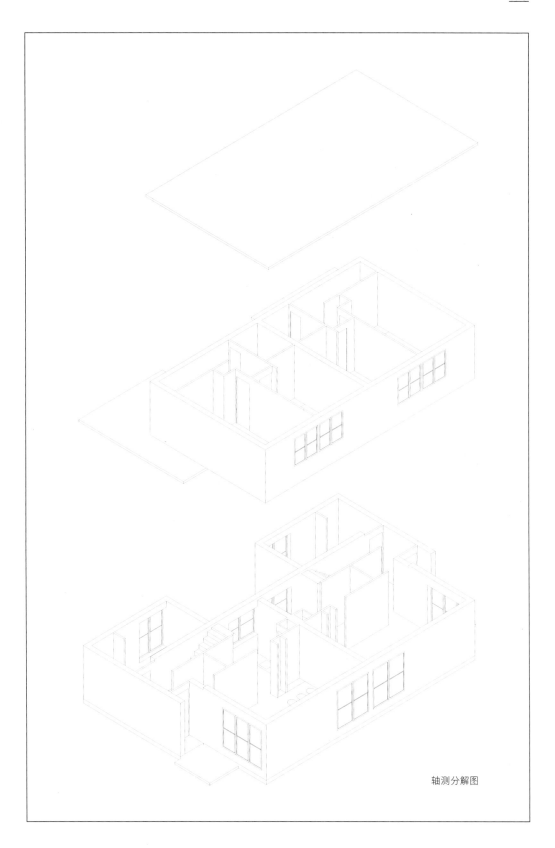

轴测分解图

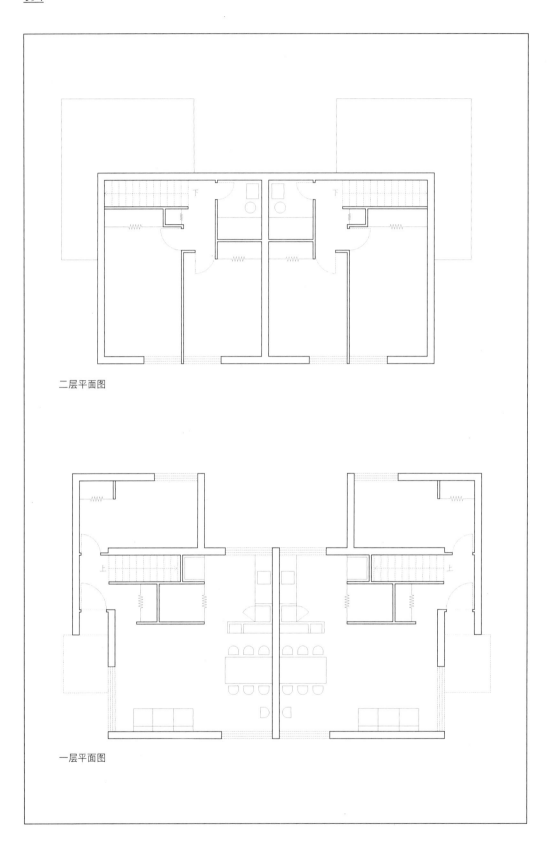

二层平面图

一层平面图

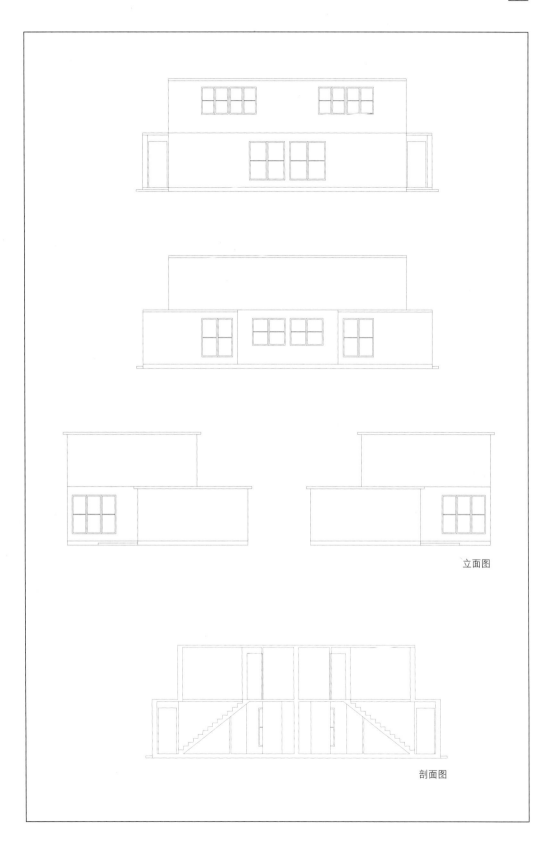

立面图

剖面图

# 09 战后住宅项目
## Design for Postwar Living House

-----

设计时间：1943
项目地点：美国宾夕法尼亚州费城
建成情况：未建成
项目性质：独栋住宅

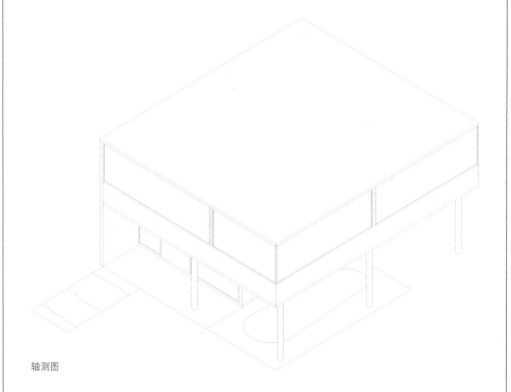

轴测图

康在此时承接了一些战后住宅的项目，这个方案是其中之一。与早先的住宅作品不太一样，
该平面中体现了很多康受柯布西耶的现代主义风格影响的痕迹——如底层架空、自由平面，
尤其是二层洗手间部分用曲面墙体分隔空间的处理方式等。

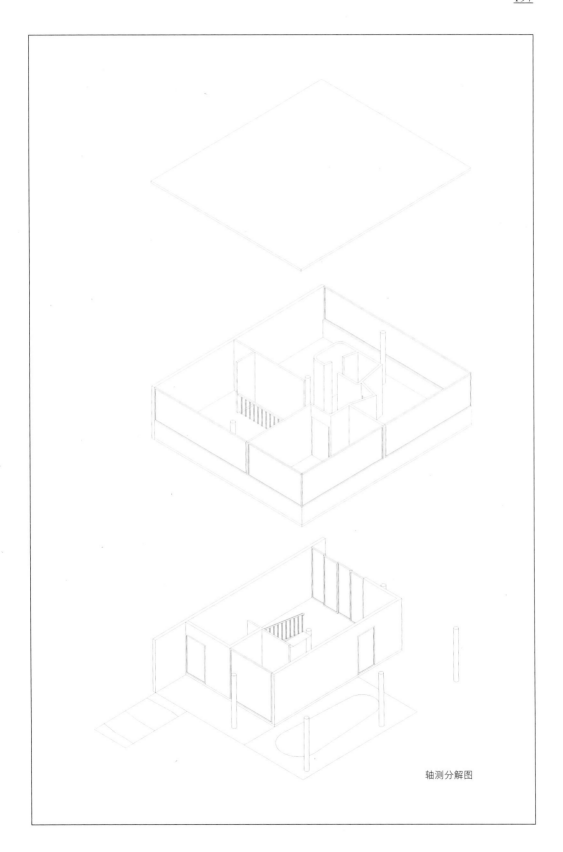

轴测分解图

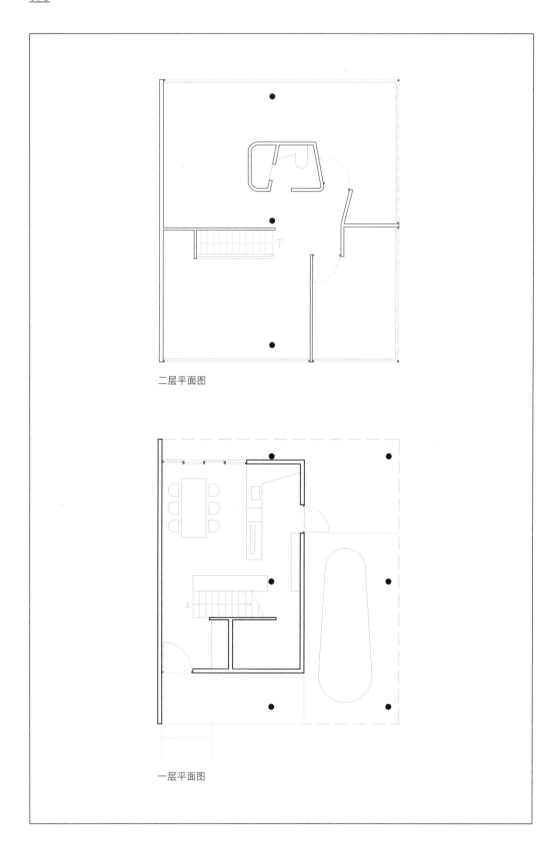

二层平面图

一层平面图

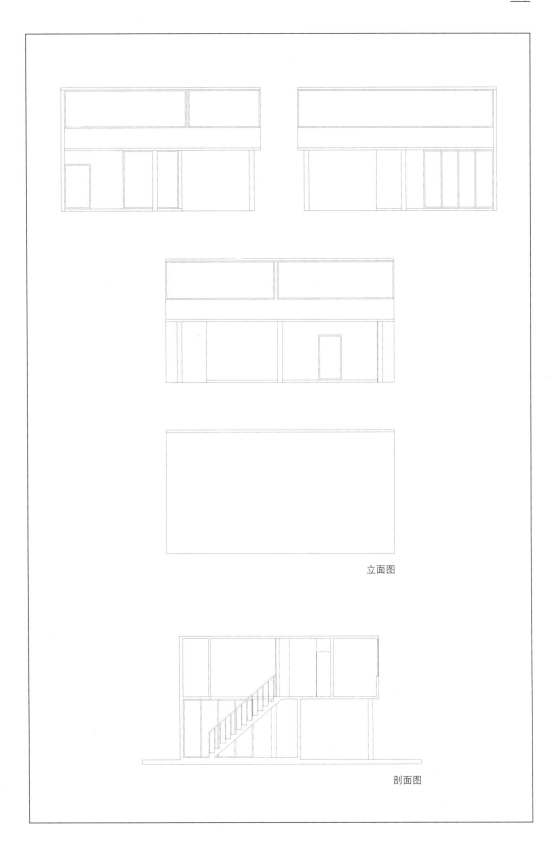

立面图

剖面图

# 10 194X 年酒店

## Hotel for 194X

-----

设计时间：1943
项目地点：美国宾夕法尼亚州费城
建成情况：未建成
项目性质：酒店

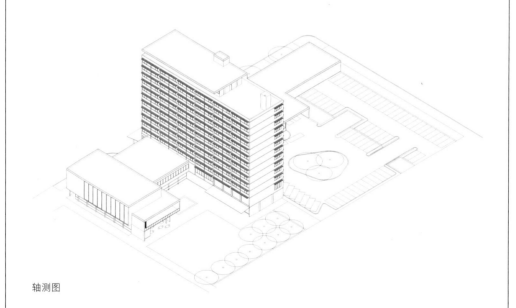

轴测图

该方案是承接 194X 年住宅项目时的另一个项目。从内部空间上看，该设计与这一阶段康进行的现代主义建筑的空间尝试密切相关，他在裙房矩形组合的空间里试图通过利用部分斜墙与弧墙制造一些变化，类似于放大的战后住宅项目的手法。

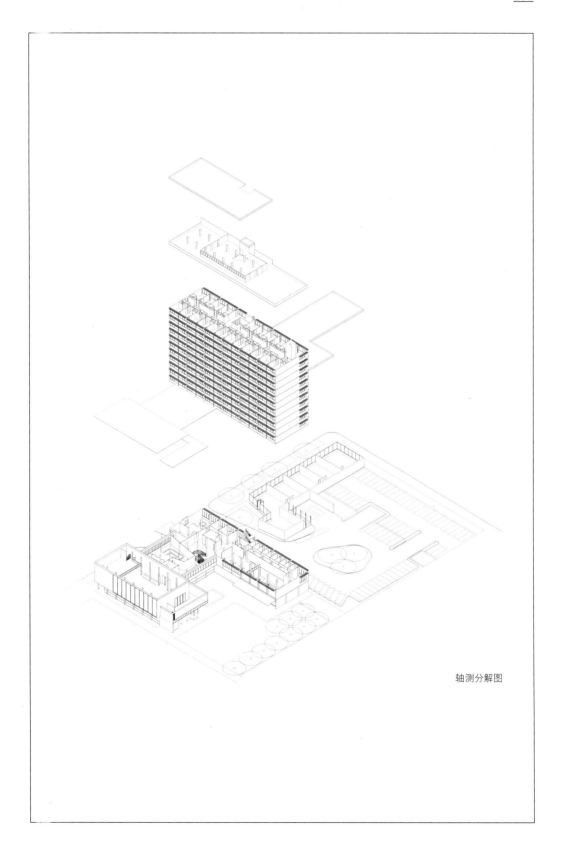

轴测分解图

客房标准层平面图

二层平面图

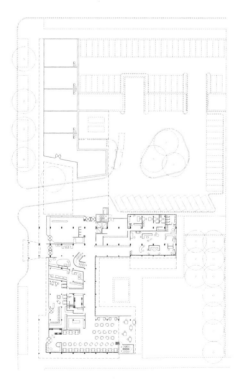

一层平面图

203

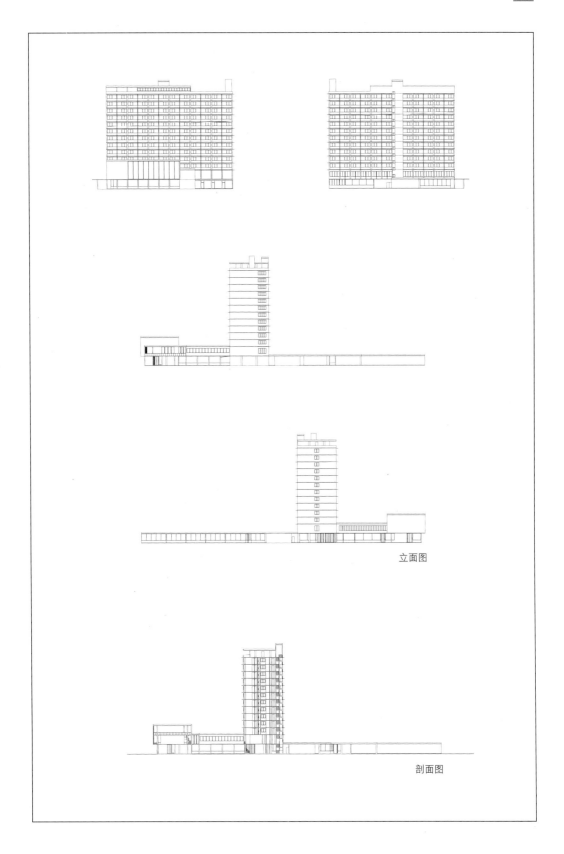

立面图

剖面图

# 11 模范邻里关系项目
## Model Neighborhood Rehabilitation Project

-----

设计时间：1943
项目地点：美国宾夕法尼亚州费城
建成情况：未建成
项目性质：社区中心

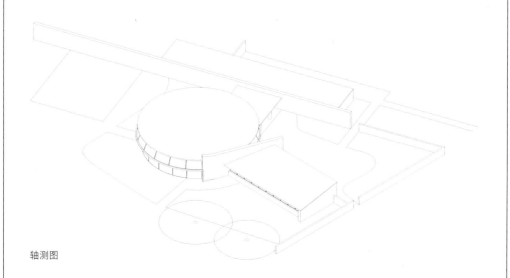

轴测图

此时的康在公共建筑的空间构成上，使用了圆形、矩形、梯形等不同的图形，也使用了较长的片墙形成的锐角来限定场地。几个空间的散布相接使建筑整体形成的空间较为平面化，类似于平面构成式的处理手法。

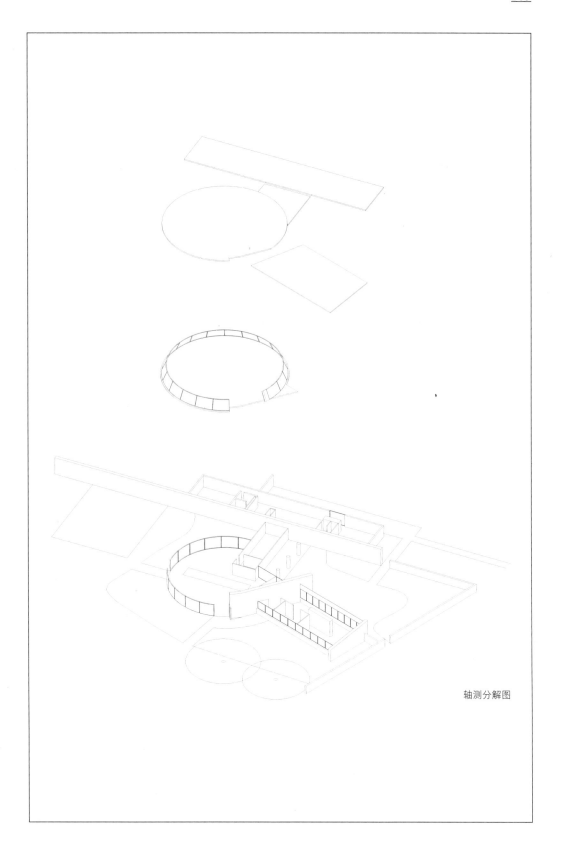

轴测分解图

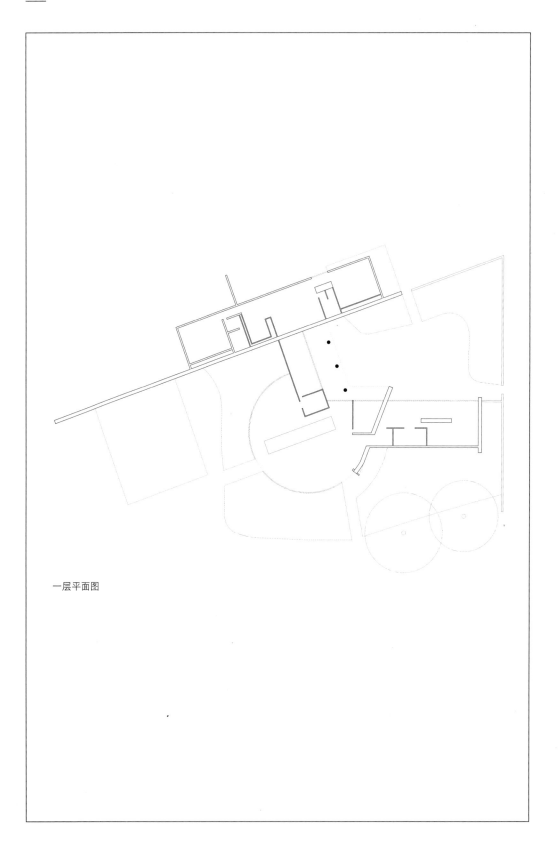

一层平面图

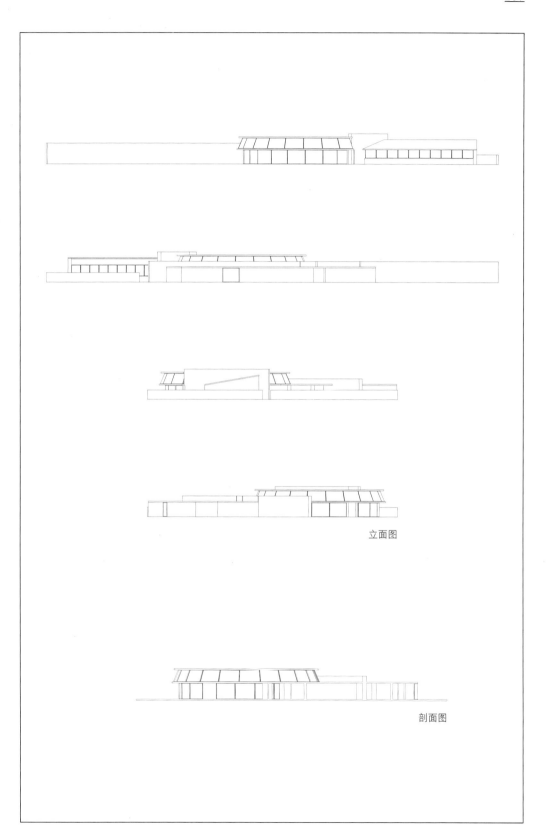

立面图

剖面图

# 12 帕拉索尔住宅区别墅

## Parasol Houses—House

-----

设计时间：1943
项目地点：美国宾夕法尼亚州费城
建成情况：未建成
项目性质：独栋住宅

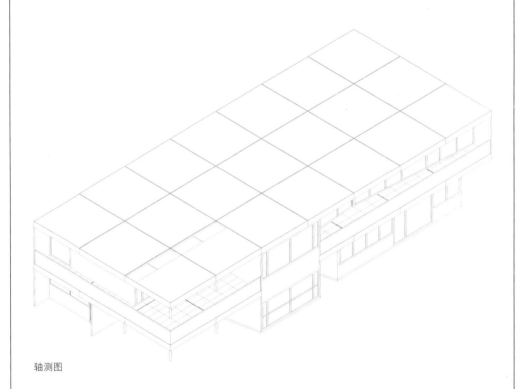

轴测图

（描述详见 13 号项目）

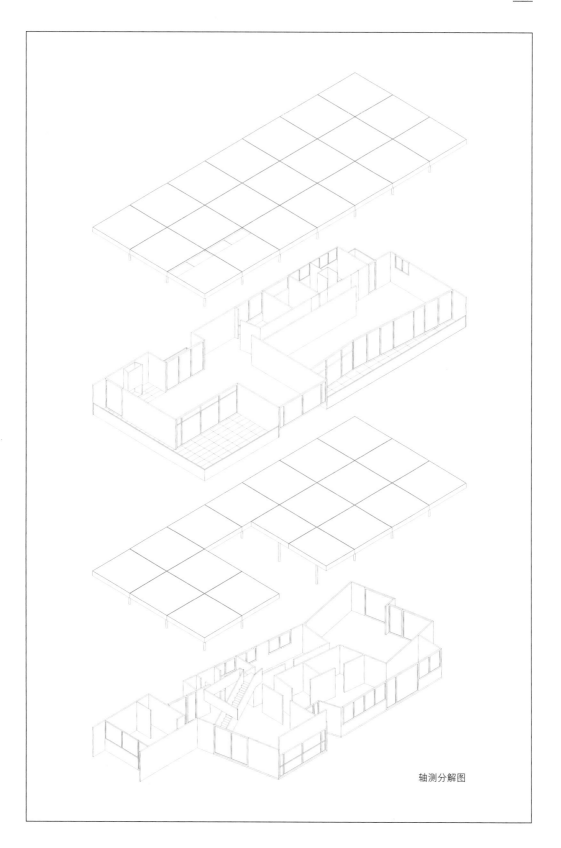

轴测分解图

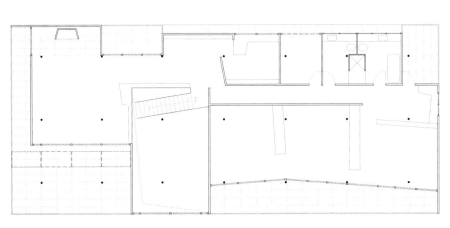

二层平面图

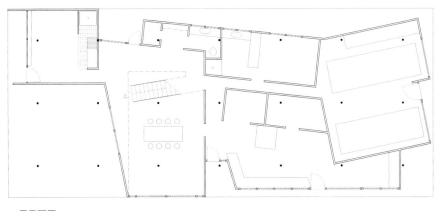

一层平面图

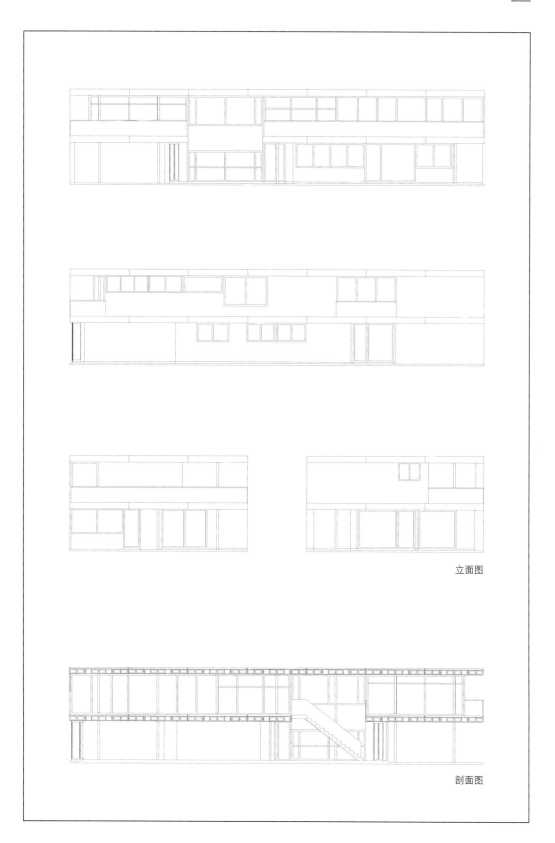

立面图

剖面图

# 13 帕拉索尔住宅区住宅群
## Parasol Houses—Residential Group

-----
设计时间：1943
项目地点：美国宾夕法尼亚州费城
建成情况：未建成
项目性质：集合住宅

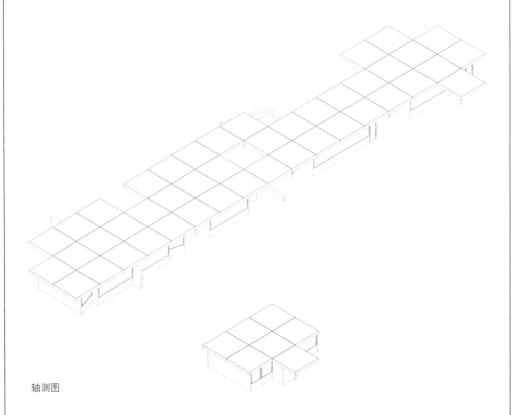

轴测图

在帕拉索尔住宅项目中，康在标准化构件的建筑上进行了一些与之前较为不同的尝试。他首先将柱子和其上的一块正方形楼板进行组合，形成了类似遮阳伞的空间，然后以此为单元，通过不同数量以及形式的组合或留白——空缺出整个单元或是部分构件等手法，生成了一些住宅群或是独栋住宅的方案，而在室内分隔空间的非承重墙体则较为自由，任意翻折、摆放、布置，使平面更加自由。

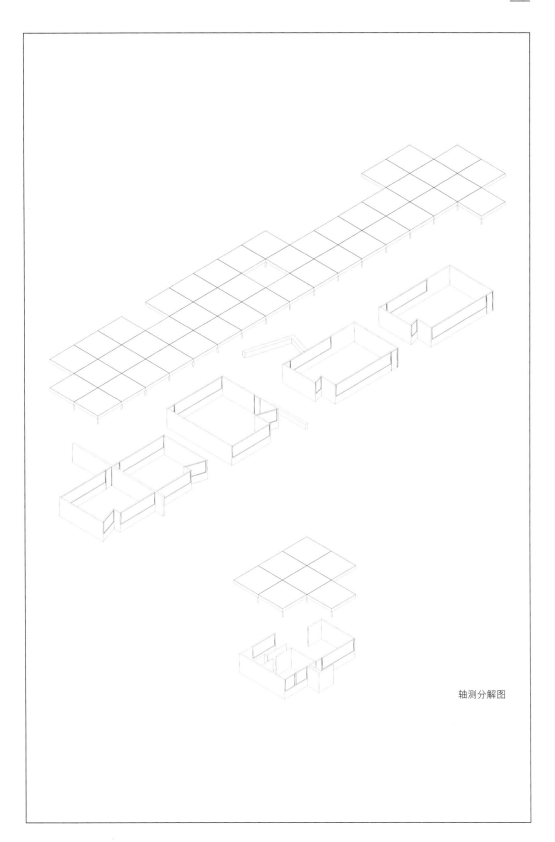

轴测分解图

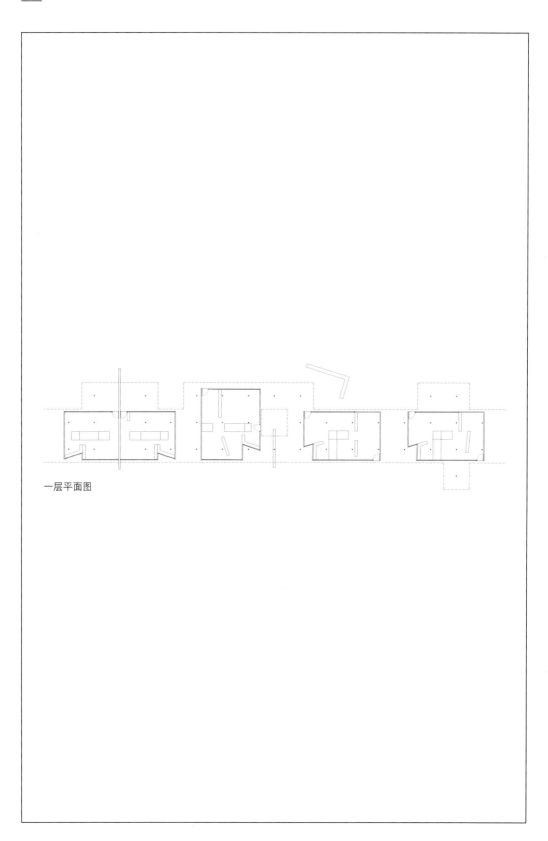

一层平面图

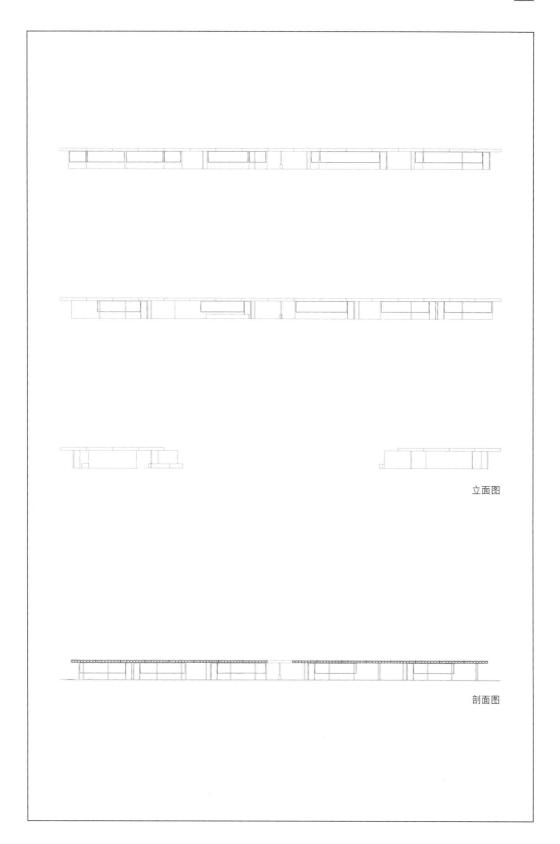

立面图

剖面图

# 14 费城动画制作者联合会

## Philadelphia Moving Picture Operators' Union

-----

设计时间：1944

项目地点：美国宾夕法尼亚州费城

建成情况：未建成

项目性质：办公楼

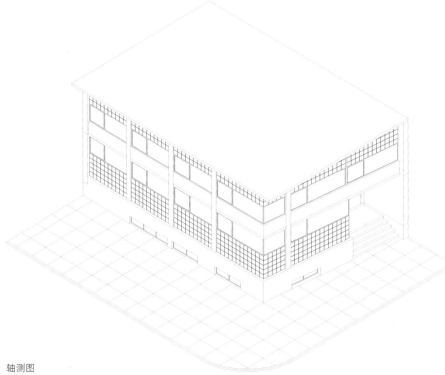

轴测图

这是一个用地面积略为紧张的项目，沿街的特点限制了建筑另外两个立面的表达。康在这个方案中通过几道斜墙使空间摆脱了乏味，并在立面上使用玻璃砖与大面积玻璃窗，在上下层之间形成一种竖向对称关系，使建筑本身拥有了些许趣味性。

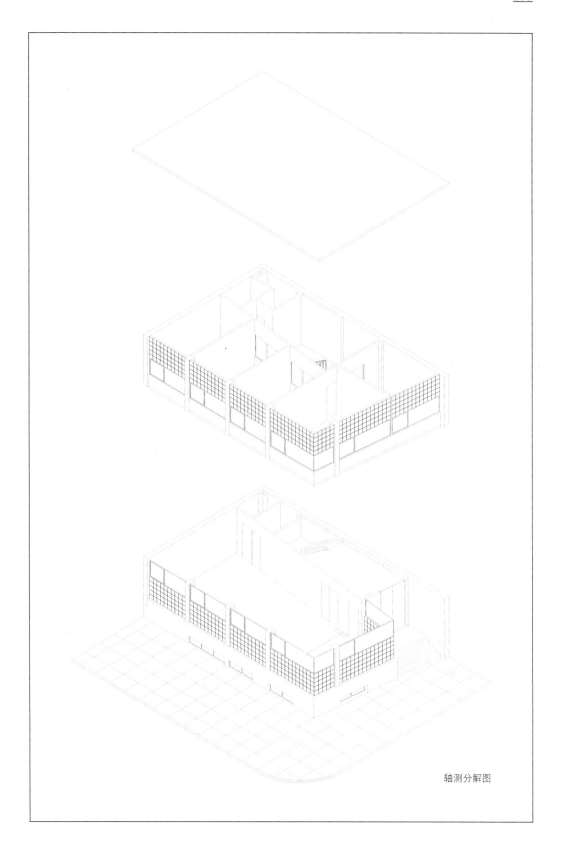

轴测分解图

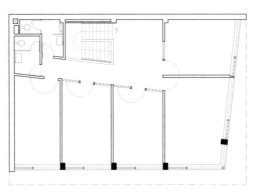

二层平面图

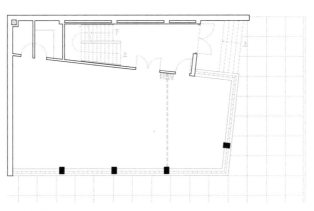

一层平面图

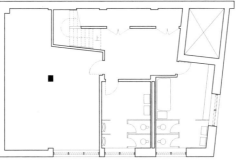

地下一层平面图

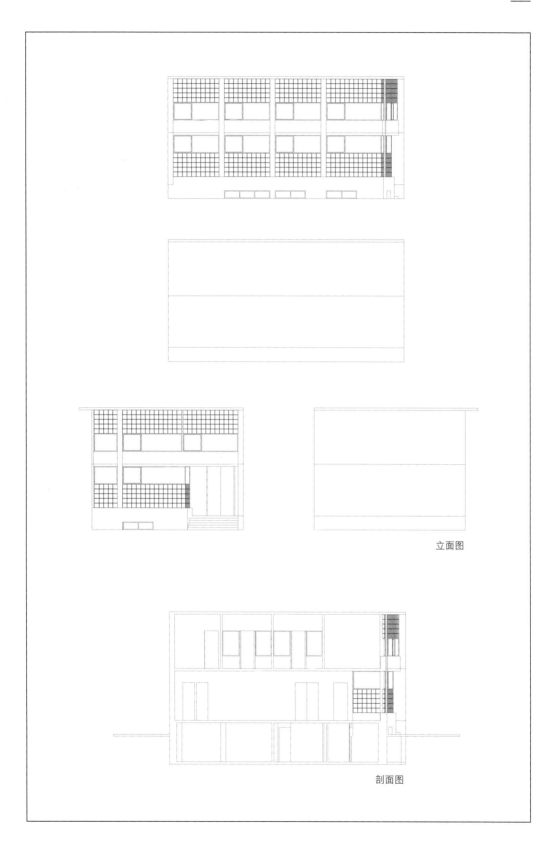

立面图

剖面图

# 15 芬克尔斯坦因住宅
## Finkelstein House

-----

设计时间：1945—1948
项目地点：美国宾夕法尼亚州蒙哥马利县
建成情况：未建成
项目性质：住宅扩建

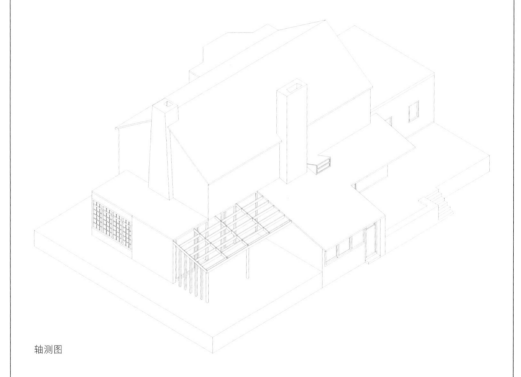

轴测图

该项目是在原有的大坡屋顶建筑周边扩建出一些新的单层空间。从设计中很容易看出单坡屋顶、小的反坡高窗、入口的遮阳廊架以及侧面的玻璃砖立面等手法都是之前康在公共住宅项目和私人住宅项目中较为常用的建筑语汇。

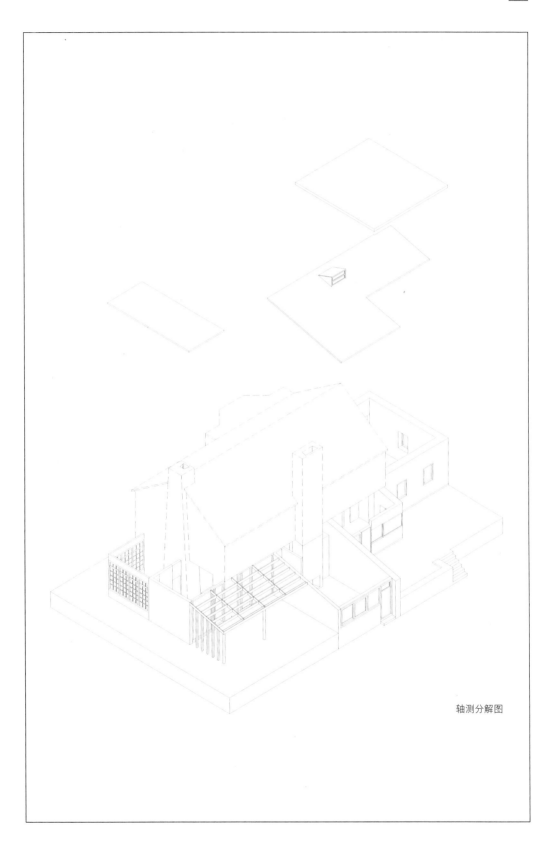

轴测分解图

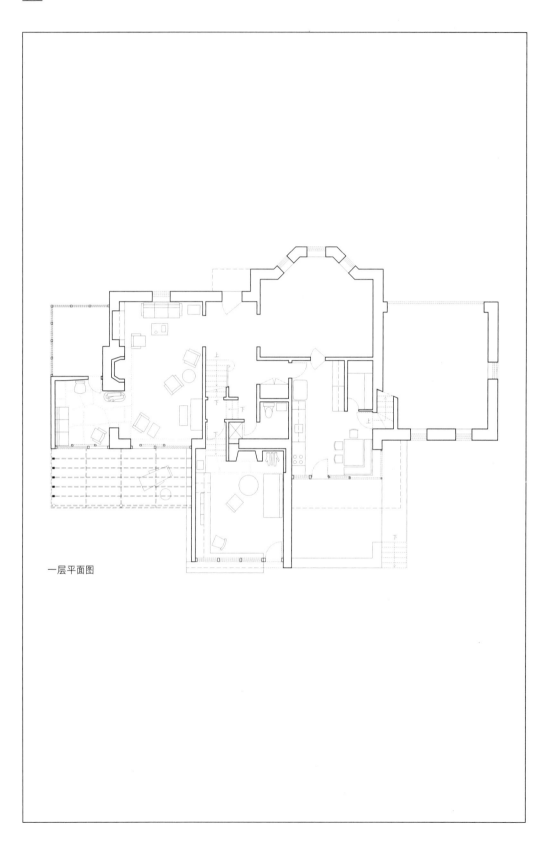

一层平面图

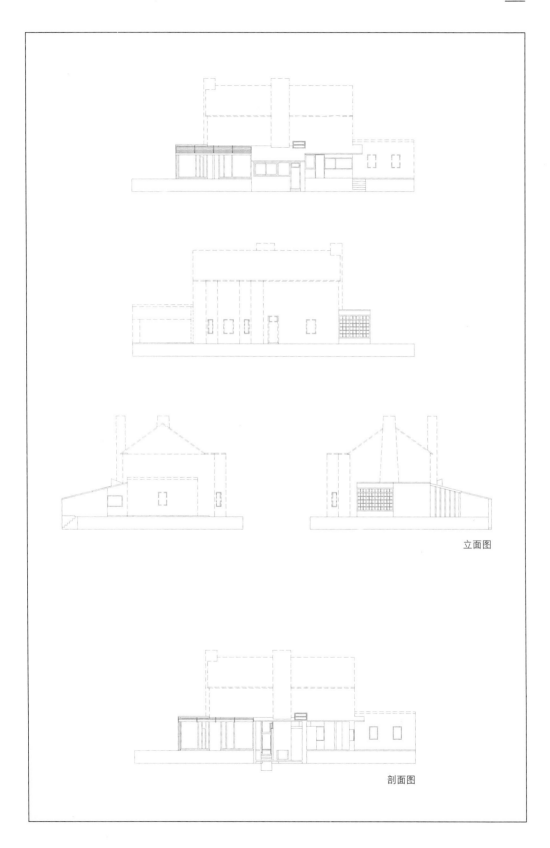

立面图

剖面图

# 16 霍珀住宅

## Hooper House

-----

设计时间：1946
项目地点：美国马里兰州巴尔的摩市
建成情况：未建成
项目性质：住宅扩建

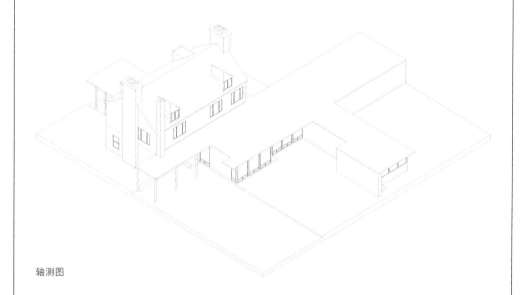

轴测图

与芬克尔斯坦因住宅一样，该住宅扩建部分也是大坡屋顶之外的一层空间。不同的是，这些空间并没有延续之前的建筑语汇，且屋顶也是平整的。此外，入口处的一排柱廊与此前住宅建筑入口处的遮阳架有一点类似。

轴测分解图

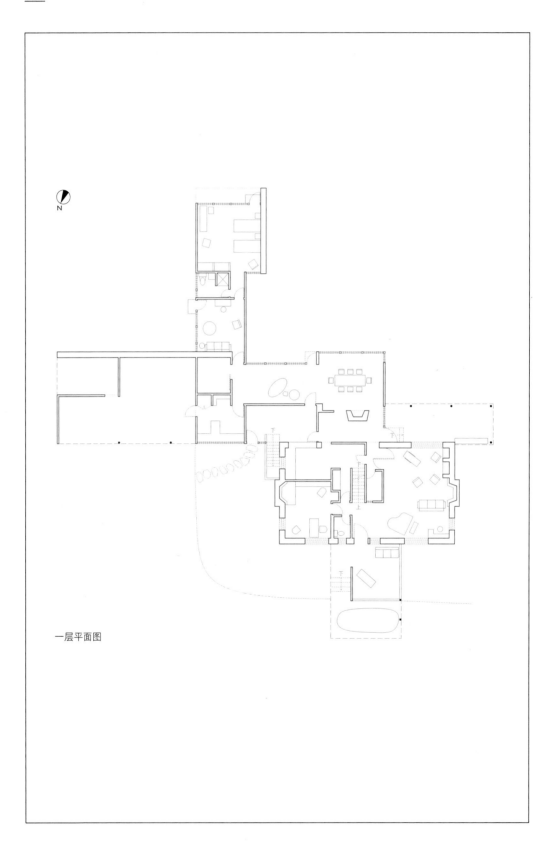

N

一层平面图

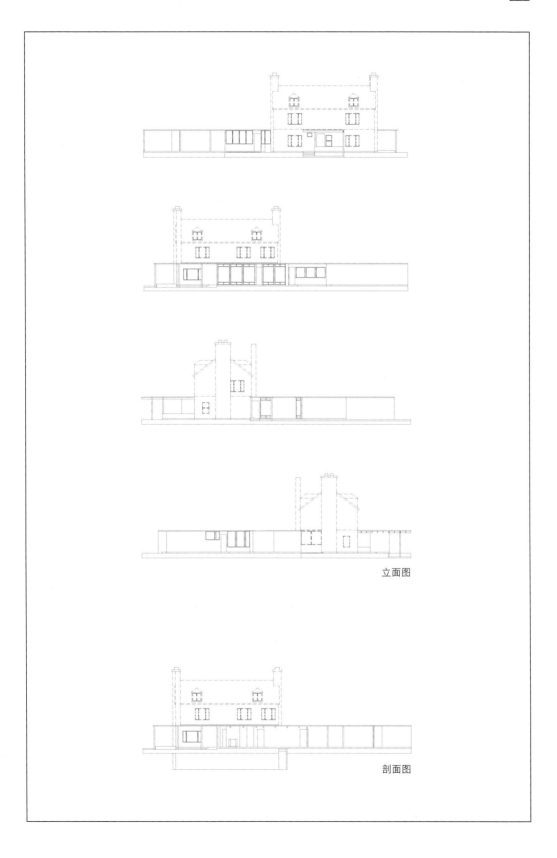

立面图

剖面图

# 17 费城房屋
## Philadelphia Building

-----

设计时间：1946
项目地点：美国宾夕法尼亚州费城
建成情况：建成
项目性质：员工宿舍

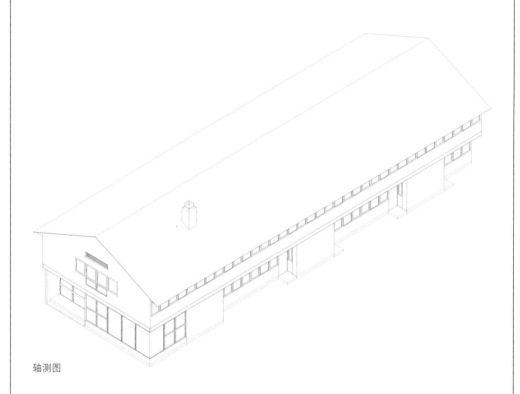

轴测图

这是一个乡村住宅，建在波克诺山的一处平原上，为费城国际妇女服装工人联合会成员所用。建筑采用人字坡顶，内部空间紧凑。与早期公共住宅一样，康没有尝试用柱子解放平面的做法，因此空间比较规矩，但二层设置的连贯的长条窗让这个建筑较为独特。

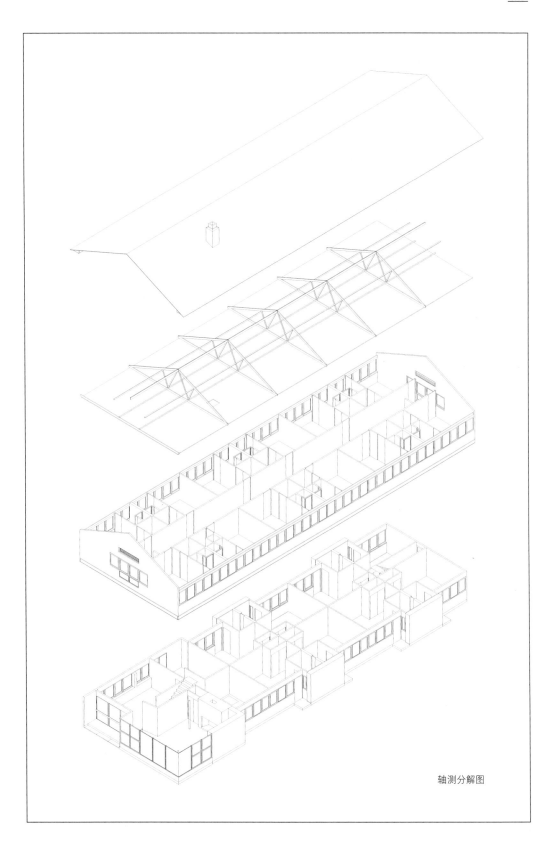

轴测分解图

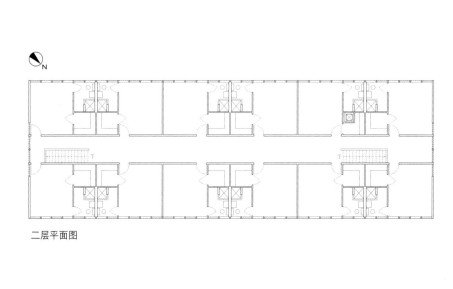

二层平面图

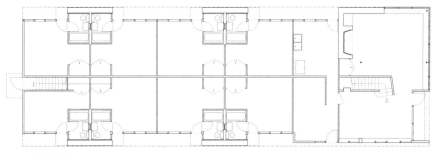

一层平面图

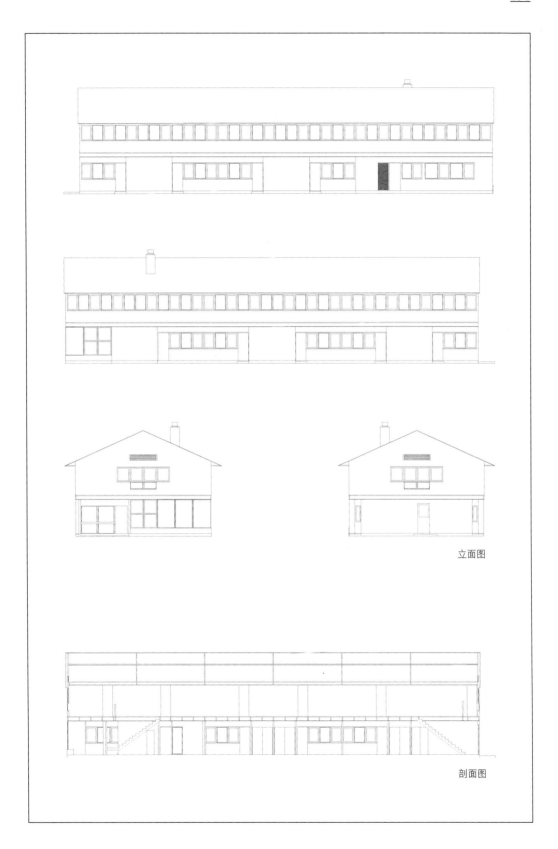

立面图

剖面图

# 18 日光住宅
## Solar House

-----

设计时间：1946
项目地点：美国宾夕法尼亚州费城
建成情况：未建成
项目性质：独栋住宅

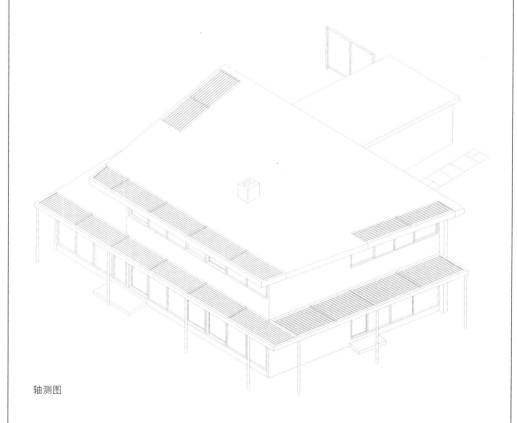

轴测图

该方案与此前所有住宅都不相同，康在这个方案中认真考虑了日光采暖的问题。该方案是康在安妮·婷的协助下完成的，与其他方案大多采用南向采光的住宅方案不同，他们创新地采用了三面采光的梯形住宅。这个形状是通过测算太阳运行轨迹而设计出来的。三面皆有立柱和遮阳架也表明了这种设计旨在充分接收阳光并且调节日照强度。

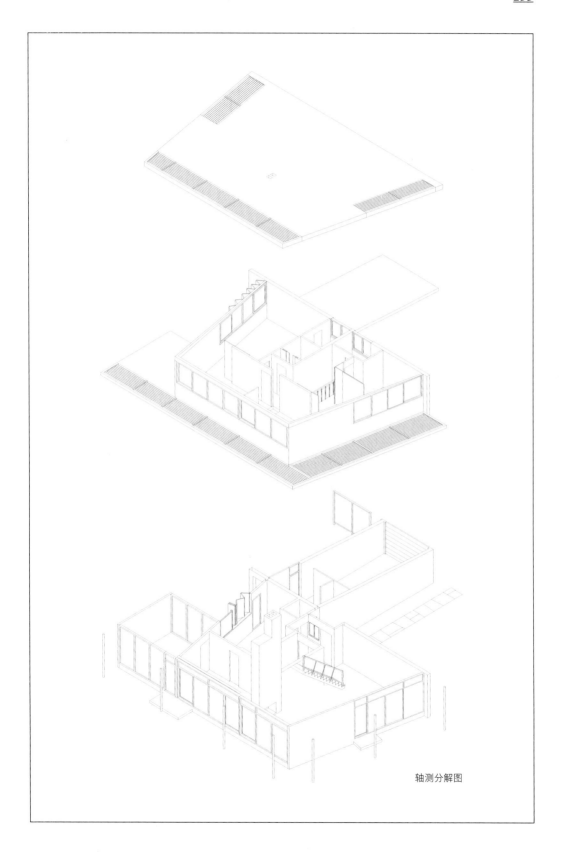

轴测分解图

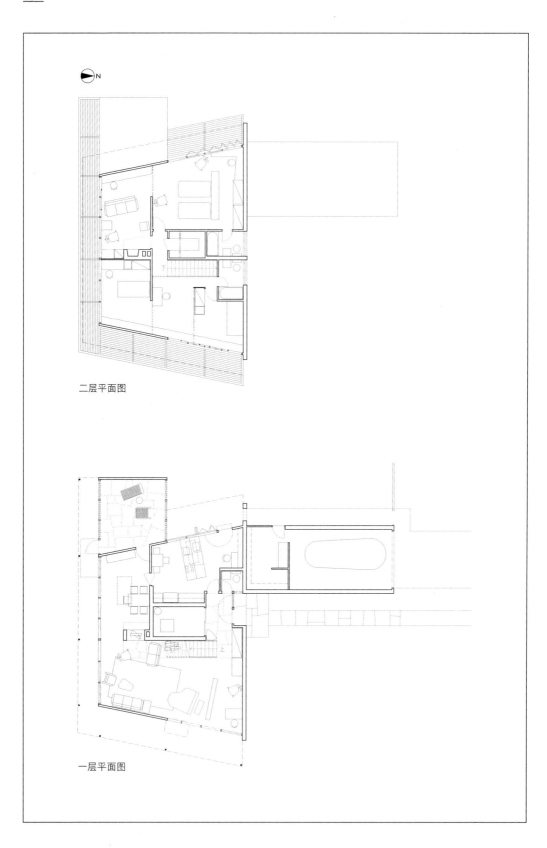

二层平面图

一层平面图

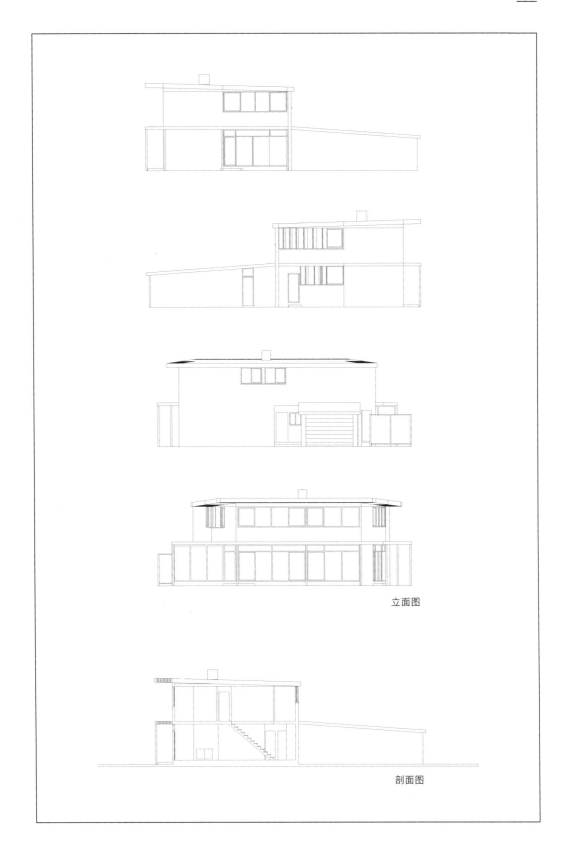

立面图

剖面图

# 19 埃勒住宅

## Ehle House

-----

设计时间：1947—1948

项目地点：美国宾夕法尼亚州蒙哥马利县

建成情况：未建成

项目性质：独栋住宅

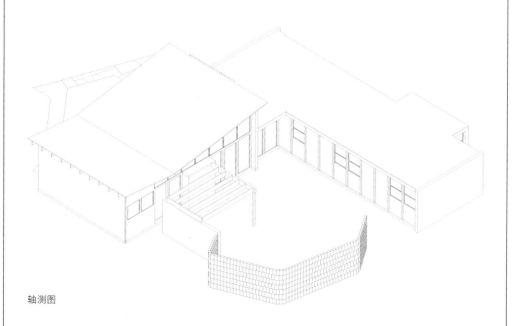

轴测图

1947年6月，艾比·索伦森把埃勒住宅的第一版平面交给康，想让康对立面提出一些看法，后来因为预算的问题，他们不得不缩减建筑面积并取消屋顶的特殊做法。第二版去掉了佣人房和车库，但保留了第一版中一段围合院落的不规则墙体。此前，康仅在学习现代主义建筑时期在室内分隔空间中使用过不规则墙体，而这是他第一次将不规则墙体用于室外，还在材质上与建筑墙体做了区分，墙体更多的作用是围合室外空间。

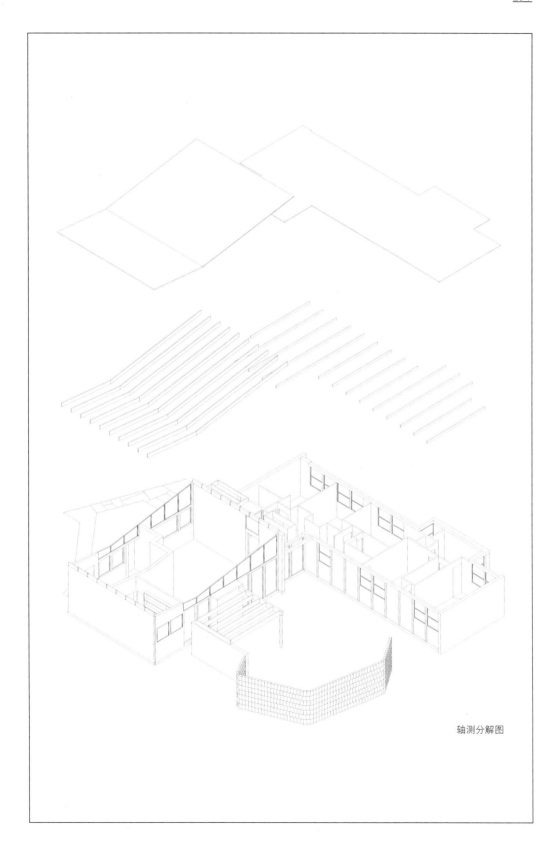

轴测分解图

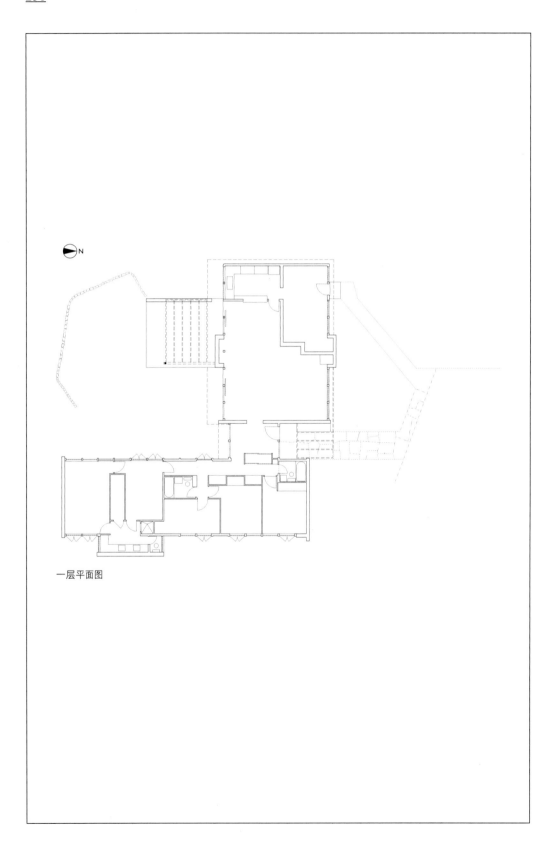

N

一层平面图

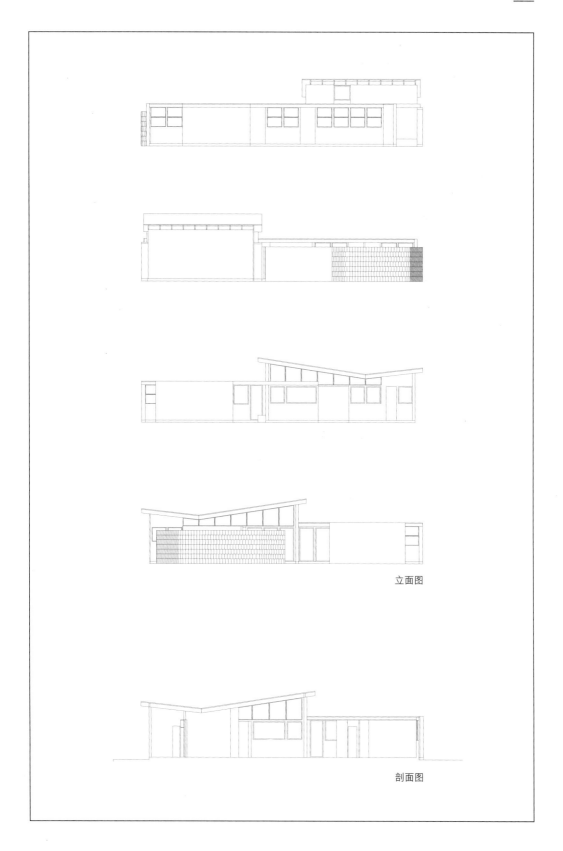

立面图

剖面图

# 20 汤普金斯住宅

Tompkins House

-----

设计时间：1947—1949

项目地点：美国宾夕法尼亚州费城

建成情况：未建成

项目性质：独栋住宅

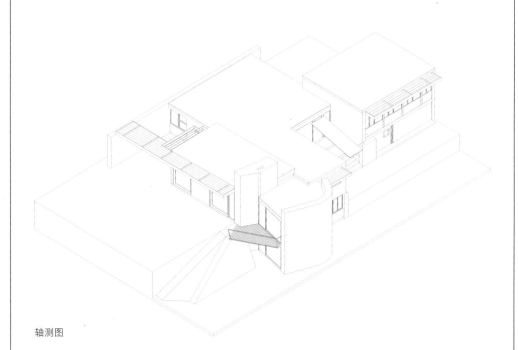

轴测图

康在为温斯洛·汤普金斯博士设计住宅方案时，利用地形高差在整个建筑卧室部分设置了两层空间。在斜线元素的壁炉外，一段围合餐厅空间的厚重的曲线墙似乎表明此时康正在平面墙体的正交体系中寻求一种变化，类似于埃勒住宅中的曲线围墙这次被用在了建筑的外墙上。

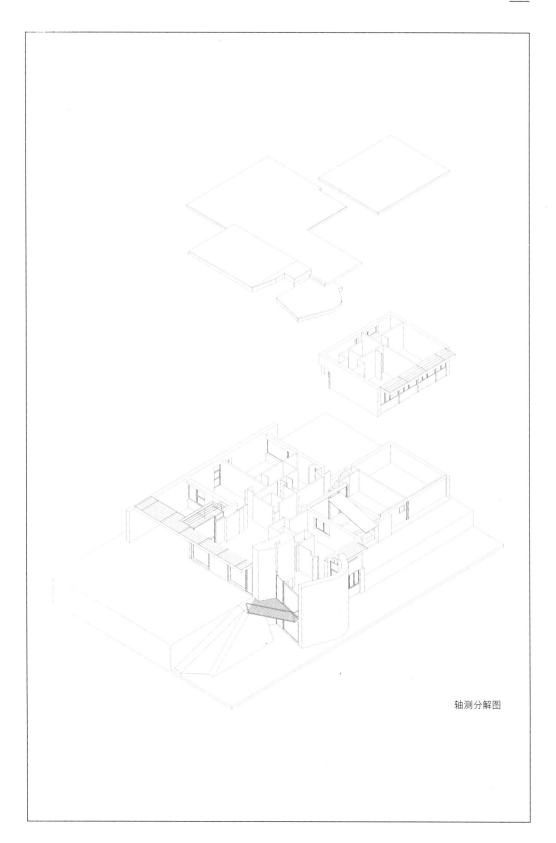

轴测分解图

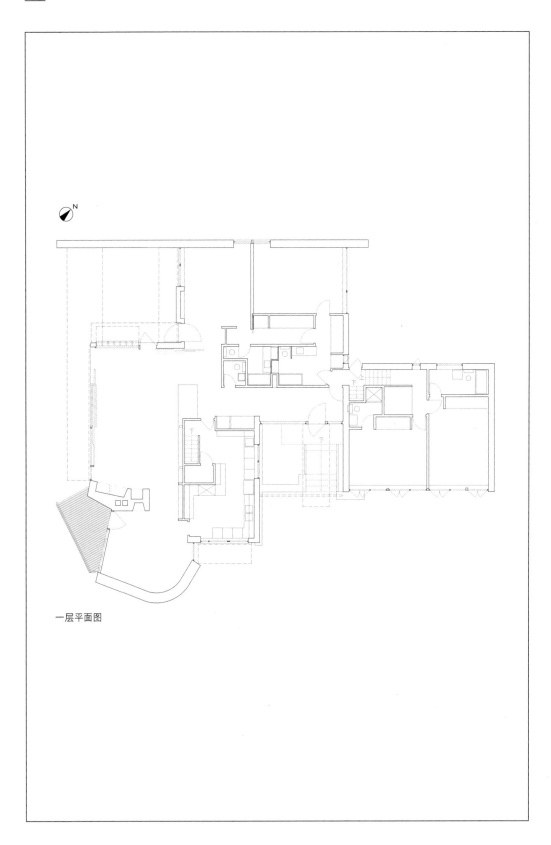

一层平面图

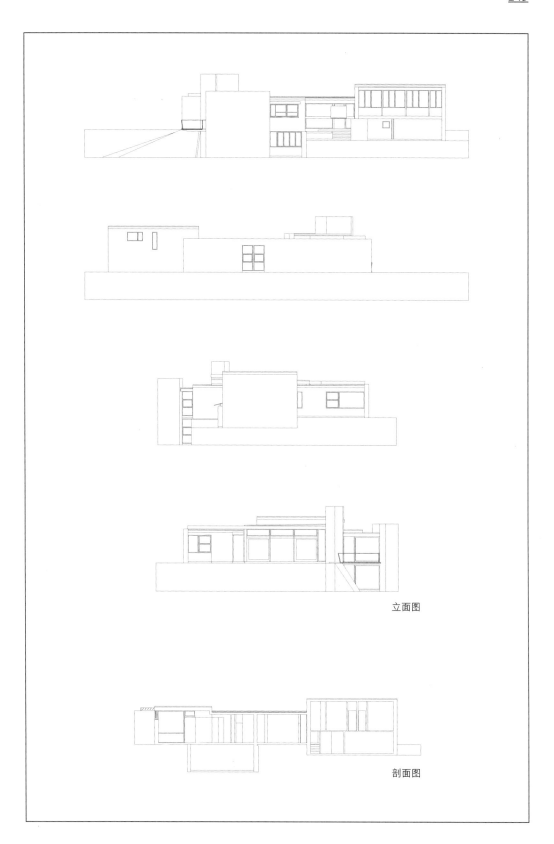

立面图

剖面图

# 21

## 罗希住宅
## Roche House

-----

设计时间：1947—1949
项目地点：美国宾夕法尼亚州蒙哥马利县
建成情况：建成
项目性质：独栋住宅

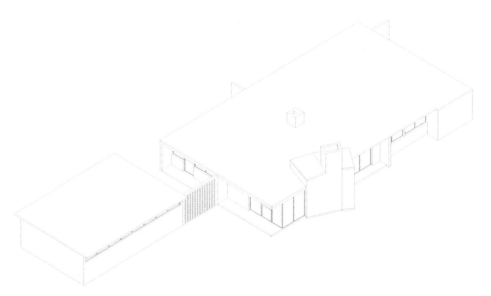

轴测图

这是菲利普·罗希博士夫妇在康肖霍肯镇的住宅，紧邻费城西北部。住宅的生活起居空间都布置在一个紧凑的矩形平面内，一端为卧室，另一端则用作白天的活动场所。大部分墙体都是水平垂直关系，但康在烟囱的形体上设置了一些斜线元素，打破了单纯的垂直关系。

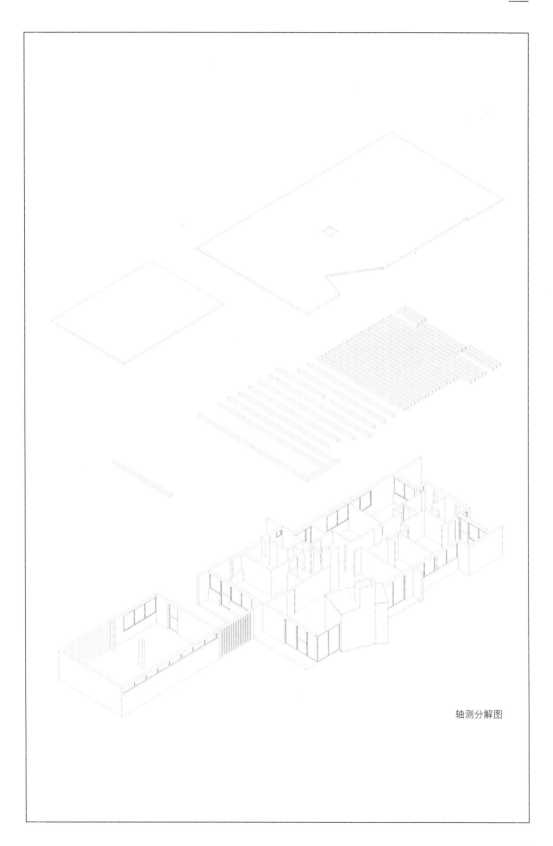

轴测分解图

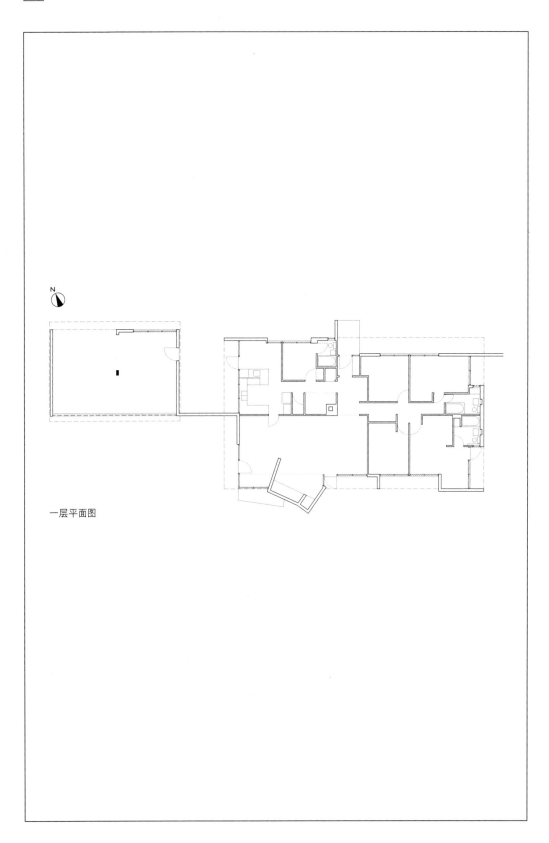

一层平面图

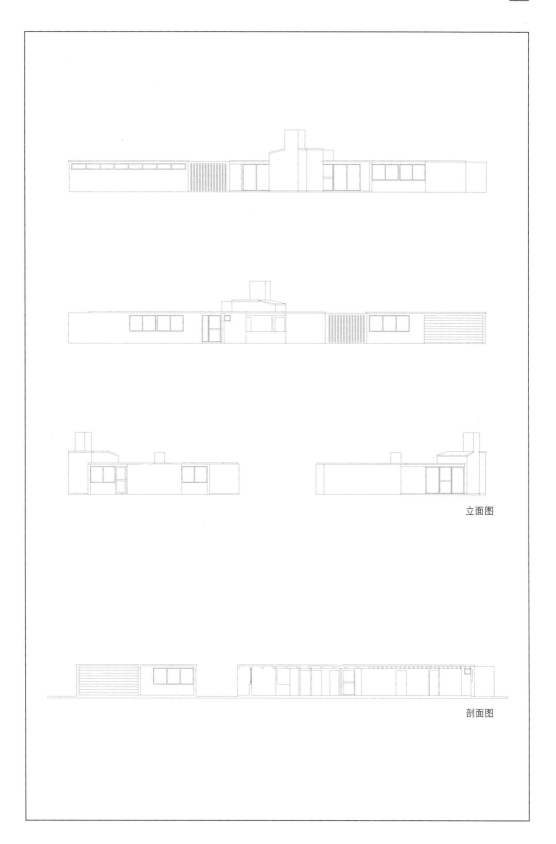

立面图

剖面图

# 22 罗斯曼住宅

## Rossman Residence

-----

设计时间：1948
项目地点：美国宾夕法尼亚州费城
建成情况：未建成
项目性质：住宅扩建

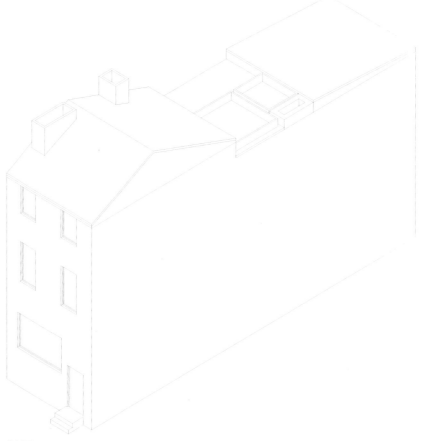

轴测图

关于该项目的资料较少，仅发现几个版本的改、扩建方案，本书绘制模型用的是图纸信息较全的第一版。从改造方案的图纸上看，两侧的长墙没有任何开窗，似乎是一个沿街住宅。房屋中部的楼梯踏步在不同的层上产生变化，顶层设置了天窗，用于对楼梯间的采光。

轴测分解图

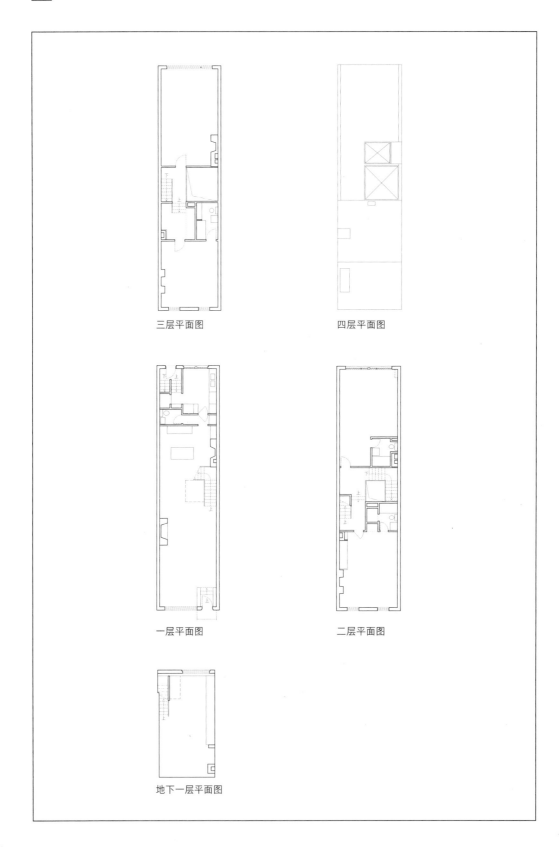

三层平面图

四层平面图

一层平面图

二层平面图

地下一层平面图

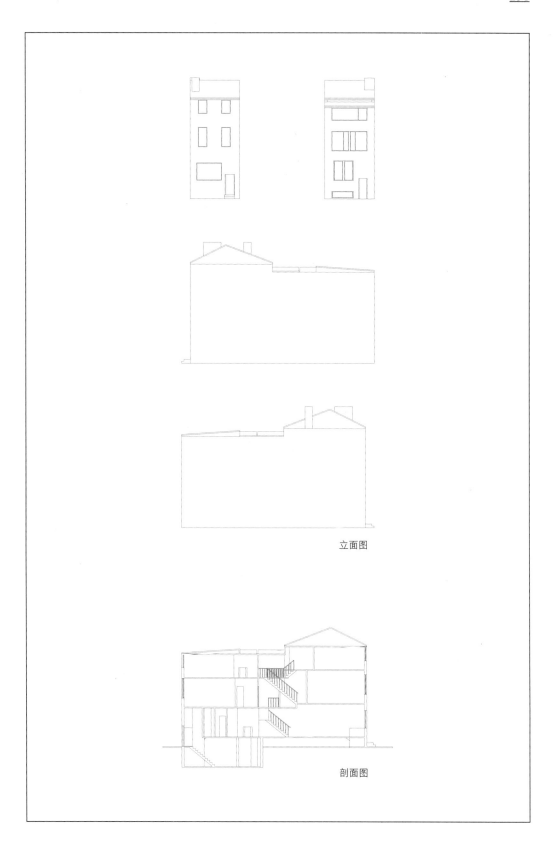

立面图

剖面图

# 23 韦斯住宅

## Weiss House

-----

设计时间：1948—1950
项目地点：美国宾夕法尼亚州蒙哥马利县
建成情况：建成
项目性质：独栋住宅

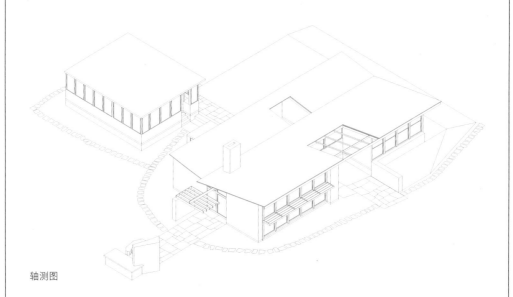

轴测图

此方案的功能区被明显地分为白天和夜间两个活动区，中部用连廊连接。屋顶的形式仍采用康在这段时期较为常用的反坡手法，墙体使用的是当地的石材。在这个项目中，他独创了一种双向悬挂的窗户和百叶系统，可以通过百叶系统的上下滑动来改变光线，保证室内私密性，以及变换不同的景观。这些手法标志着他开始了长期的自然光的关注。

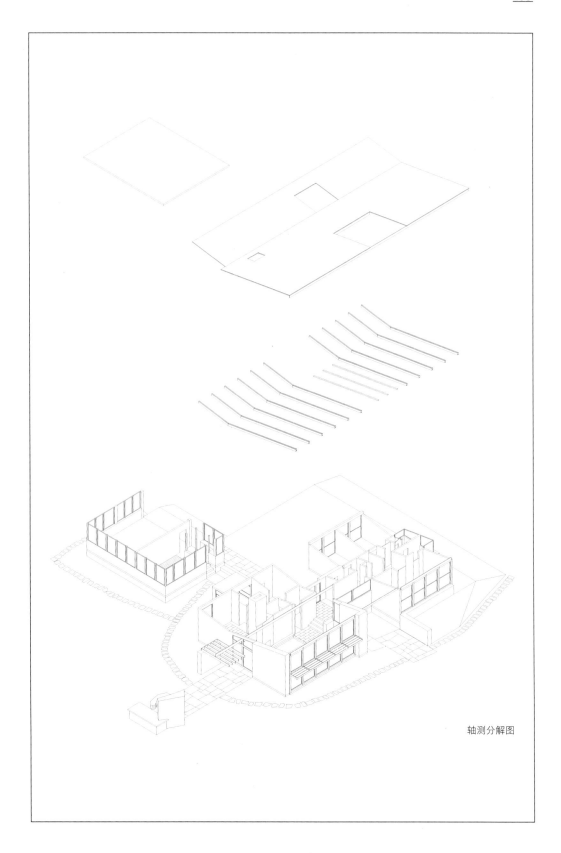

轴测分解图

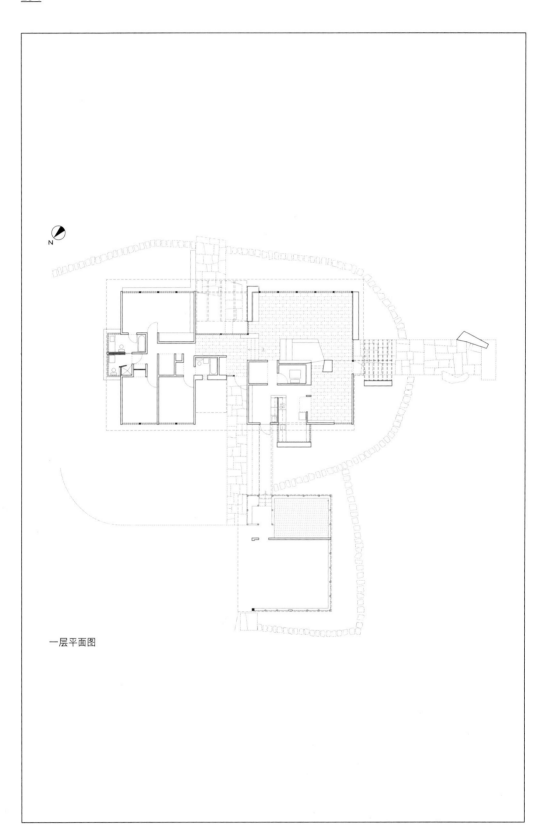

一层平面图

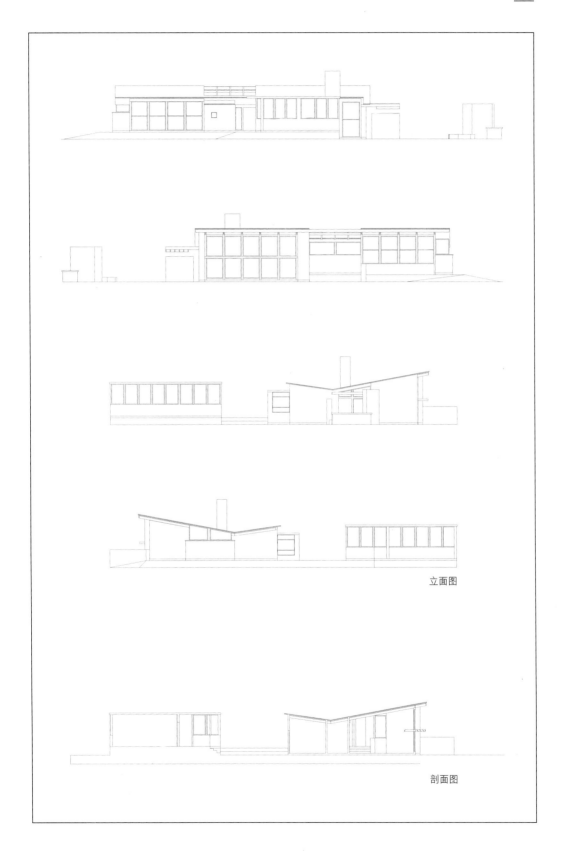

立面图

剖面图

# 24 杰尼尔住宅
## Genel House

-----

设计时间：1948—1950
项目地点：美国宾夕法尼亚州蒙哥马利县
建成情况：建成
项目性质：独栋住宅

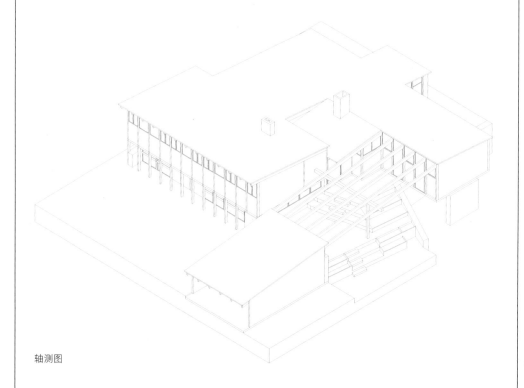

轴测图

在该方案中，斜坡屋顶与地形有着对应关系。平面依然主要由两大动静分区——位于南侧的卧室部分和北侧的起居室、餐厅部分组成，中间的连接部分布置了对应地形的楼梯踏步以及卫生间和壁炉等。壁炉作为一种活跃元素出现在了建筑中。

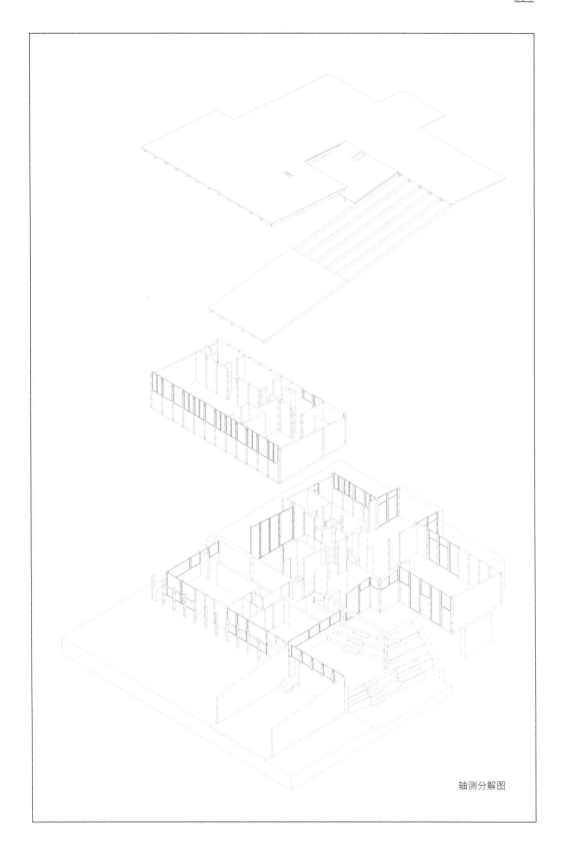

轴测分解图

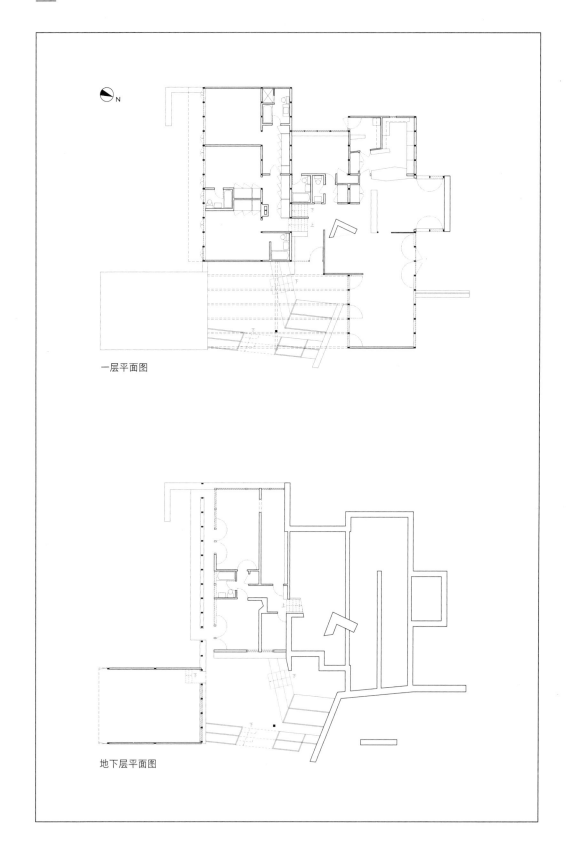

一层平面图

地下层平面图

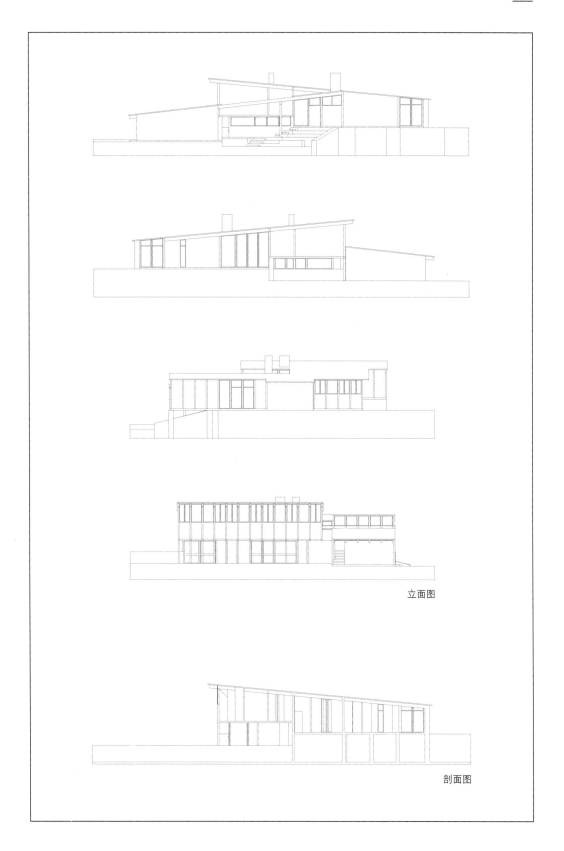

立面图

剖面图

# 25~27 应急住宅
## Emergency Housing

-----
设计时间：1949
项目地点：以色列
建成情况：未建成
项目性质：应急住宅

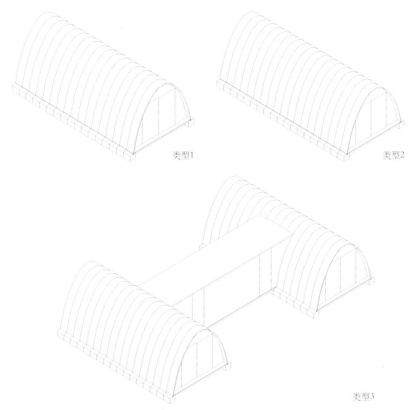

类型1

类型2

类型3

轴测图

康在此方案中重新考虑了预制装配式住宅的问题。这些住宅是用自负荷载的混凝土部件装配起来的，康在后来的大型建筑设计中也沿用了这个特点。不同类型的建筑用的构件数目不同，产生的功能也不同。但是从平面布置上看，康还是通过中间的卫生间部分连接两个动静分区——卧室与起居室——来完成的。

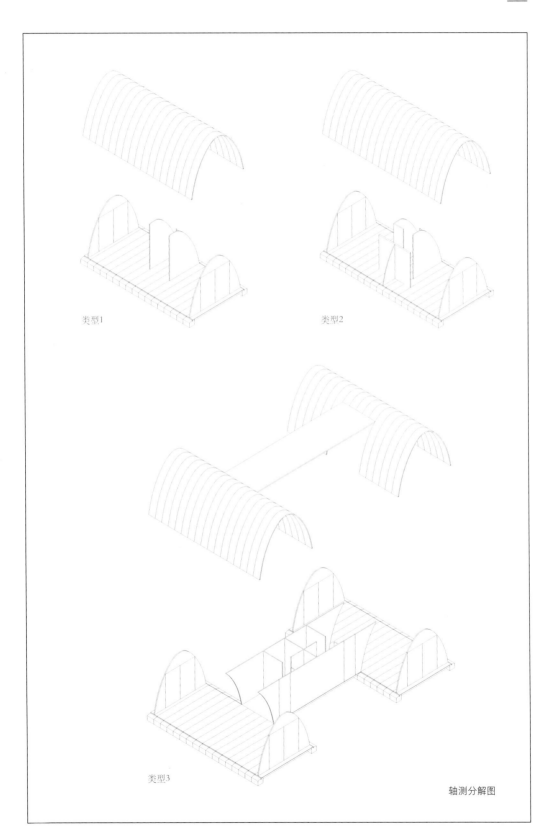

类型1

类型2

类型3

轴测分解图

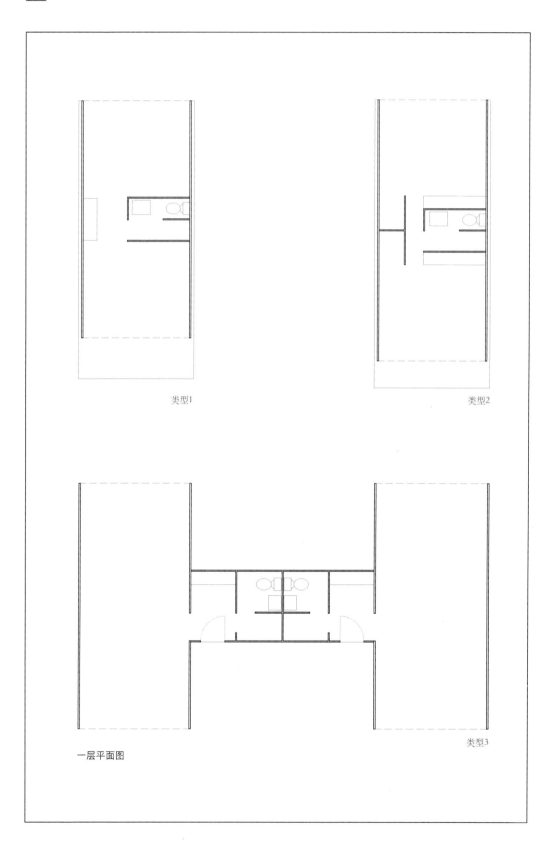

类型1

类型2

类型3

一层平面图

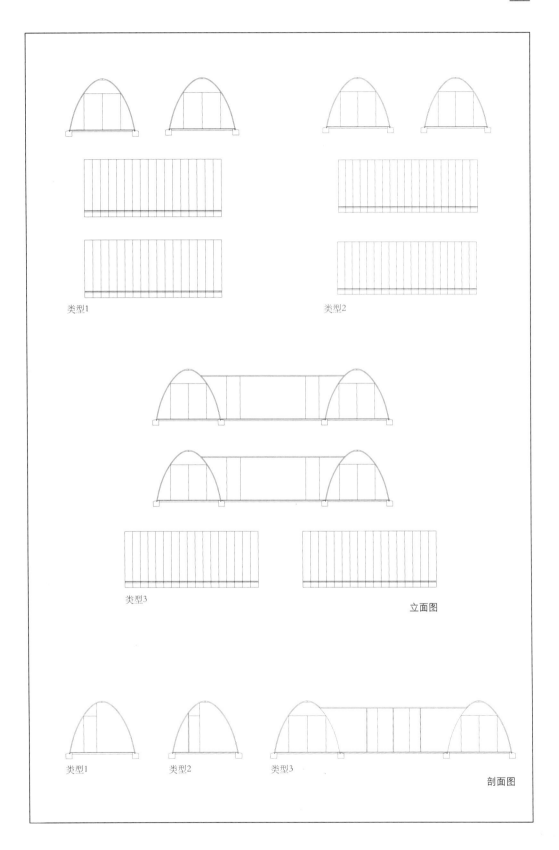

类型1

类型2

类型3

立面图

类型1

类型2

类型3

剖面图

# 28 费城精神病院平克斯楼
## Philadelphia Psychiatric Hospital—Pincas Occupational Therapy Building

-----

设计时间：1949—1953
项目地点：美国宾夕法尼亚州费城
建成情况：建成
项目性质：医疗建筑

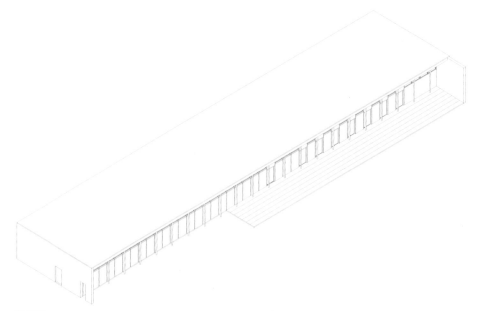

轴测图

这个建筑是费城精神病院项目中的治疗楼，为了纪念一位重要的捐赠人而被命名为平克斯楼，结构较为简单，以钢桁架支撑着平屋。这个建筑也使用了韦斯住宅中的双向悬挂的窗户和百叶系统，可以根据需要调节光线和室内私密程度。

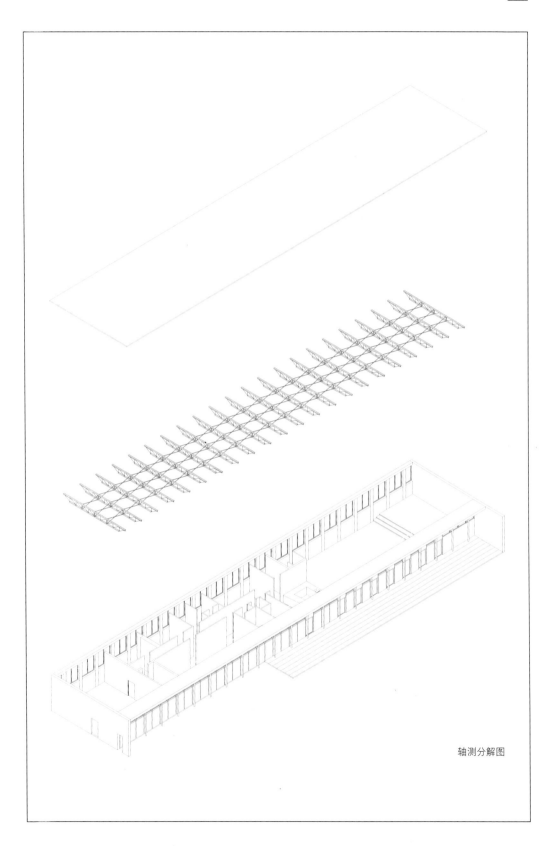

轴测分解图

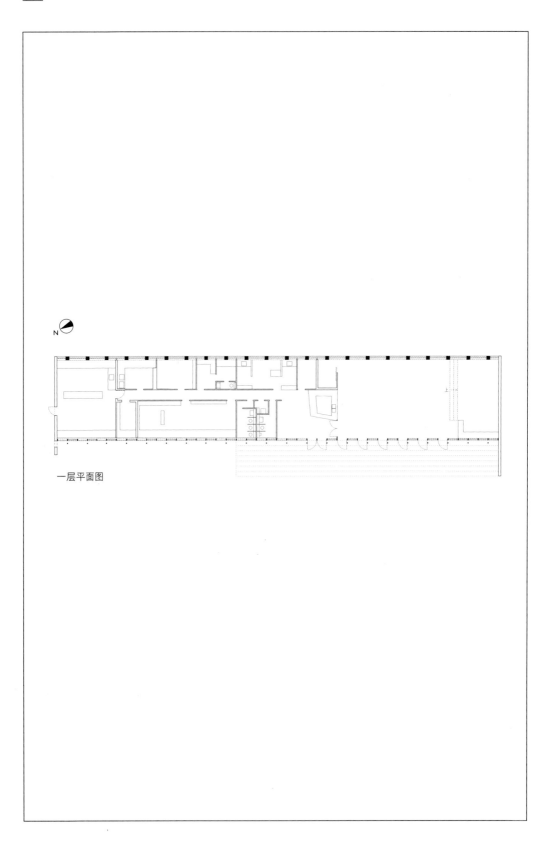

N

一层平面图

立面图

剖面图

# 29 费城精神病院拉得比尔楼
## Philadelphia Psychiatric Hospital—Samuel Radbill Building

-----
设计时间：1949—1953
项目地点：美国宾夕法尼亚州费城
建成情况：建成
项目性质：医疗建筑

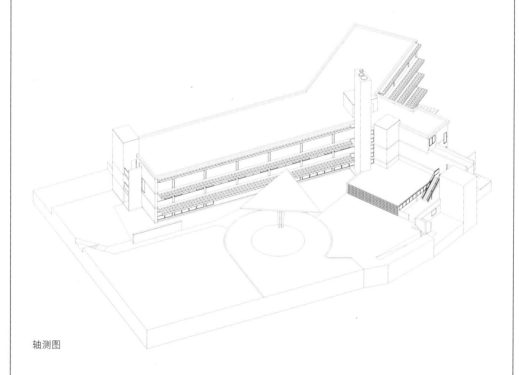

轴测图

这是一栋3层的Y形建筑，每层都有由标准构件组成的、刷成深蓝灰色的水平层状遮阳板。这些遮阳板上打着规则的孔，看上去就像普通的打孔砖，但这些赤陶插件实际上都是定制的。入口有一个三角形的雨棚，这个设计与安妮·婷有关，是整个设计中较为独特的一笔。在此之前，从未有正三角形的构图要素出现在康的设计中。

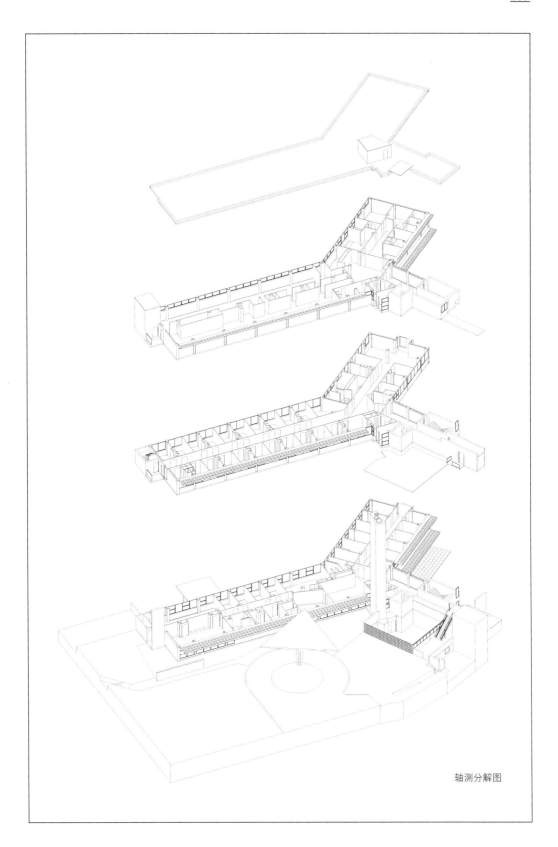

轴测分解图

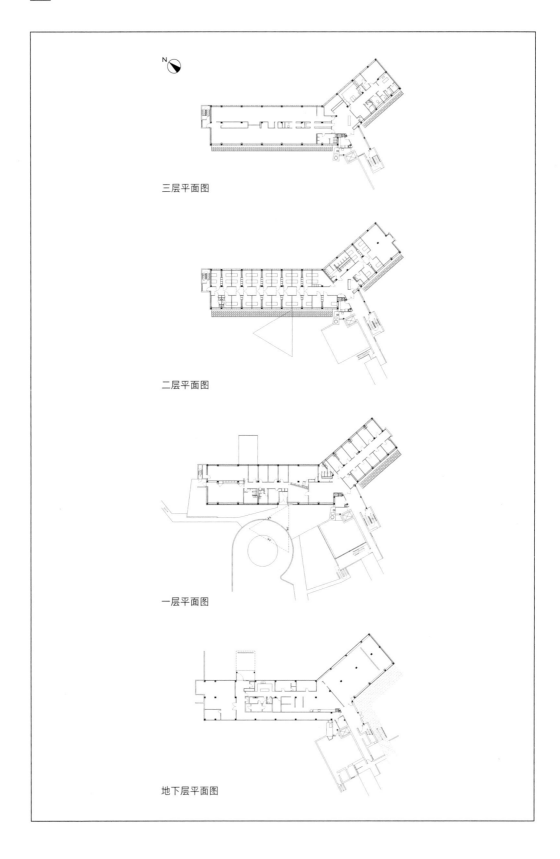

三层平面图

二层平面图

一层平面图

地下层平面图

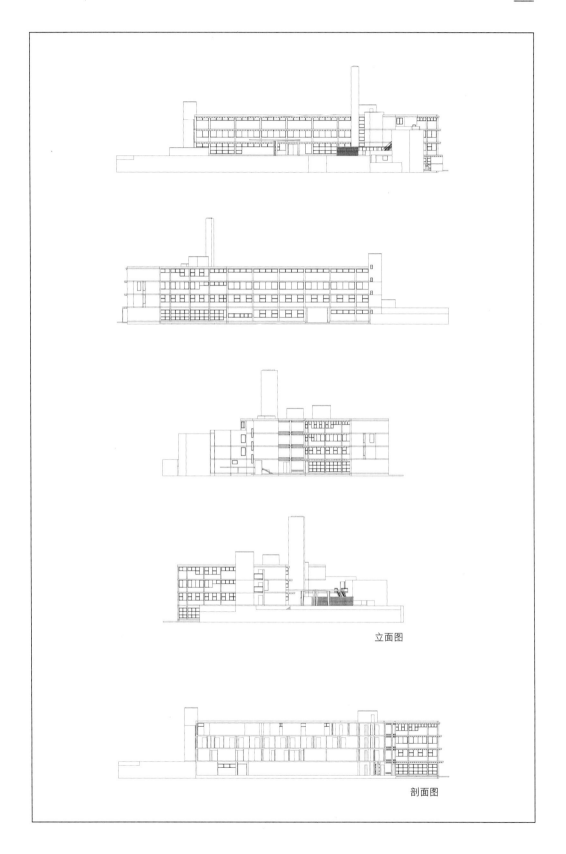

立面图

剖面图

# 30 行列式房屋研究
## Row Houses Studies

-----

设计时间：1951—1953
项目地点：美国宾夕法尼亚州费城
建成情况：未建成
项目性质：集合住宅

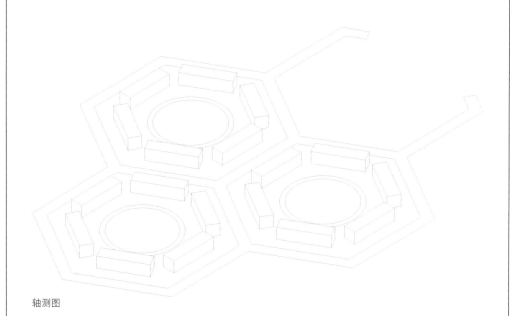

轴测图

该项目是为费城城市规划项目中需要重新开发的一片住宅区设计的住宅居住模式，共包括1002个2～3层的居住单元，在以六边形为结构框架的骨架下，均匀设置道路及住宅部分。康与安妮·婷画过非常相似的草图，这种几何结构较为明晰的做法有可能是源于安妮·婷的设计意图。

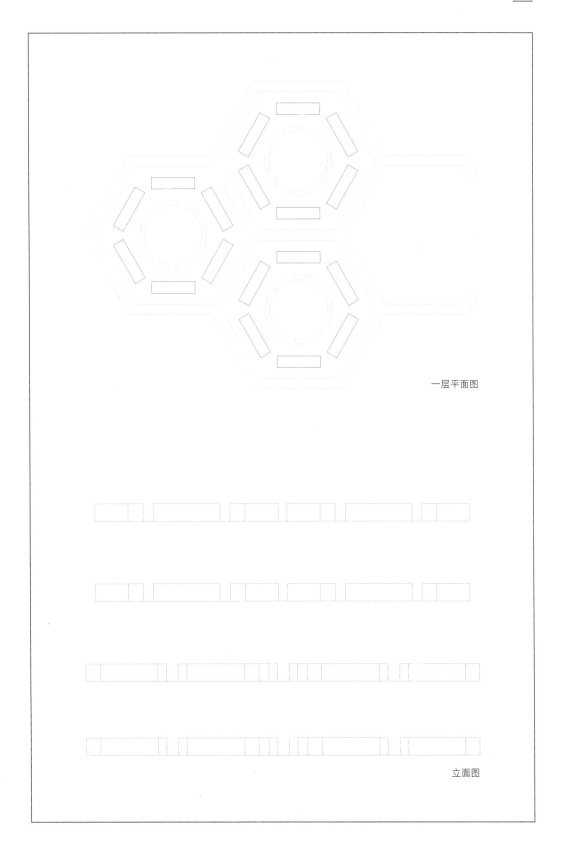

一层平面图

立面图

# 31 耶鲁大学美术馆

Yale Univsersity Art Gallery

-----

设计时间：1951—1953
项目地点：美国康涅狄格州纽哈文市
建成情况：建成
项目性质：艺术馆

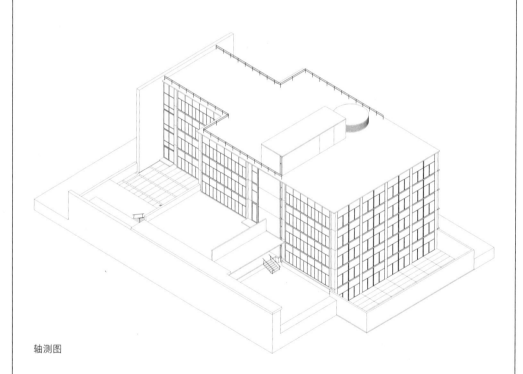

轴测图

这个方案是康的成名作之一，其主要特点在于对三角形元素的大量使用，尤其在天花板部分。在早先版本的天花板中，并没有如此强调几何形式的处理手法。但是通过这种处理，康找到了一种连接历史与现代的桥梁，安妮·婷也评价该项目是康职业生涯的转折点。

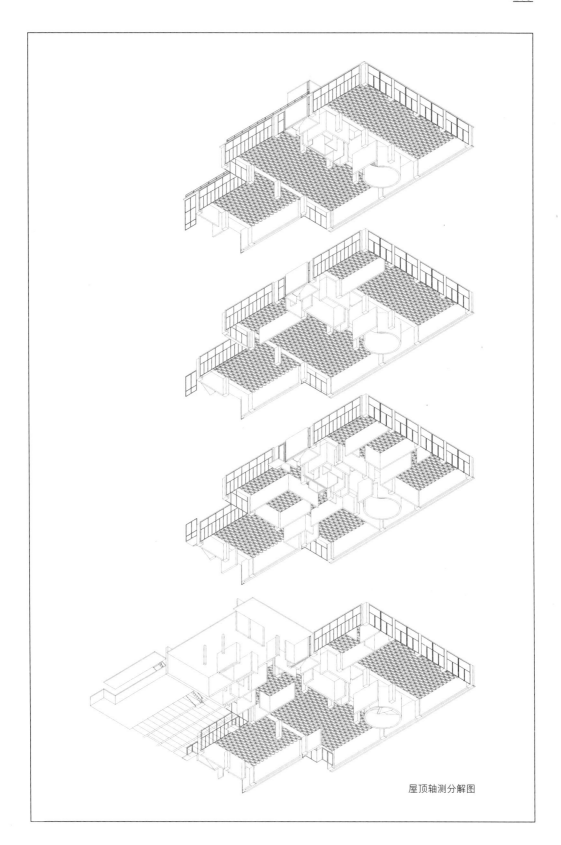

屋顶轴测分解图

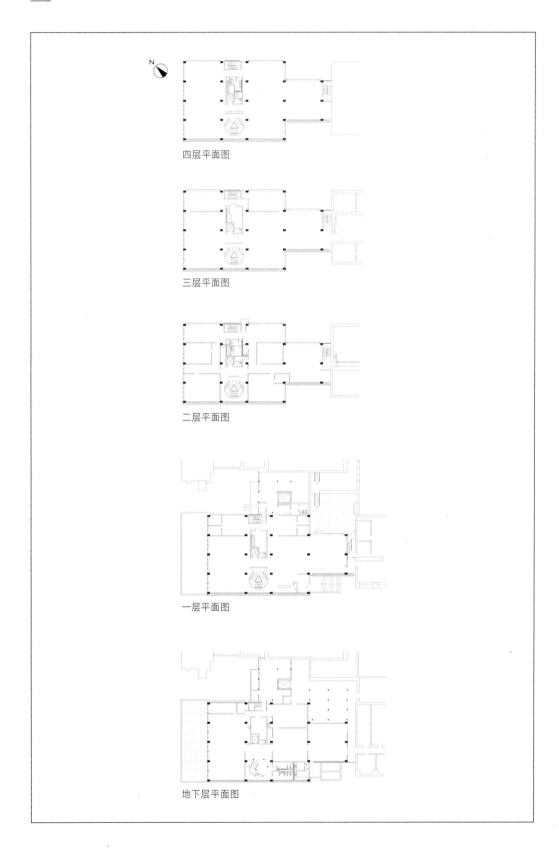

N

四层平面图

三层平面图

二层平面图

一层平面图

地下层平面图

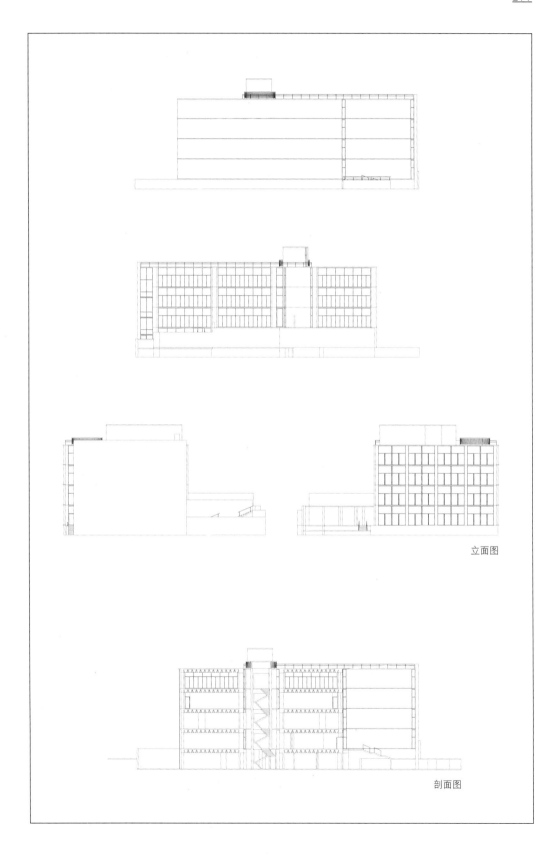

立面图

剖面图

# 32 费鲁切特住宅

Mr. and Mrs. H. Leonard Fruchter House

-----

设计时间：1951—1954
项目地点：美国宾夕法尼亚州费城
建成情况：未建成
项目性质：独栋住宅

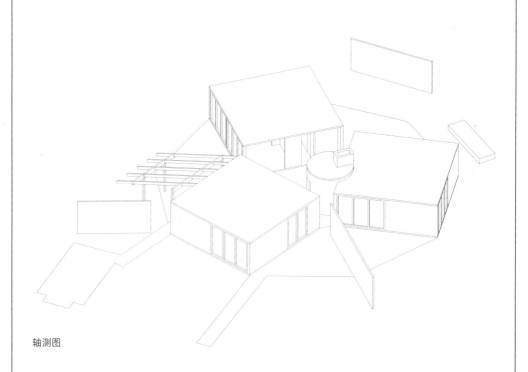

轴测图

康从这个项目开始，实际上已经尝试着将单体建筑通过分割为不同的结构单元，再进行重组构成，这种思考延续到之后的很多项目中。在早先的住宅设计中，康对空间中主要功能的分隔意图，如动静分区的表达，已经较为明显。而在这个有些许实验性质的方案中，康彻底将功能从整体含混的建筑中分割出来，再由不同的功能块重组成新的建筑。

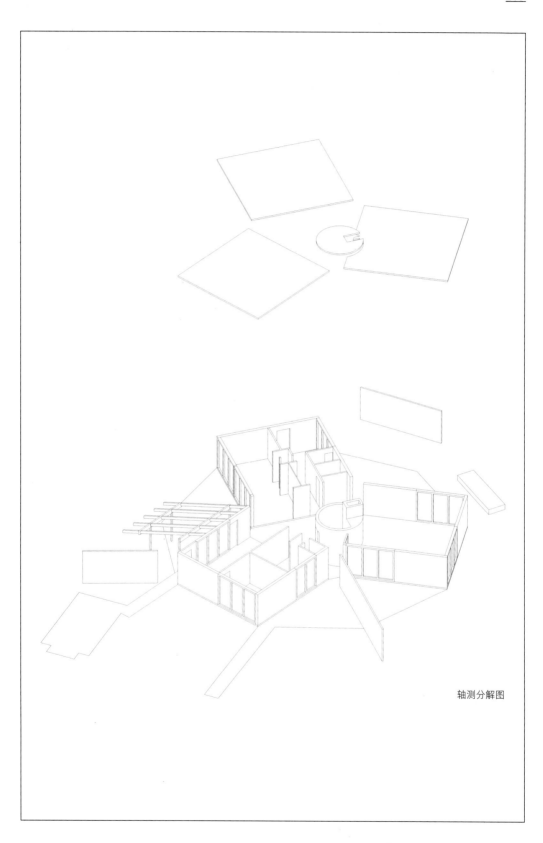

轴测分解图

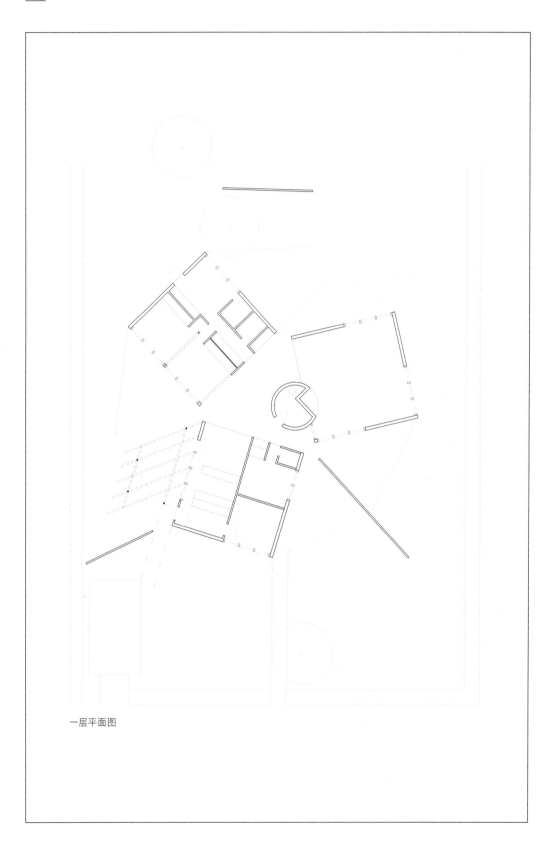

一层平面图

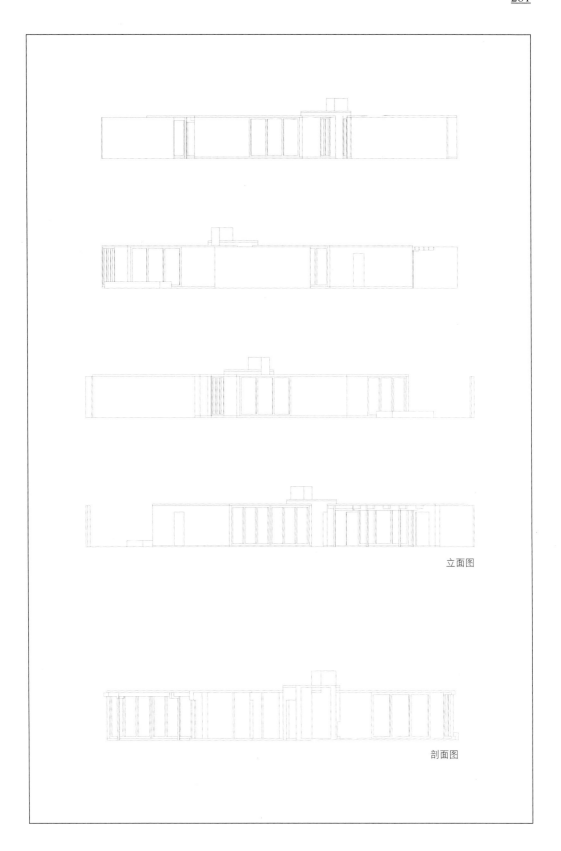

立面图

剖面图

# 33 米尔溪公共住宅社区中心

## Mill Creek Public Housing, Cummunity Center

-----

设计时间：1951—1962
项目地点：美国宾夕法尼亚州费城
建成情况：建成
项目性质：社区中心

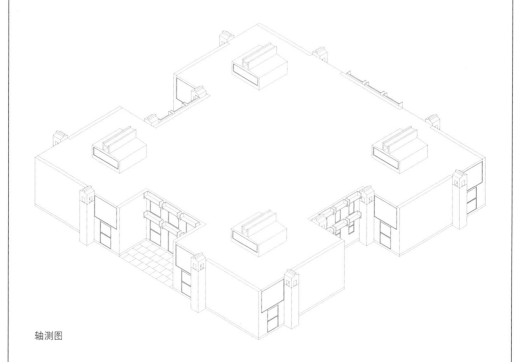

轴测图

在米尔溪公共住宅的第二期项目中，康设计并建成了此社区中心。在这个方案的平面中，可以看出康采用了与犹太社区中心浴场更衣室相似的设计思想，用几个相同的方形空间限定出了一个中间的十字空间，而且相同的方形空间顶板中部均有一个方形的天窗。

轴测分解图

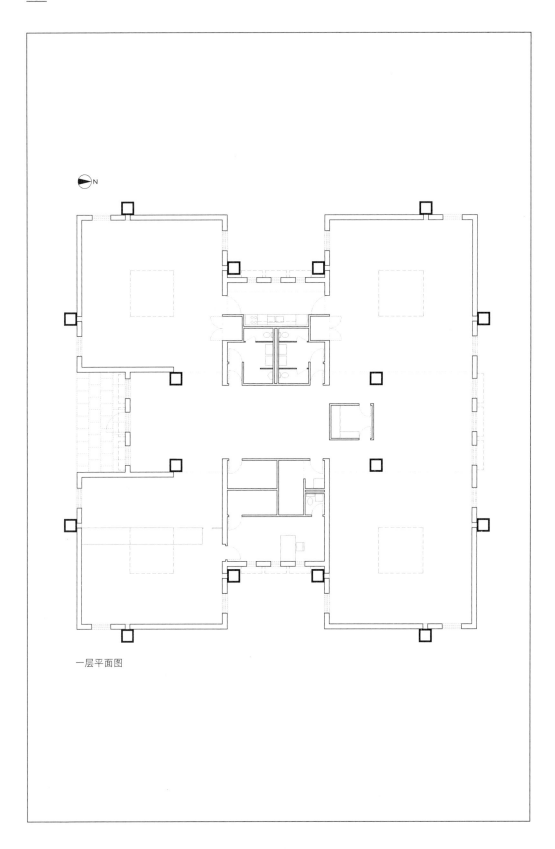

一层平面图

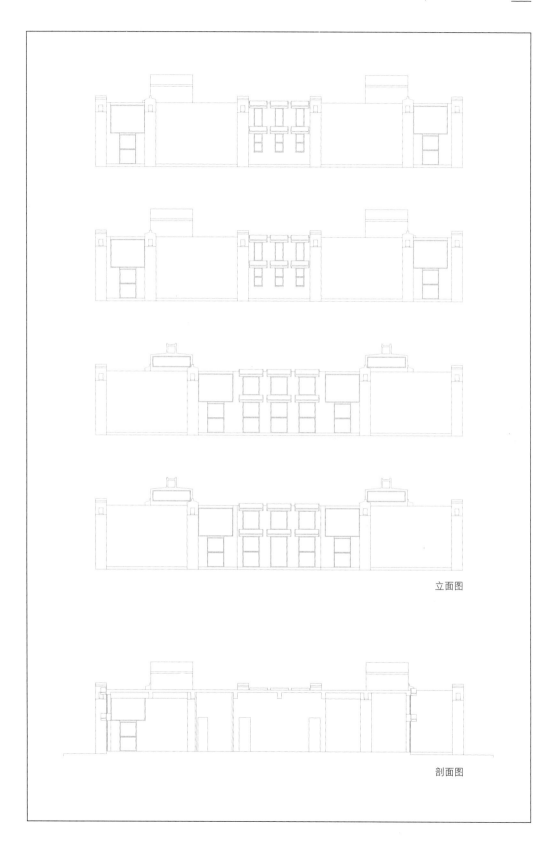

立面图

剖面图

# 34 米尔溪公共住宅高层住宅

Mill Creek Public Housing, High-rise Residential

-----

设计时间：1951—1962
项目地点：美国宾夕法尼亚州费城
建成情况：建成
项目性质：集合住宅

轴测图

该方案是米尔溪公共住宅中的高层住宅建筑。这一建筑用核心筒及周边的短墙作为承重构件。每个分区的户型平面内的隔墙是不承重的，可以任意分隔，由此也产生了拥有不同数量卧室的3种户型单元供住户选择。

轴测分解图

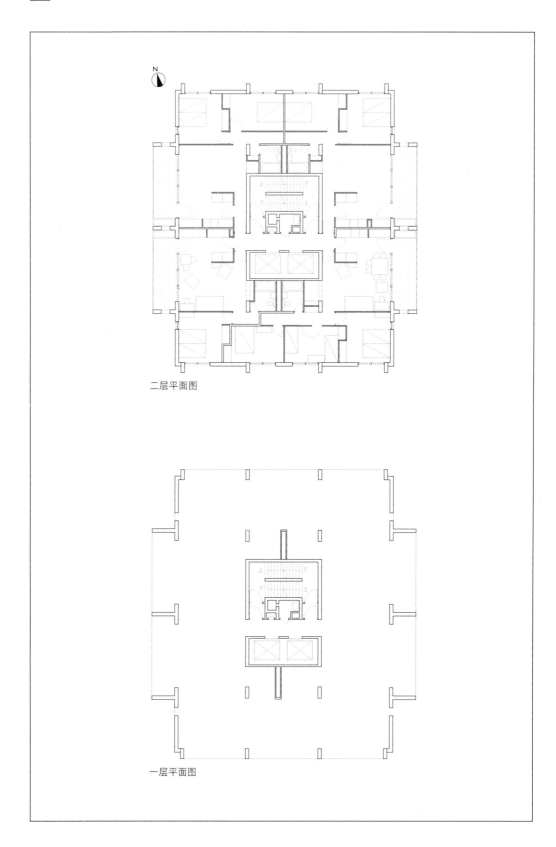

二层平面图

一层平面图

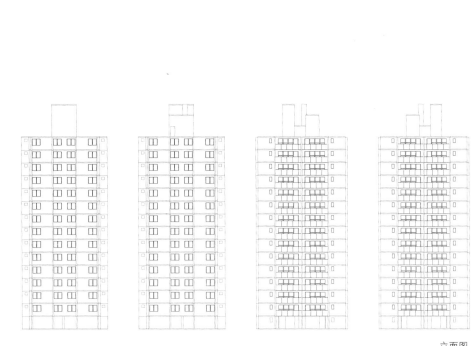

立面图

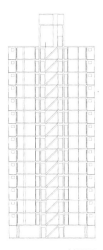

剖面图

# 35 米尔溪公共住宅联排住宅类型 1

## Mill Creek Public Housing, Row House Type 1

-----

设计时间：1951—1962
项目地点：美国宾夕法尼亚州费城
建成情况：建成
项目性质：集合住宅

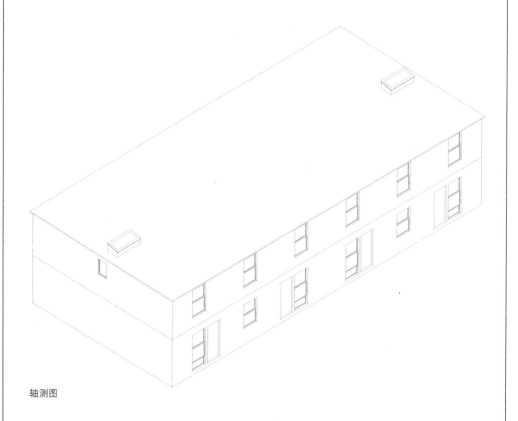

轴测图

（描述详见 38 号项目）

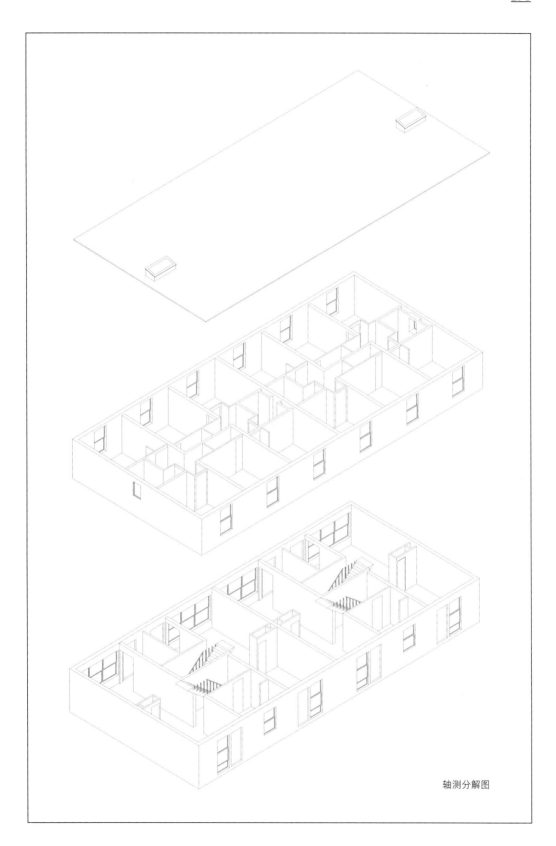

轴测分解图

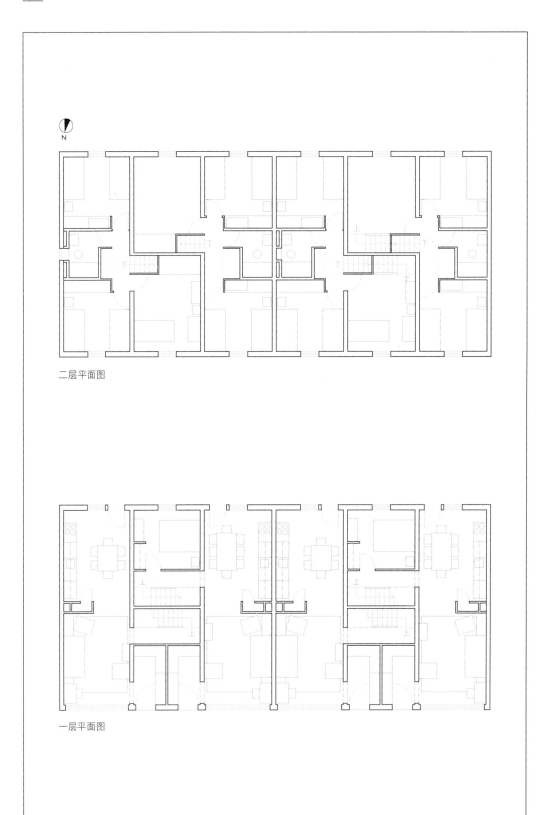

二层平面图

一层平面图

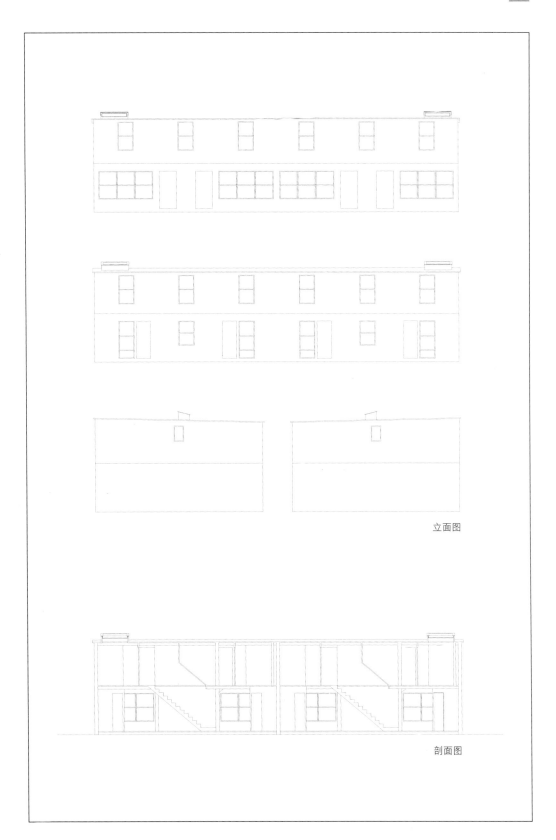

立面图

剖面图

# 36 米尔溪公共住宅联排住宅类型 2

## Mill Creek Public Housing, Row House Type 2

-----

设计时间：1951—1962
项目地点：美国宾夕法尼亚州费城
建成情况：建成
项目性质：集合住宅

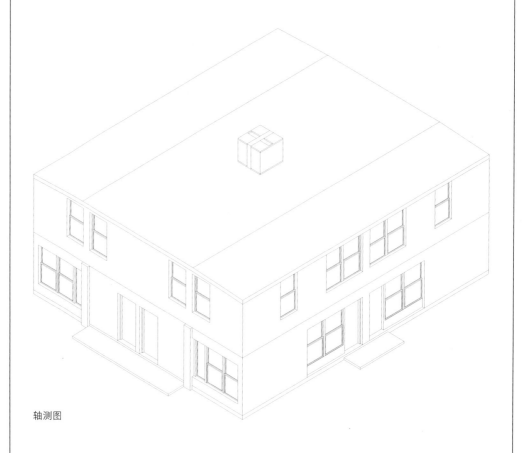

轴测图

（描述详见 38 号项目）

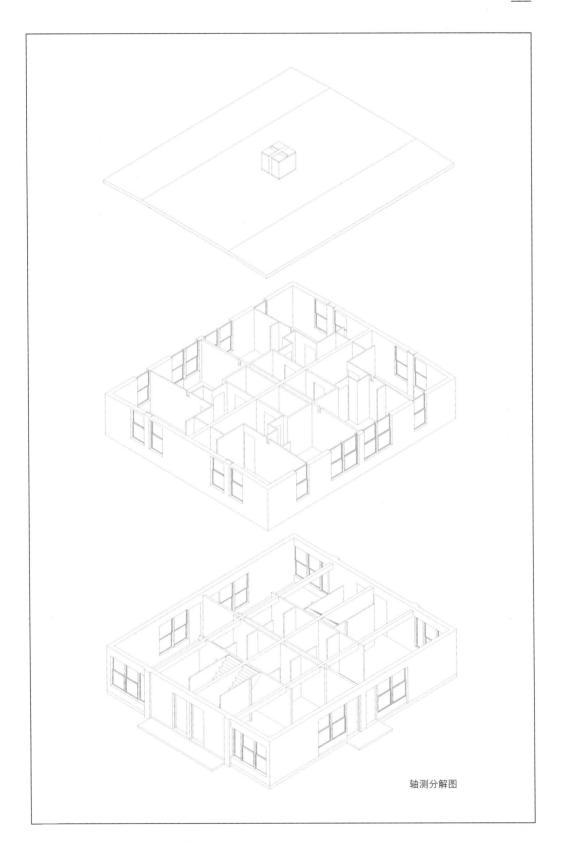

轴测分解图

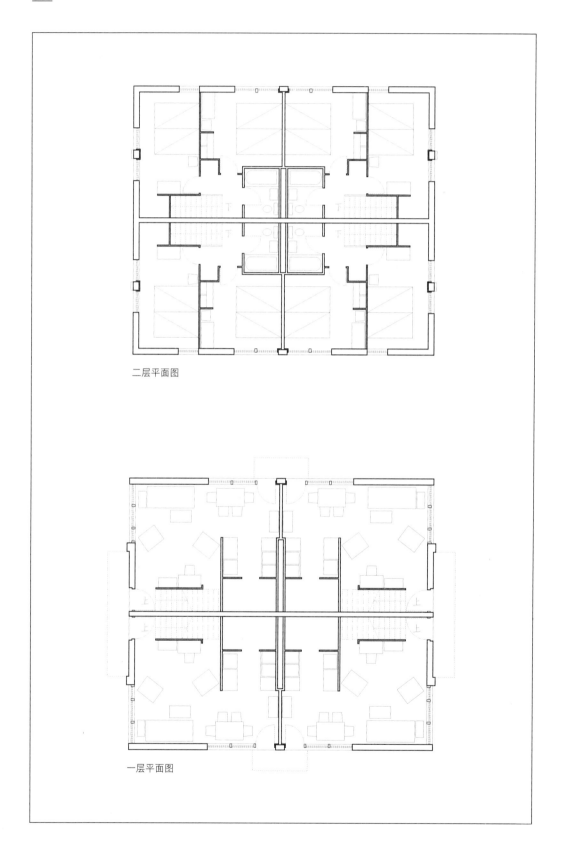

二层平面图

一层平面图

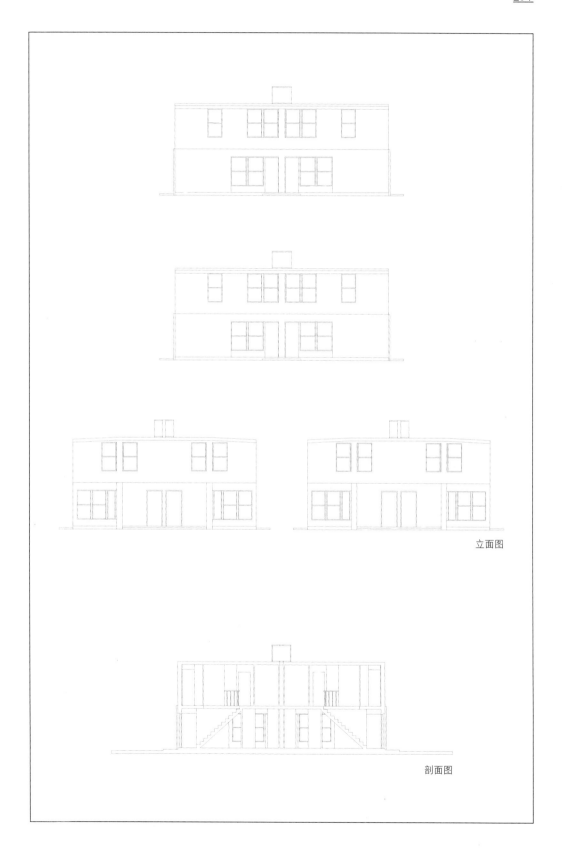

立面图

剖面图

# 37 米尔溪公共住宅联排住宅类型 3

## Mill Creek Public Housing, Row House Type 3

-----

设计时间：1951—1962
项目地点：美国宾夕法尼亚州费城
建成情况：建成
项目性质：集合住宅

轴测图

（描述详见 38 号项目）

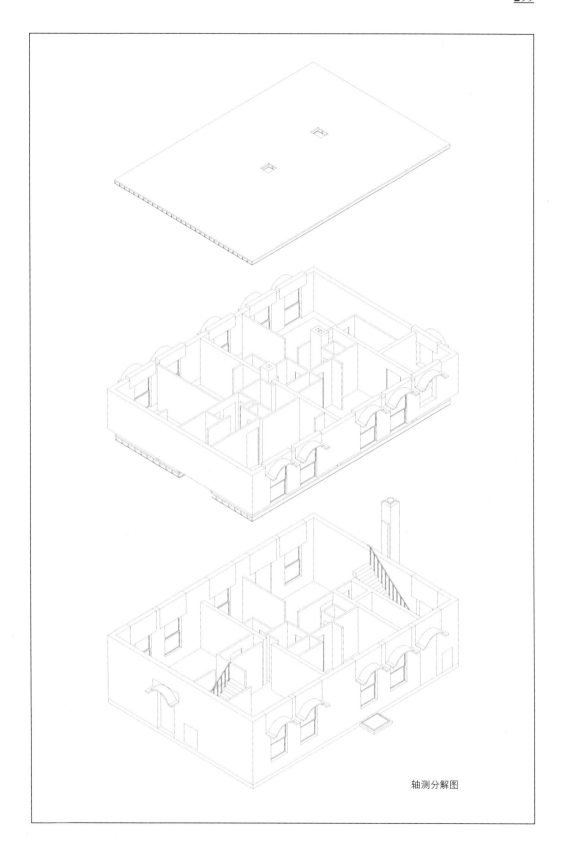

轴测分解图

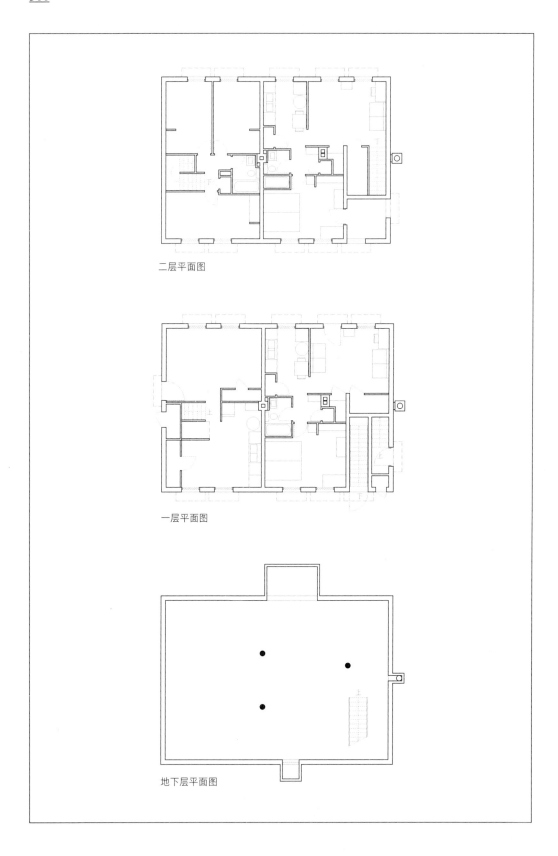

二层平面图

一层平面图

地下层平面图

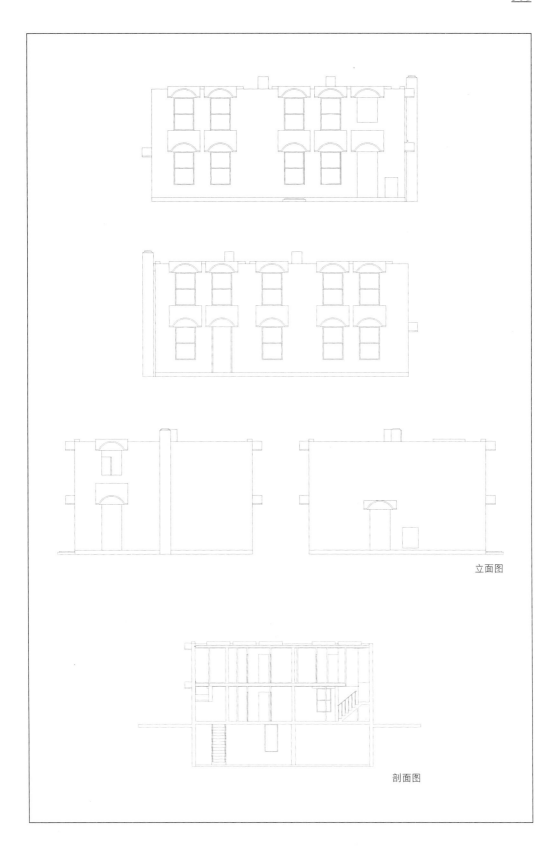

立面图

剖面图

# 38 米尔溪公共住宅联排住宅类型 4

## Mill Creek Public Housing, Row House Type 4

-----

设计时间：1951—1962

项目地点：美国宾夕法尼亚州费城

建成情况：建成

项目性质：集合住宅

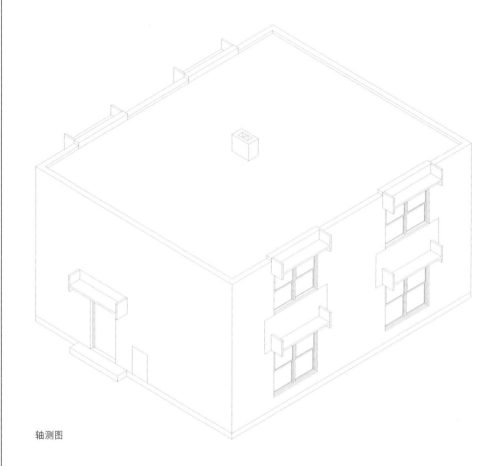

轴测图

康在米尔溪公共住宅中设计了若干种联排住宅的方案，层数基本为两层，有平屋顶也有坡顶，有不同数量的卧室。这些方案在立面上也有区别，例如，有的带遮阳篷，有的不带；有的遮阳篷是弧形的，有的是直板的。从内部空间上看，与早先的公共住宅项目并无较大区别，空间划分基本上还是由居中的楼梯间分隔前后两个大分区——起居室与餐厅，二层为卧室。

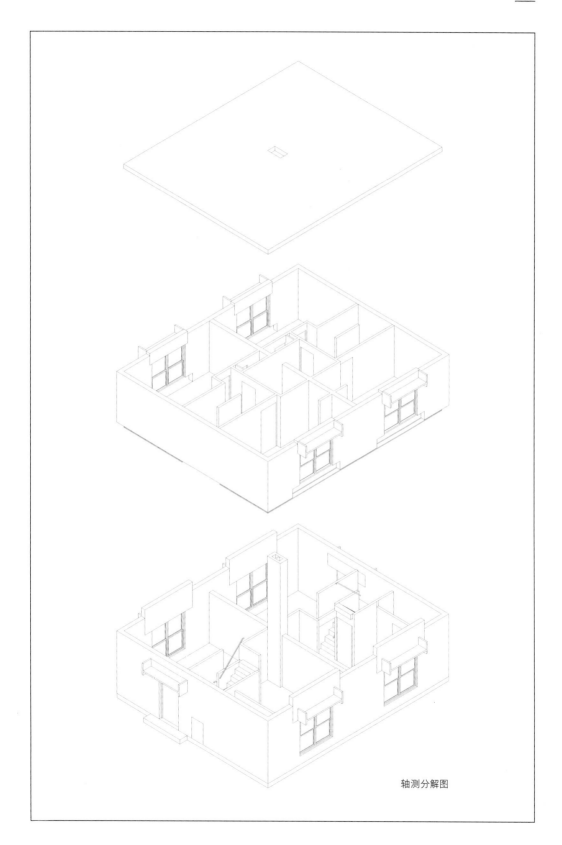

轴测分解图

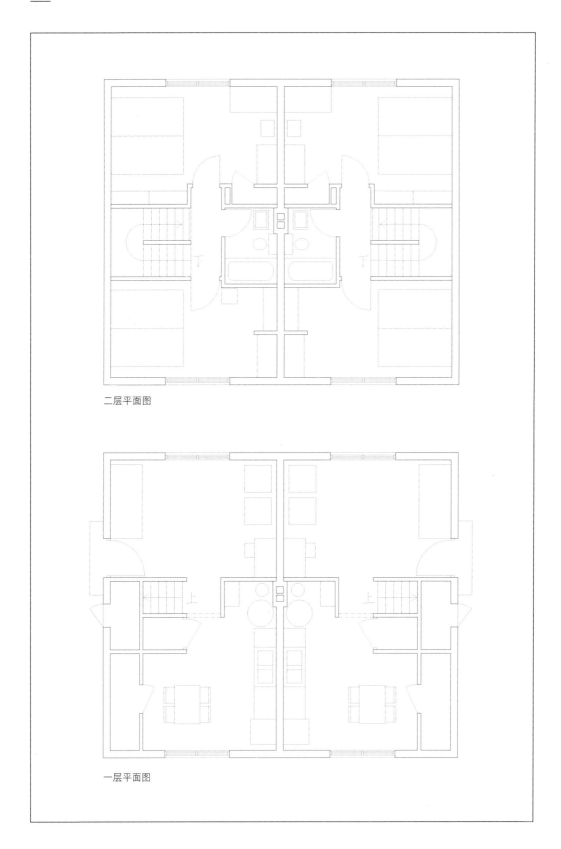

二层平面图

一层平面图

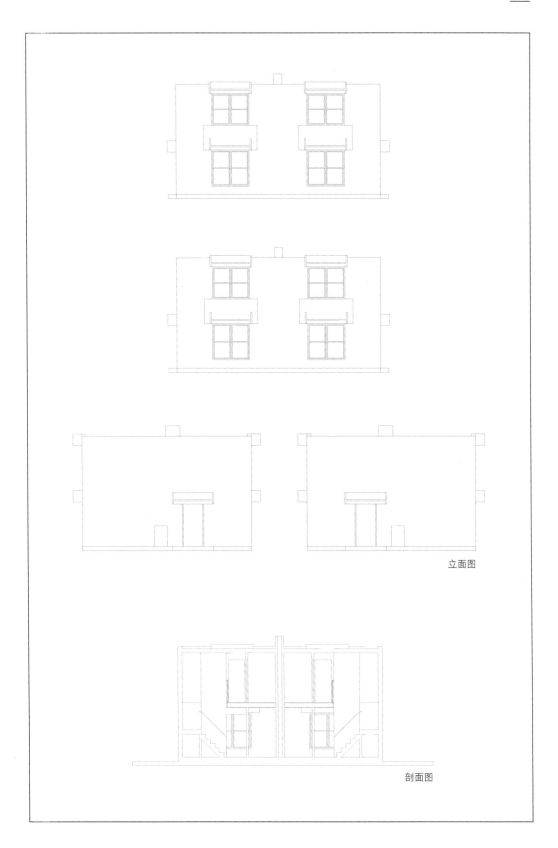

立面图

剖面图

# 39 城市之塔
## City Tower

-----

设计时间：1952—1957
项目地点：美国宾夕法尼亚州费城
建成情况：未建成
项目性质：办公楼

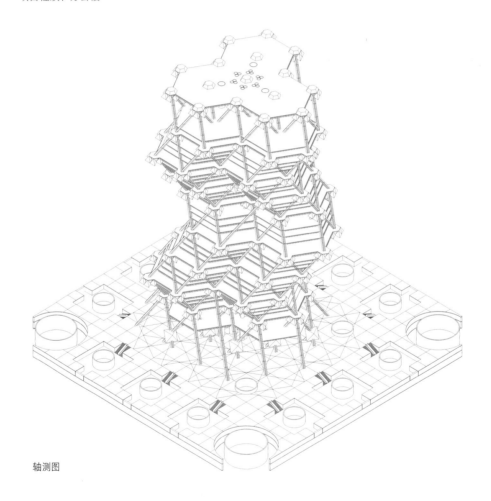

轴测图

这是一个康与安妮·婷合作的作品。他们采用了结构单元来解决建筑与空间形式的问题。这种结构形式是可生长的。整个建筑试图表达一种由同种结构单元生长成柱梁与楼板的可能性，建筑的整体形态也是通过空间结构的生长来表达的。

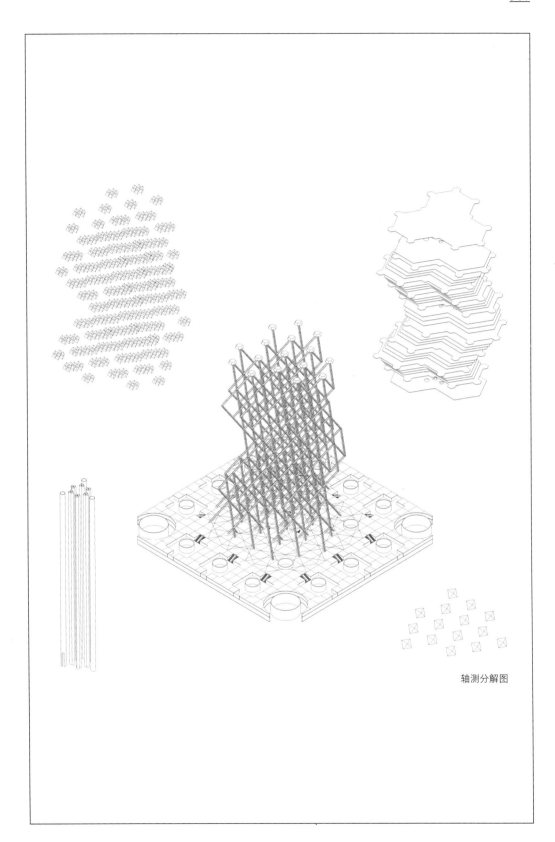

轴测分解图

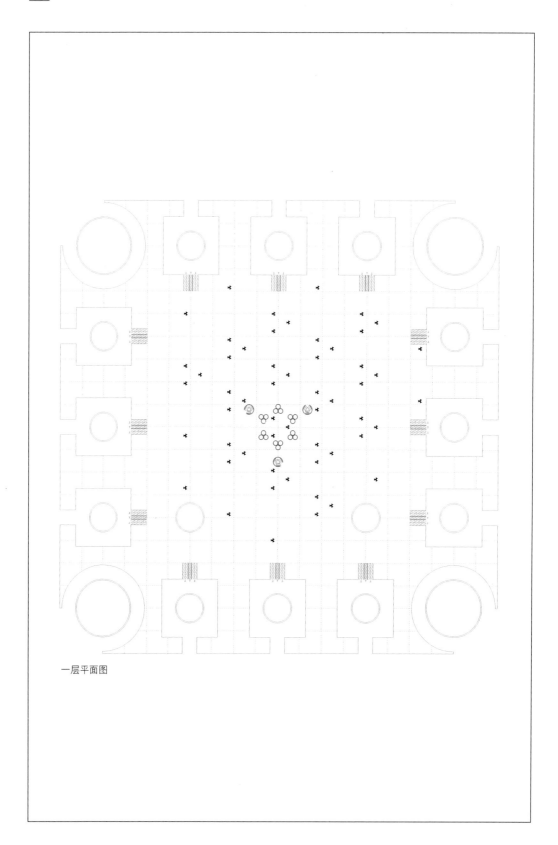

一层平面图

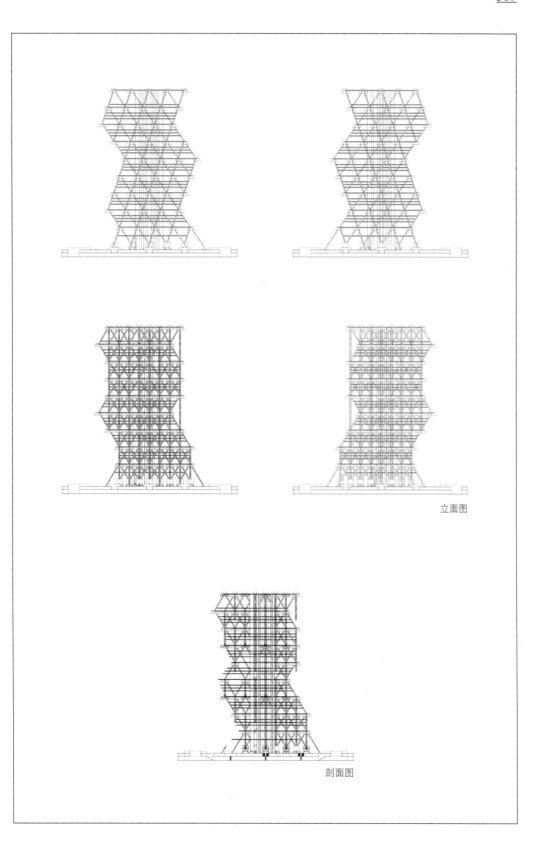

立面图

剖面图

# 40

# 阿代什·杰叙隆犹太会堂

## Adath Jeshurun Synagogue

-----

设计时间：1954—1955
项目地点：美国宾夕法尼亚州蒙哥马利县
建成情况：未建成
项目性质：宗教建筑

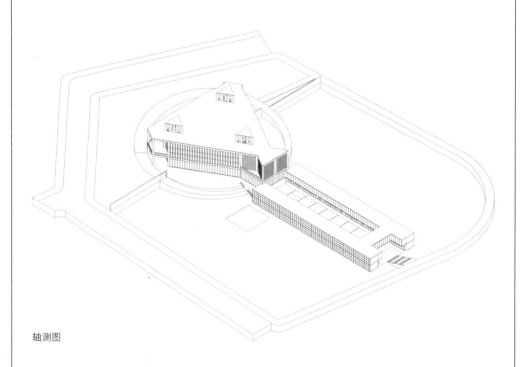

轴测图

在这个项目中，康对空间构架失去了兴趣，转而用相同的结构单元界定平面空间。建筑内部的空间更加遵循平面规划而非结构单元生长的随机性。在三角形的教会部分和矩形的学校部分，有小型的三角形柱作为连接，整体上仍然显示出结构单元重复构成的特征，但平面显得更为完整。

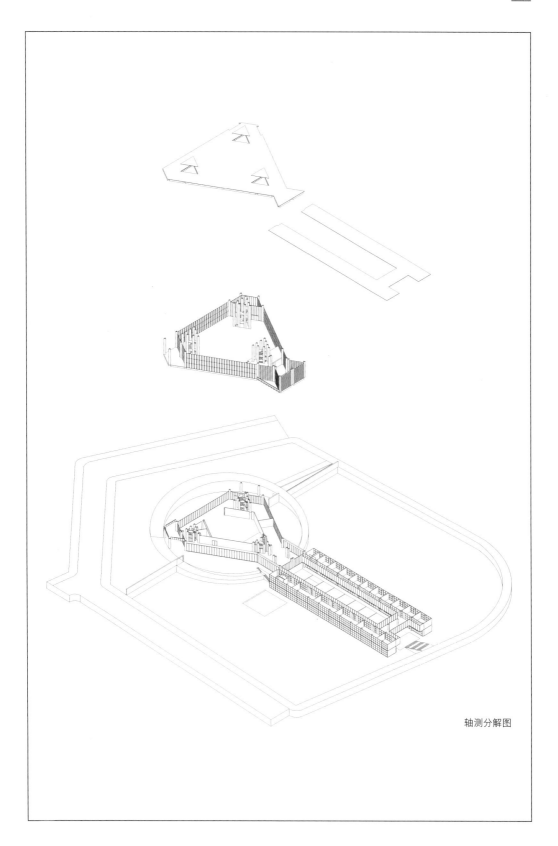

轴测分解图

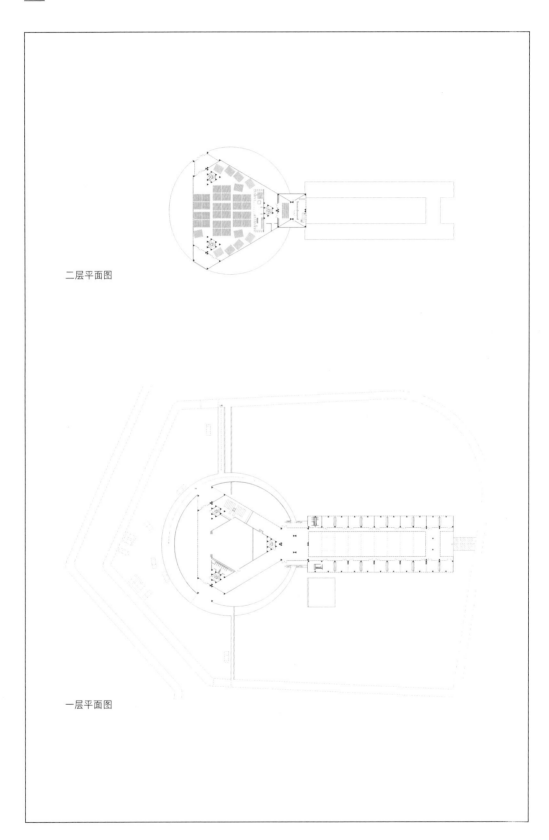

二层平面图

一层平面图

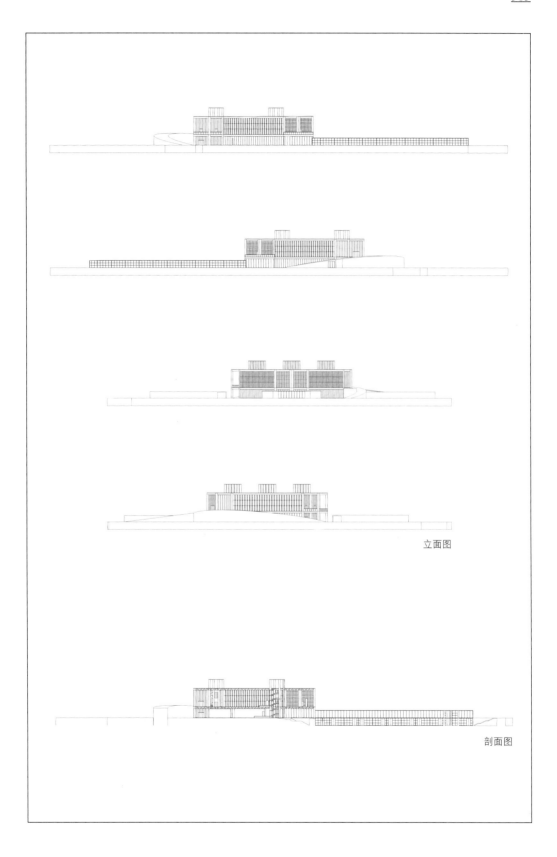

立面图

剖面图

# 41

## 德·沃尔住宅

### De Vore House

-----

设计时间：1954—1955
项目地点：美国宾夕法尼亚州蒙哥马利县
建成情况：未建成
项目性质：独栋住宅

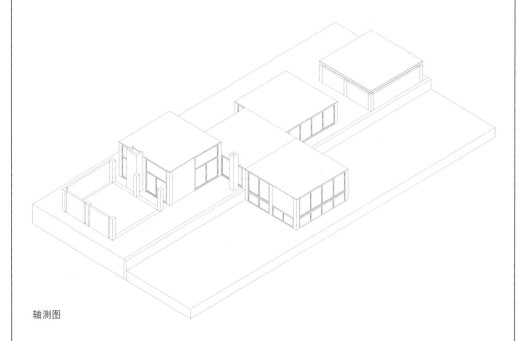

轴测图

在费鲁切特住宅之后，康对以独立的结构单元构成住宅产生了兴趣，也就是不同的功能块可以通过开口与流线组成新的建筑形式。这个建筑在起居空间的功能块上稍微增加了层高，以区别于其他的功能块，还有一个无顶的功能块作为建筑场地中的绿地。

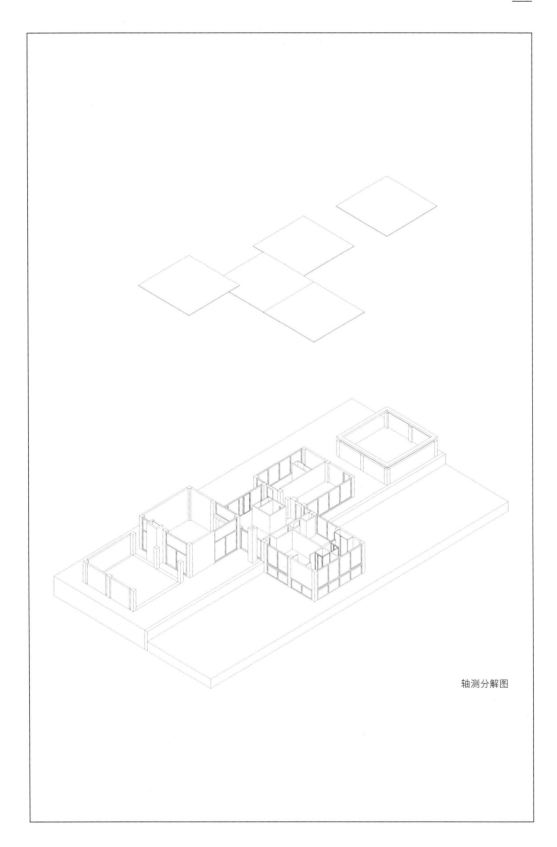

轴测分解图

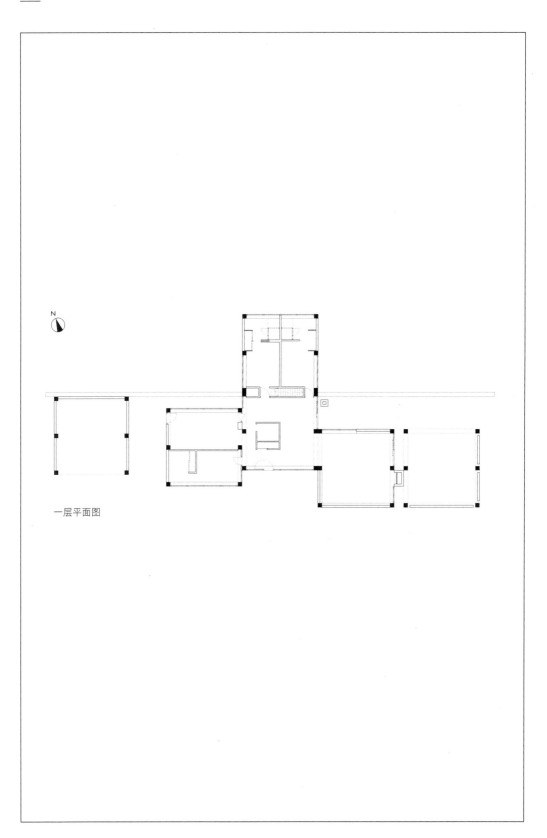

一层平面图

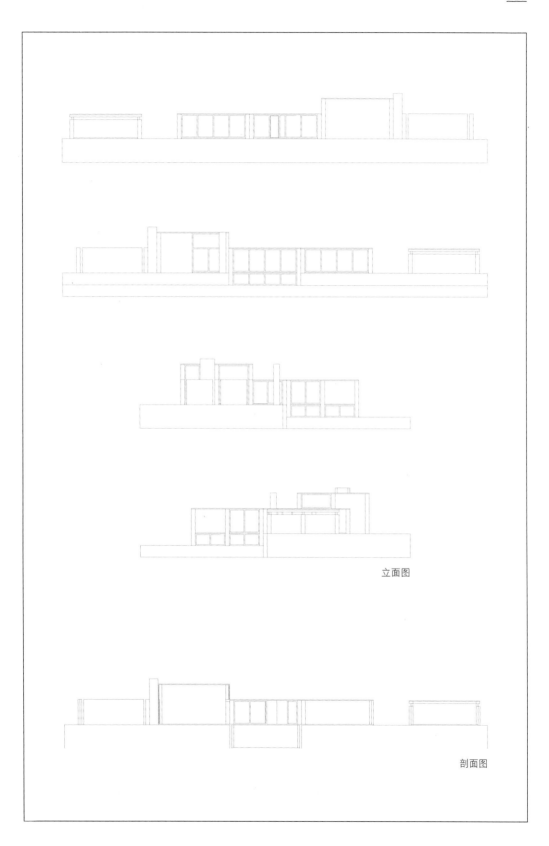

立面图

剖面图

# 42 阿德勒住宅

## Dr. and Mrs. Francis H. Adler House

-----

设计时间：1954—1955

项目地点：美国宾夕法尼亚州费城

建成情况：未建成

项目性质：独栋住宅

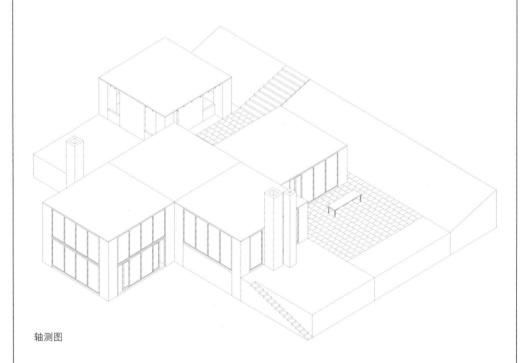

轴测图

与德·沃尔住宅一样，阿德勒住宅也是由代表着不同房间的功能块组合而成的。不同的是，该项目中的房间更为紧凑，也利用了地形高差，对场地也有考虑。有趣的是，在平面中，绿地也被划分成了一个个方块，暗示了一种底层的构成秩序。

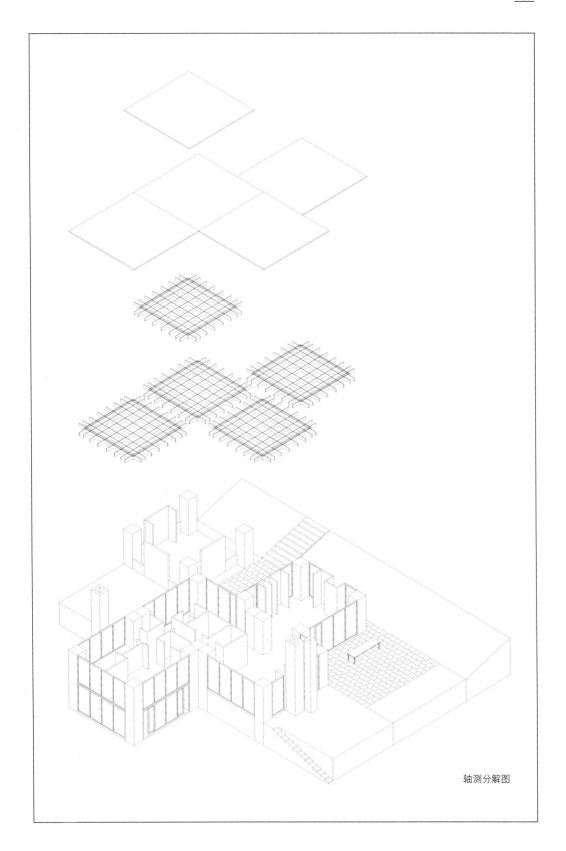

轴测分解图

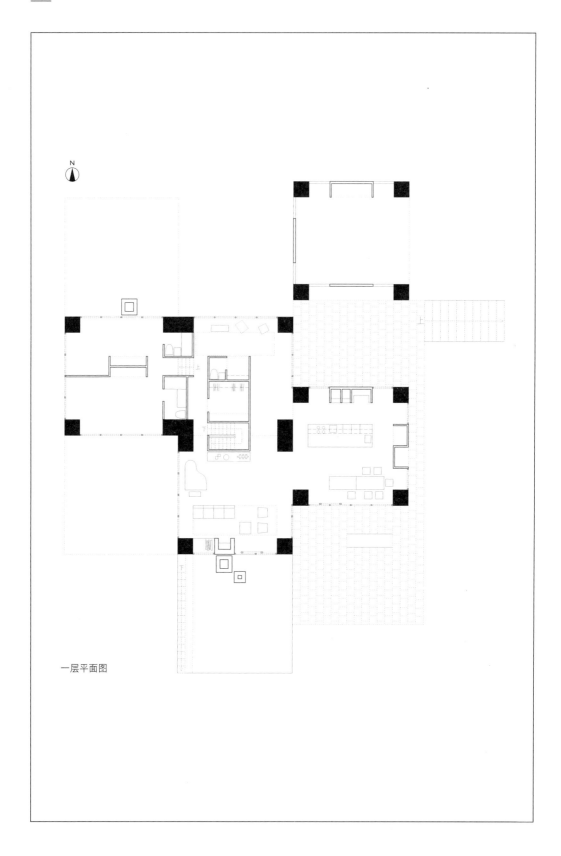

一层平面图

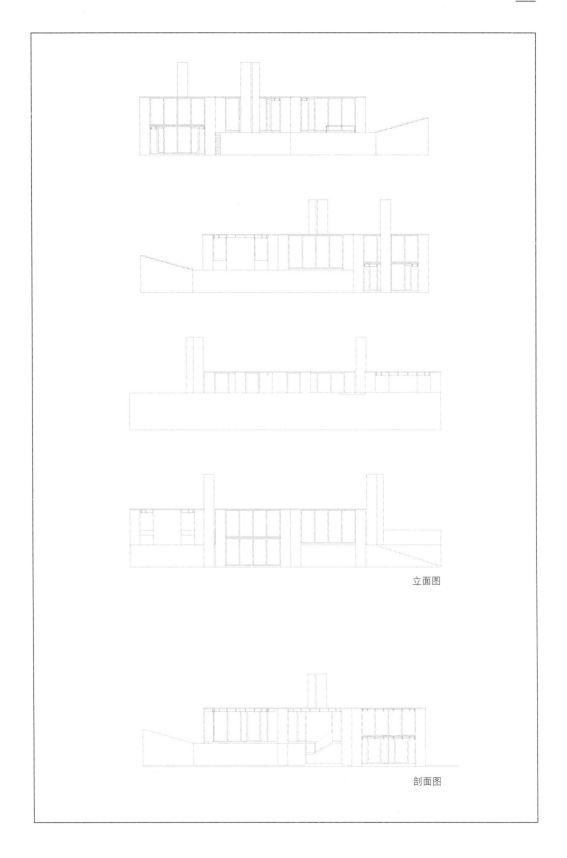

立面图

剖面图

# 43 美国劳工联合会－产业联合会医疗服务中心

## AFL-CIO Medical Service Center

-----

设计时间：1954—1956
项目地点：美国宾夕法尼亚州费城
建成情况：建成
项目性质：医疗建筑

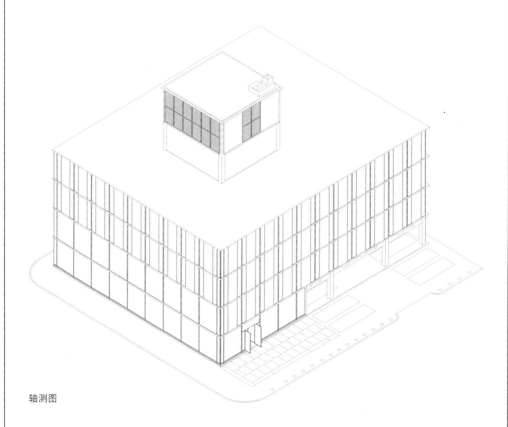

轴测图

这个建筑有着巨大的混凝土空腹梁，梁上六边形的洞口也极具装饰性。透过落地玻璃立面可以直接从室外感受到巨大的裸露的室内结构。平面布置并没有比较特别的地方，在类似九宫格的平面中部设有电梯间与设备用房。周围一圈是供人使用的房间，与很多办公楼的空间布置较类似。

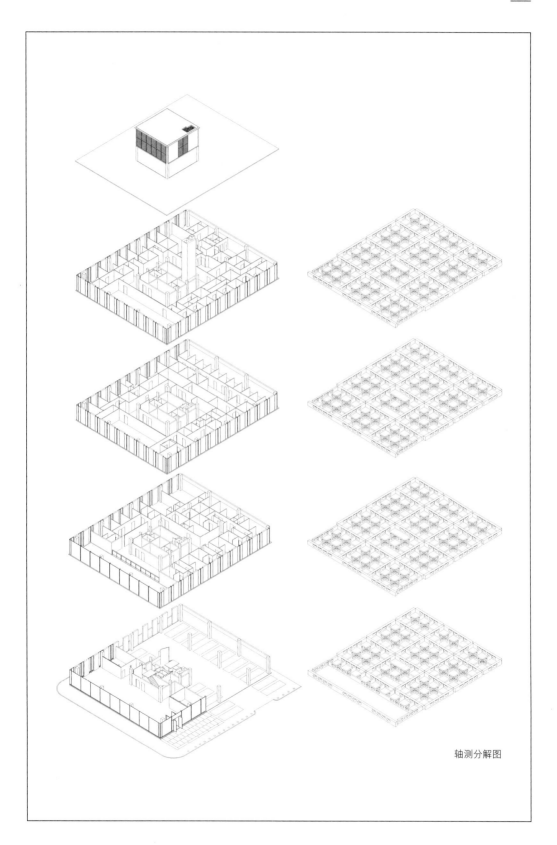

轴测分解图

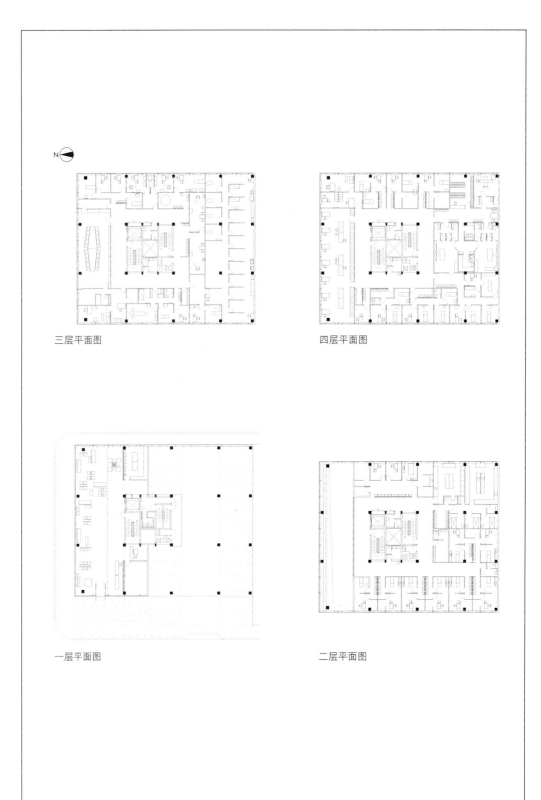

三层平面图

四层平面图

一层平面图

二层平面图

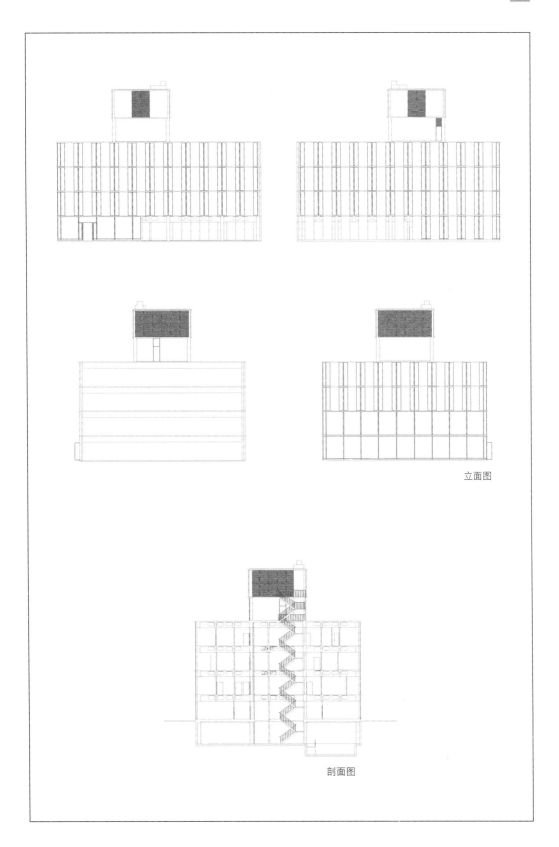

立面图

剖面图

# 44 犹太社区中心浴场更衣室
## Jewish Community Center—Bath House

-----

设计时间：1954—1959
项目地点：美国新泽西州默瑟县
建成情况：建成
项目性质：浴场更衣室

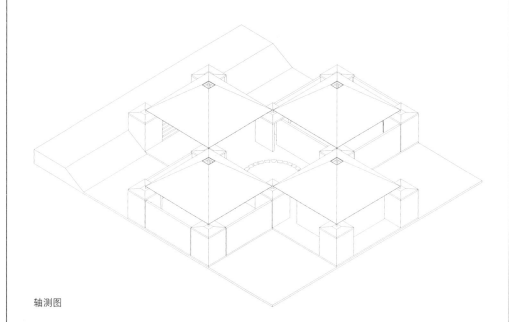

轴测图

该项目是康的代表作之一，也是方形体量中的各个部分的一次比较完美的结合。康的建筑构成中不同的功能块从此有了一个稳定的结合方式。在这个建筑中，中部天井在规模与界面上与其他功能块同样重要，同时也具有了建筑的属性，与整体不可分割，也不可改变。在这个方案中，康认为他"找到了自己"。

轴测分解图

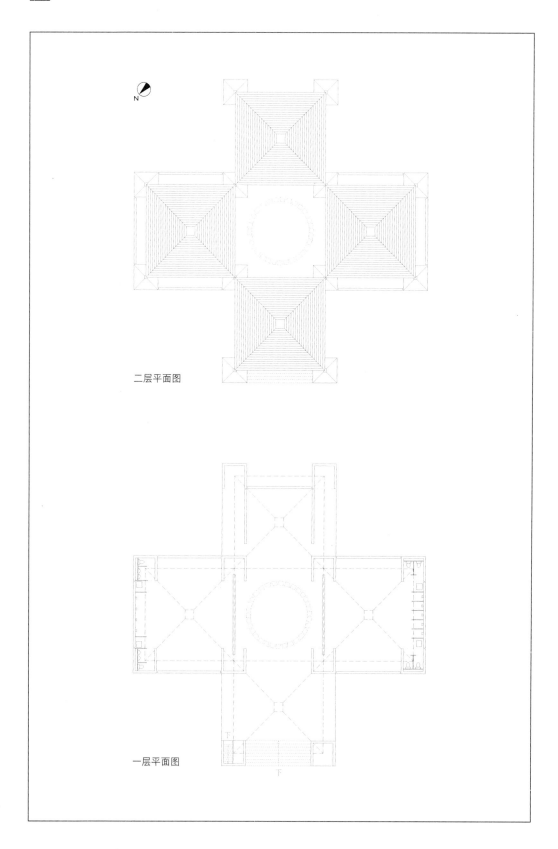

二层平面图

一层平面图

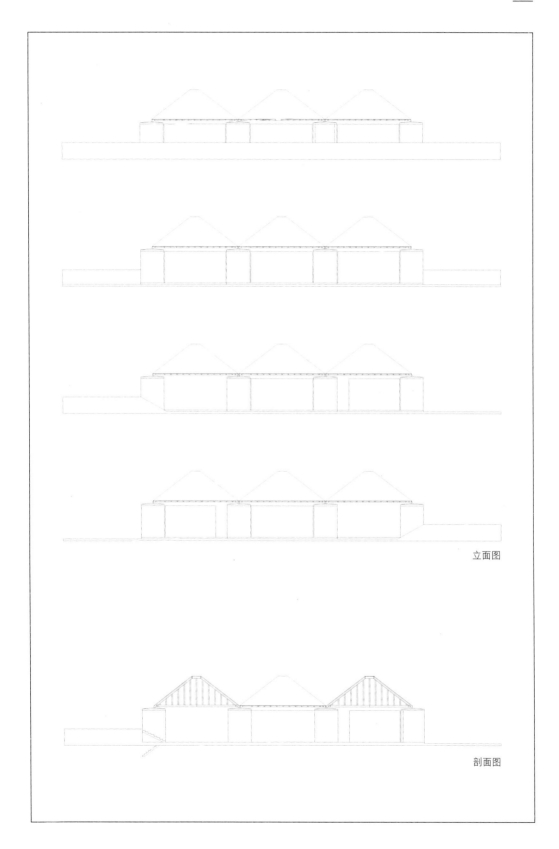

立面图

剖面图

# 45 犹太社区中心办公楼

## Jewish Community Center—Community Building

-----

设计时间：1954—1959
项目地点：美国新泽西州默瑟县
建成情况：未建成
项目性质：社区中心

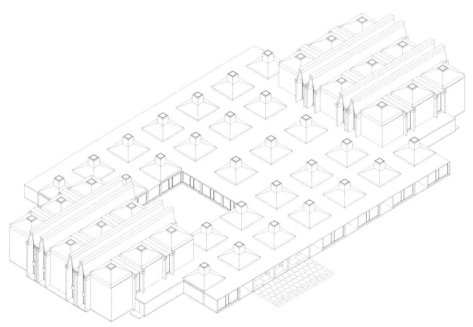

轴测图

在这个项目中，康在处理复杂的大尺度功能块时并未如犹太社区中心的浴场更衣室那样激进，而是在结构单元生长过程中找到了一个平衡点。但是，康不再通过三维结构单元去组织空间，在构图上实际更倾向于平面化的平衡。每个结构单元中心都有一个方形的天窗，但在布局上有开口，整体建筑两侧也有对称布局的大型体量作为收头，从而遏制了结构单元的泛滥。

轴测分解图

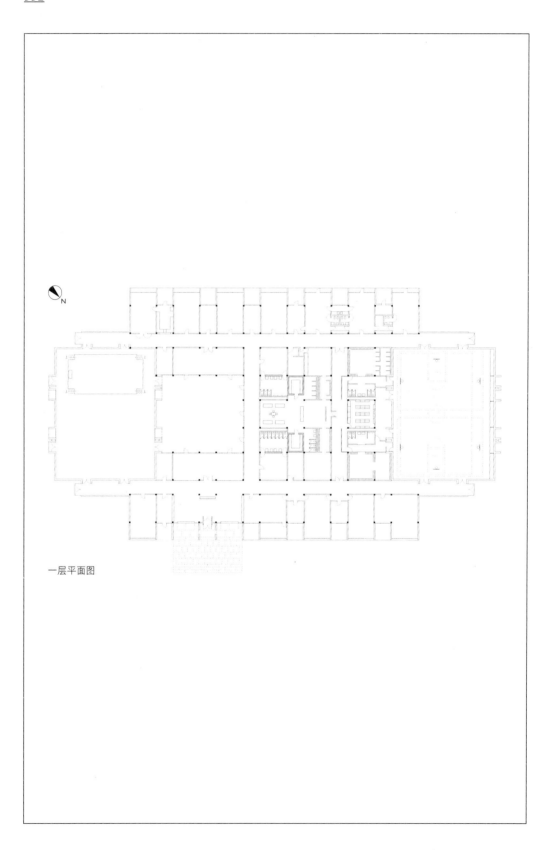

一层平面图

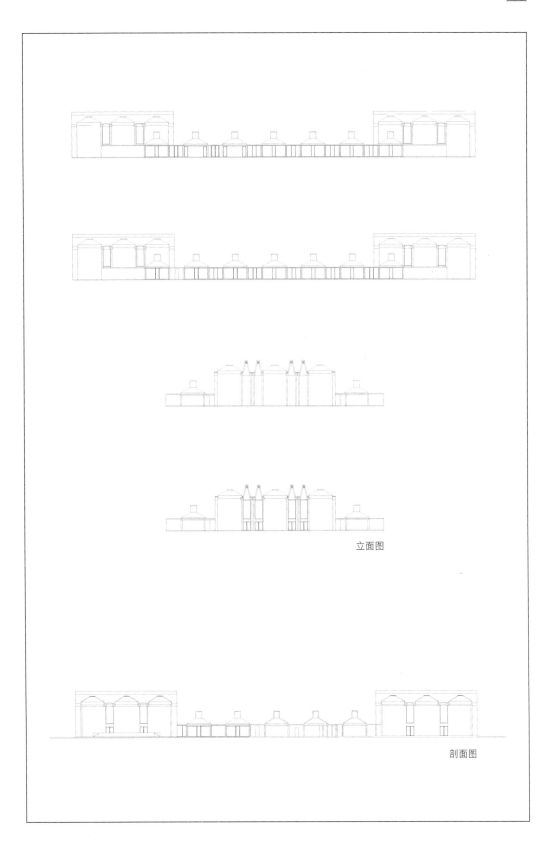

立面图

剖面图

# 46 犹太社区中心日间夏令营

## Jewish Community Center—Day Camp

-----

设计时间：1954—1959
项目地点：美国新泽西州默瑟县
建成情况：建成
项目性质：日间夏令营

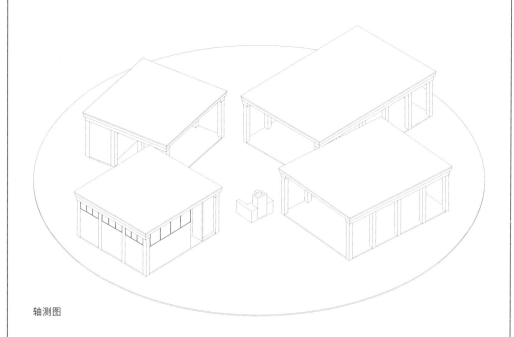

轴测图

在犹太社区中心项目群中，康对日间夏令营采用了较为特殊的组织方式。他放弃了正交体系，转而在倾斜扭转的体量中寻求一种新的平衡。有一个细节值得注意，每个体量的端部开间是略小于中部开间的。这也表明，对每个体量来讲，这些端部的收头形式类似于康对犹太社区中心的处理方式。

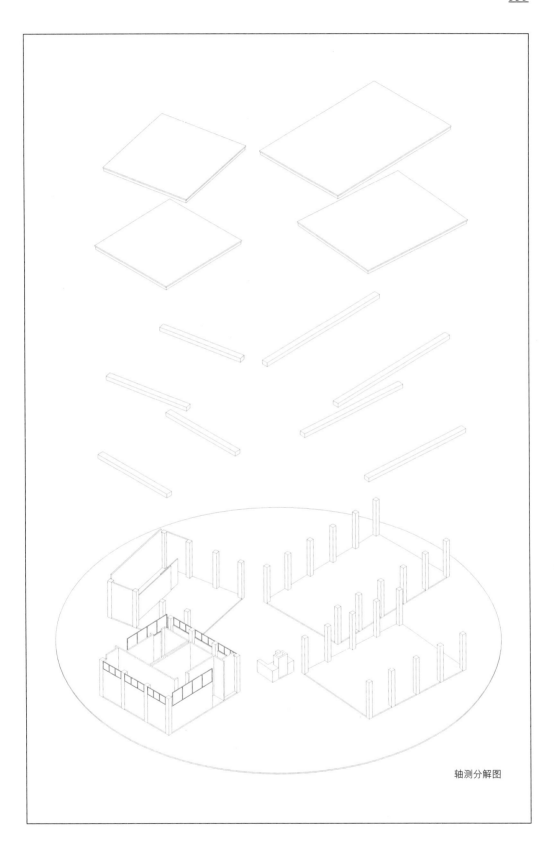

轴测分解图

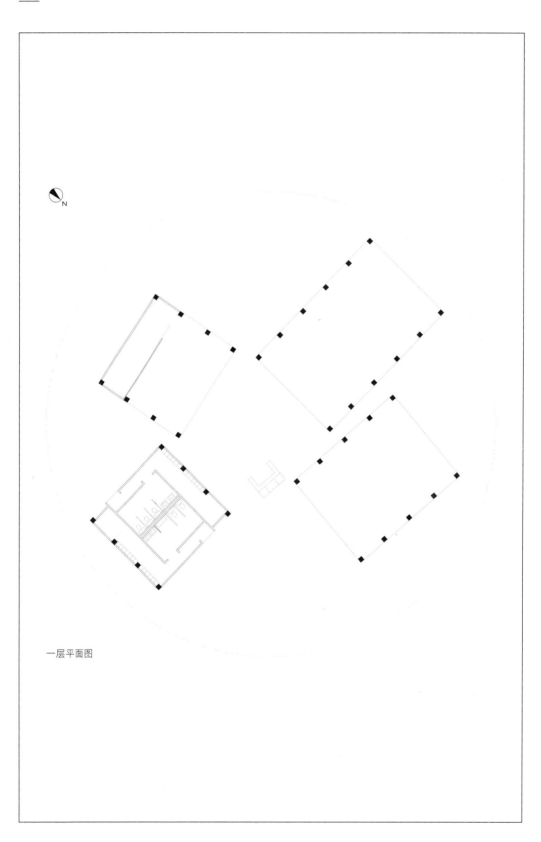

一层平面图

立面图

剖面图

# 47 华盛顿大学图书馆
## Washington University Library

-----

设计时间：1956
项目地点：美国密苏里州圣路易斯市
建成情况：未建成
项目性质：图书馆

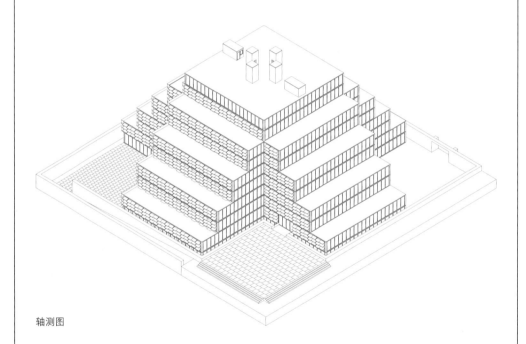

轴测图

1956年2月，康受邀参加圣路易斯华盛顿大学图书馆的设计竞赛。在这个方案的设计过程中，康一直试图在希腊十字建筑的形式里找寻一种可以划分平面和空间的工具。不同于犹太社区中心项目，这个项目的结构单元被整合到"十"字形里，使结构单元从一开始就避免了生长过程带来的不确定性。

轴测分解图

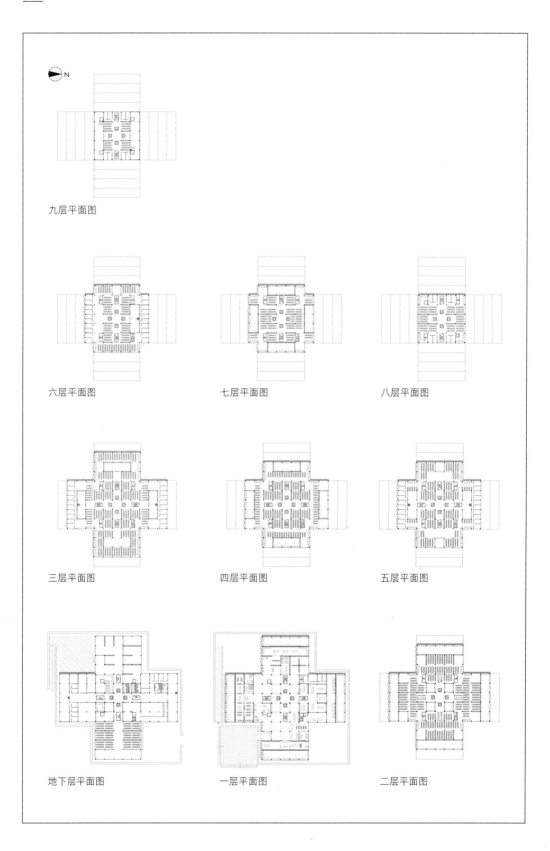

N

九层平面图

六层平面图

七层平面图

八层平面图

三层平面图

四层平面图

五层平面图

地下层平面图

一层平面图

二层平面图

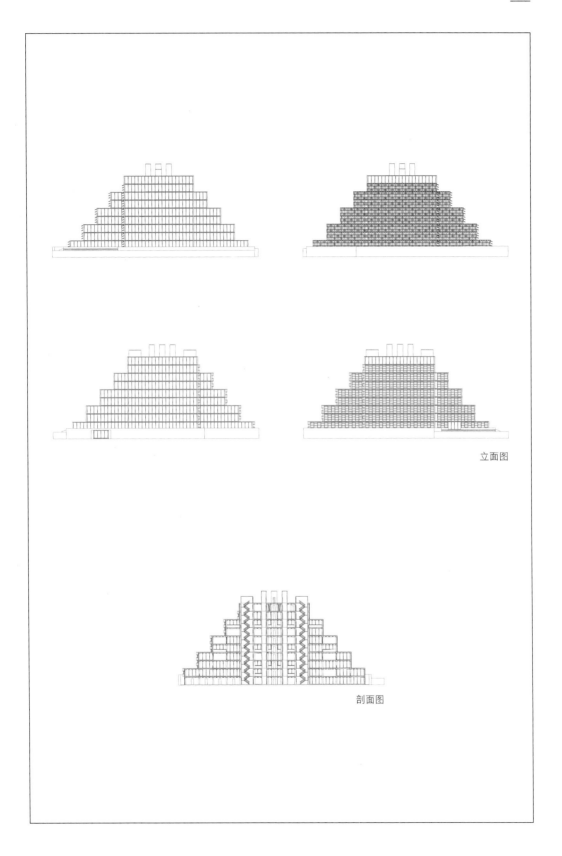

立面图

剖面图

# 48 先进科学研究所

## Research Insititute for Advanced Science

-----

设计时间：1956—1958
项目地点：美国马里兰州巴尔的摩市
建成情况：未建成
项目性质：研究所

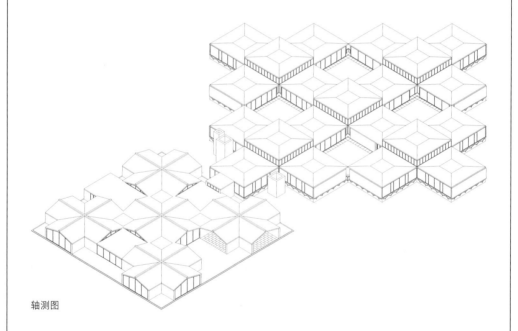

轴测图

这个项目在 1955 年就被委托给了康，但直到第二年康才开始做设计，在此期间他一直在研究犹太社区中心的项目。与华盛顿大学图书馆一样，这个项目的特点也是以希腊"十"字的形式为主，但不同的是，在这个项目里，希腊"十"字的组合产生了更丰富的可能性。而对结构单元的重新设计也让该项目的平面不同于康以往的项目。

轴测分解图

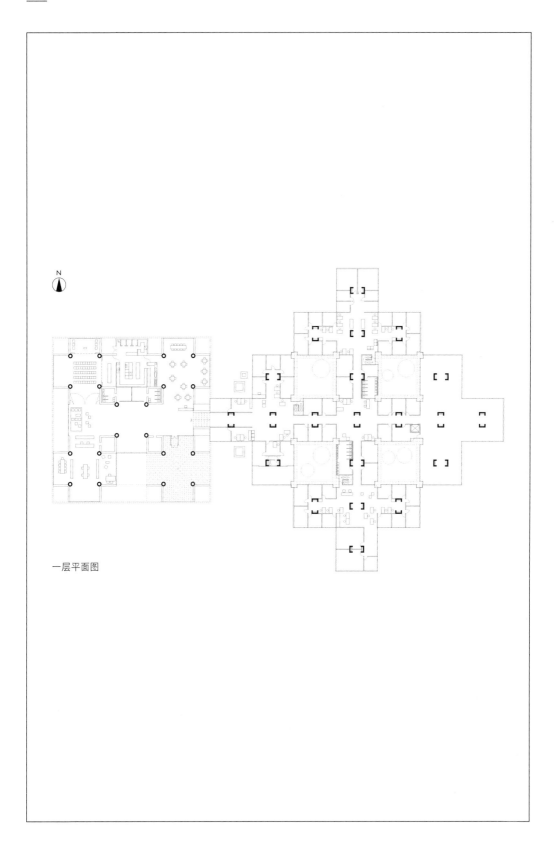

一层平面图

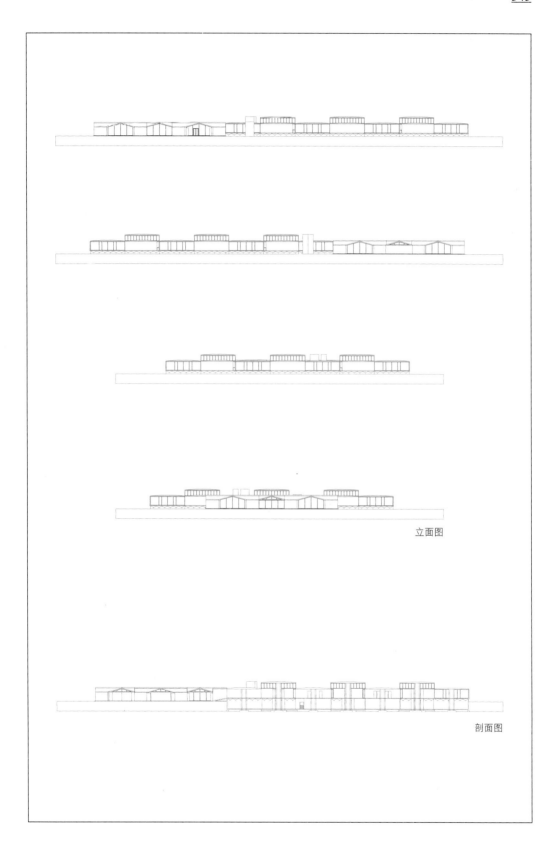

立面图

剖面图

# 49 美国劳工联合会医疗中心

## American Federation of Labor Medical Center

-----

设计时间：1957—1959
项目地点：美国宾夕法尼亚州费城
建成情况：未建成
项目性质：医疗建筑

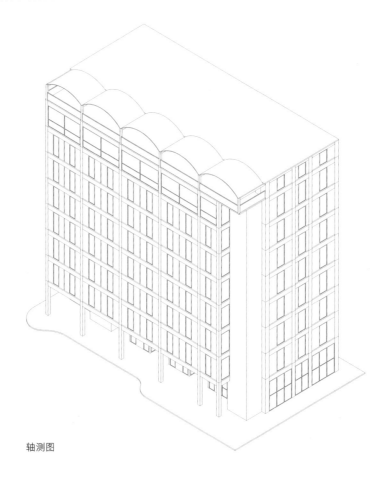

轴测图

从草图上看，它紧邻着美国劳工联合会-产业联合会医疗服务中心，是一个高层建筑。康试图在立面上做出一些变化，将方形楼梯间放在了建筑的一端，而在立面的顶层部分使用了类似柯布西耶的某些建筑中的连续拱顶，并且端头的拱顶略小于其他拱顶，这似乎也是为了寻求一种变化。

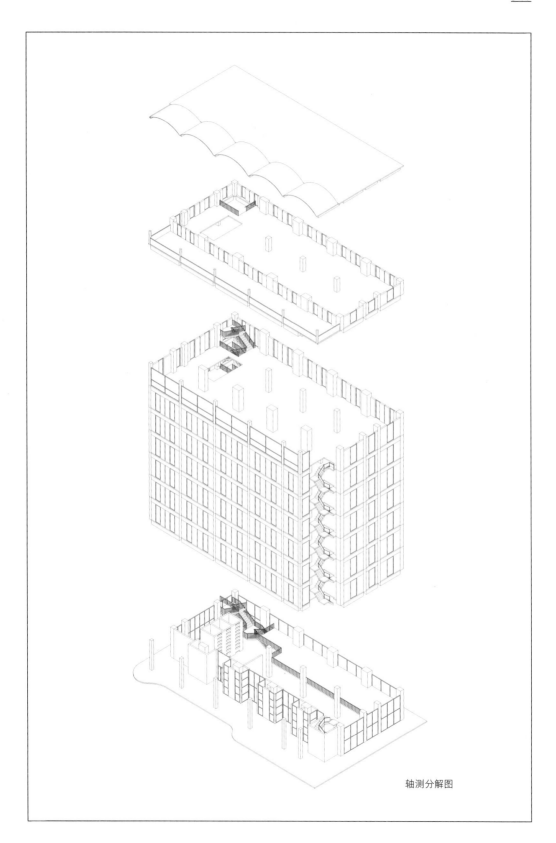

轴测分解图

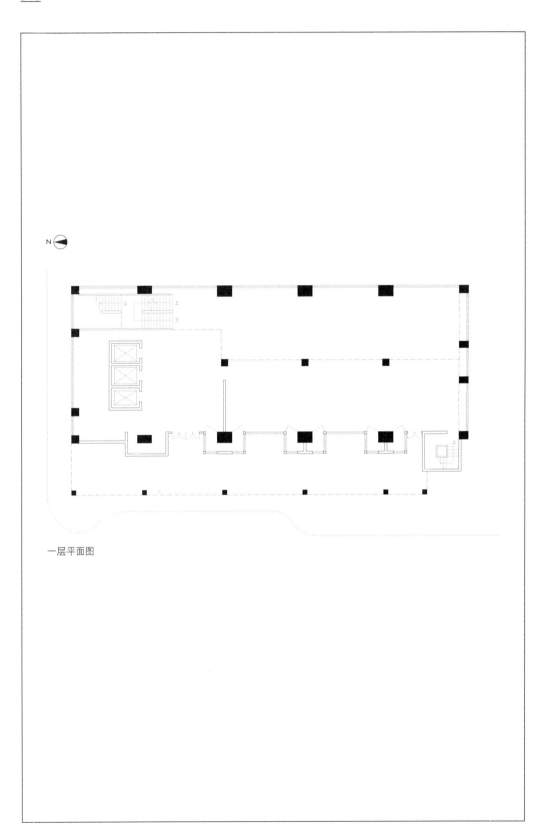

一层平面图

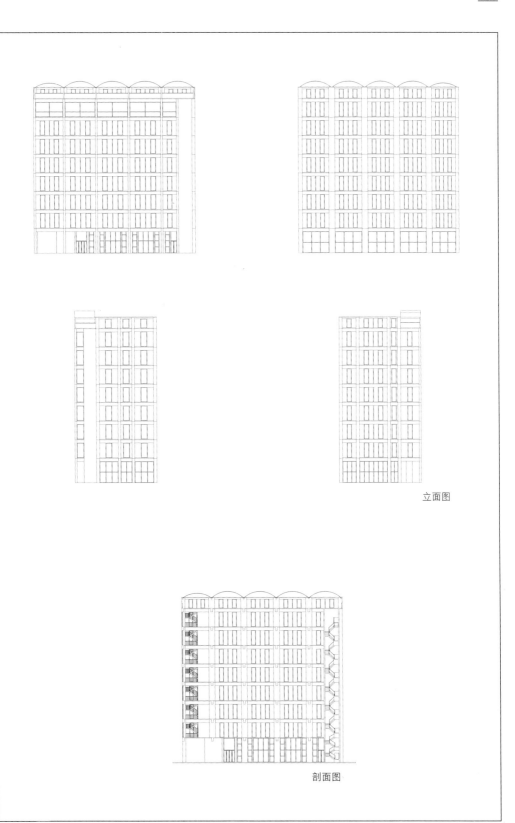

立面图

剖面图

# 50 肖住宅
## Shaw House

-----

设计时间：1957—1959
项目地点：美国宾夕法尼亚州费城
建成情况：建成
项目性质：住宅扩建

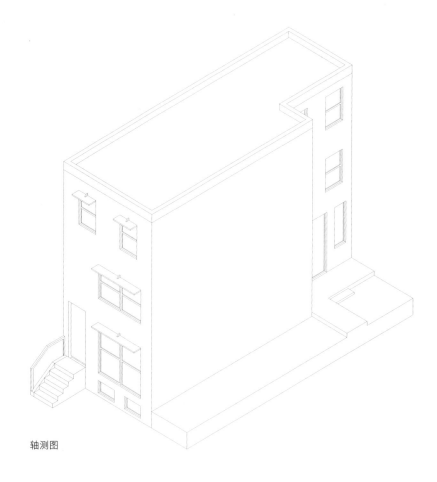

轴测图

该项目与早期的罗斯曼住宅扩建项目类似，不同的是康在主立面上做了一点小的细节设计——在窗洞口顶部遮阳部分设置了一个三角形的小型固定结构。住宅后方的矩形体量上有回凹作为一个次要入口，并在入口处配有绿植。

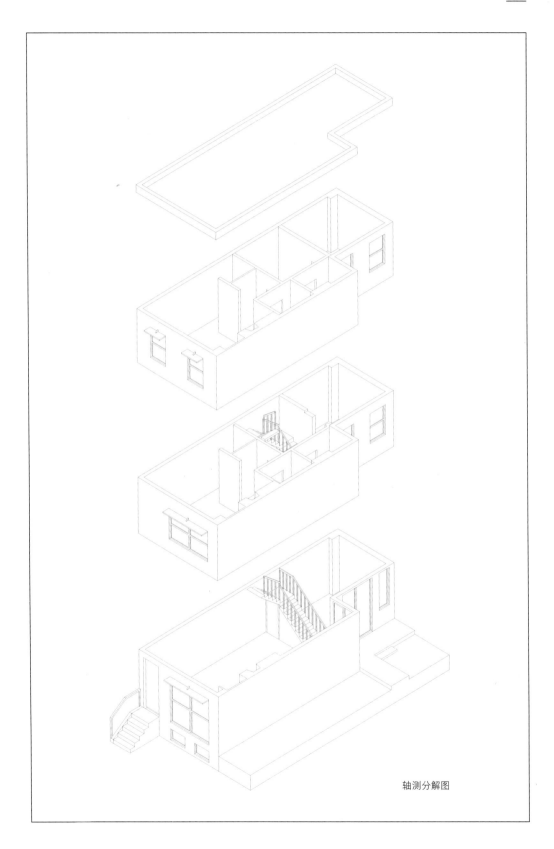

轴测分解图

二层平面图

三层平面图

一层平面图

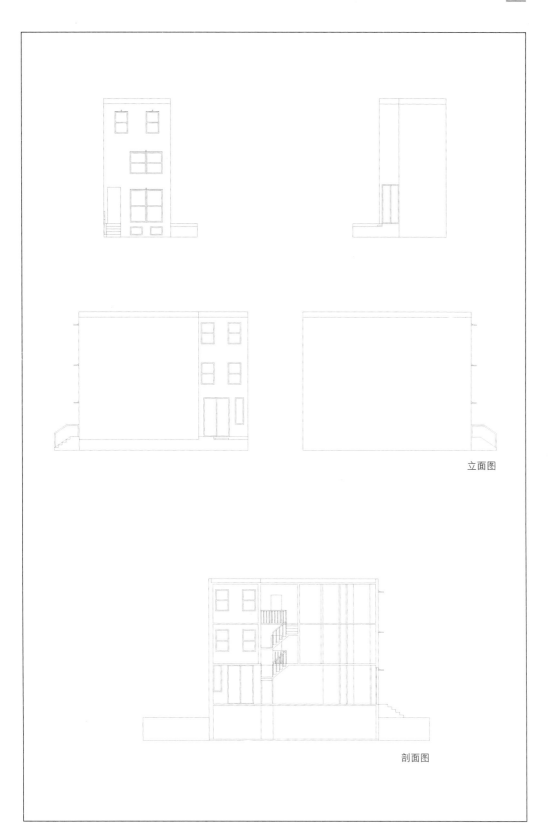

立面图

剖面图

# 51 莫里斯住宅

Morris House

-----

设计时间：1957—1959

项目地点：美国纽约州基斯科山

建成情况：未建成

项目性质：独栋住宅

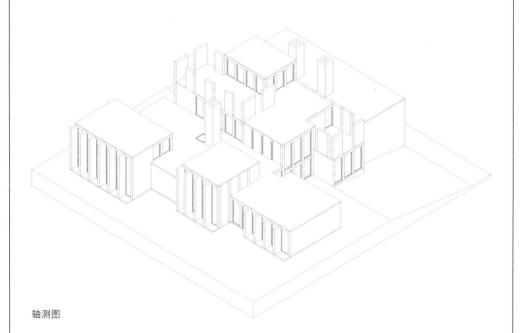

轴测图

在莫里斯住宅的早期版本中，康使用了与理查德医学研究所和生物中心较为类似的平面布置——在多个正方形的空间中打开四面中部的开口，并互相连通。但在终版的方案中，住宅内部墙体变成双排的柱子，使得空间划分变得更加柔和，房间的体量感在内部稍稍含混了一些，而外部用了一些升高的短墙来强调房间的体量。

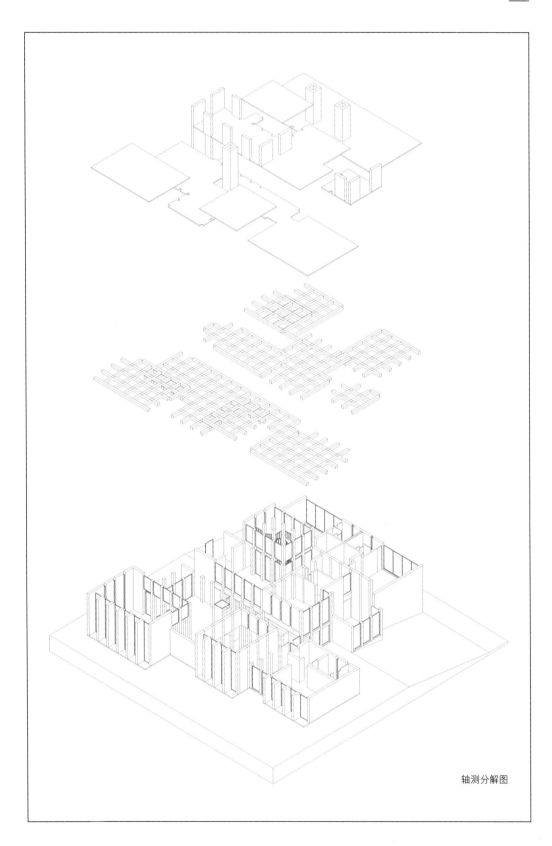

轴测分解图

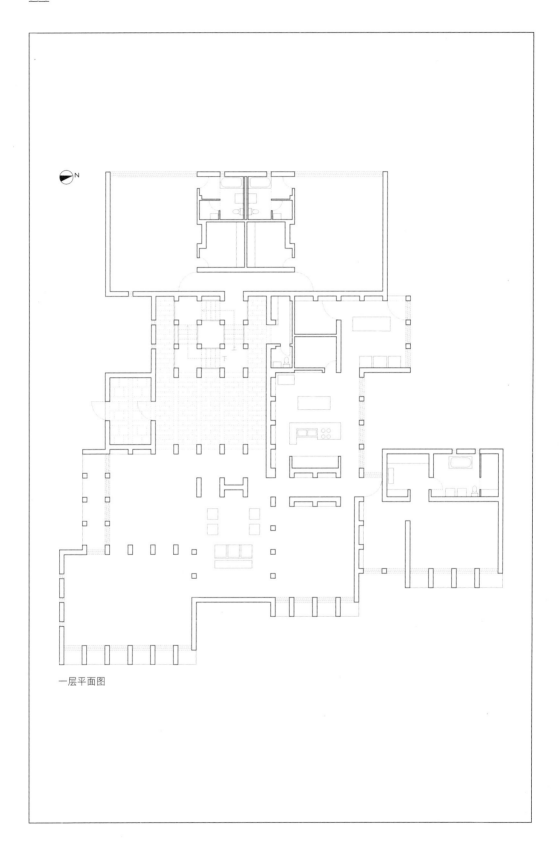

一层平面图

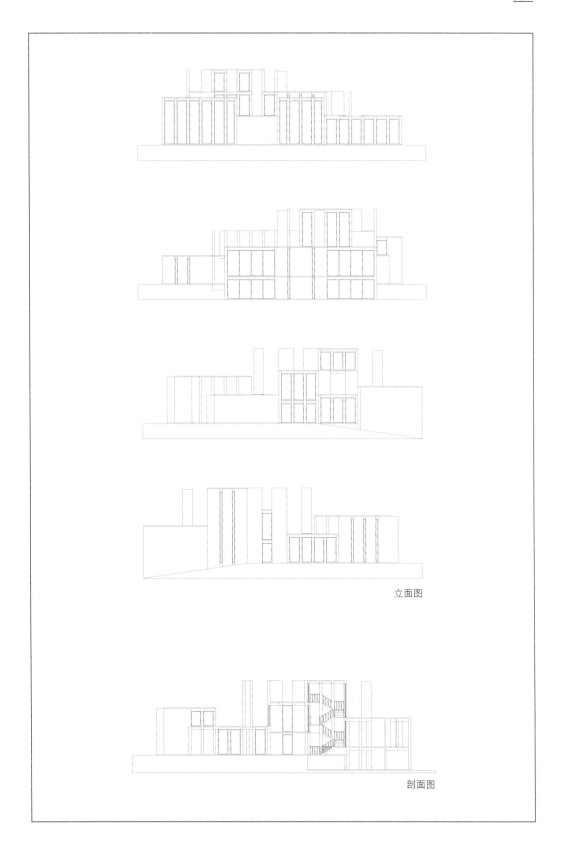

立面图

剖面图

# 52 克莱弗住宅
## Clever House

-----

设计时间：1957—1961
项目地点：美国新泽西州卡姆登县
建成情况：建成
项目性质：独栋住宅

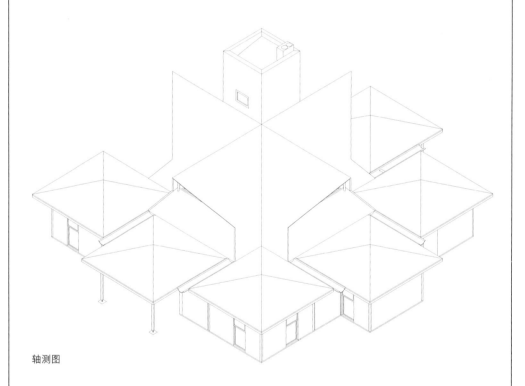

轴测图

在这个住宅中，康继续发展了他的空间单元的设计理念。从外观上看，一圈有着四坡顶的房间围合着一个大的十字坡顶房间，但从平面上看，内部的分隔并不十分清晰，而且内部的空间也并未严格按照对称来处理。虽然可以辨认出相同屋顶对应下的方形墙体的轮廓，但这些方形轮廓已被其上的门或洞口及柱子打碎，因而内部空间也变得活跃起来。

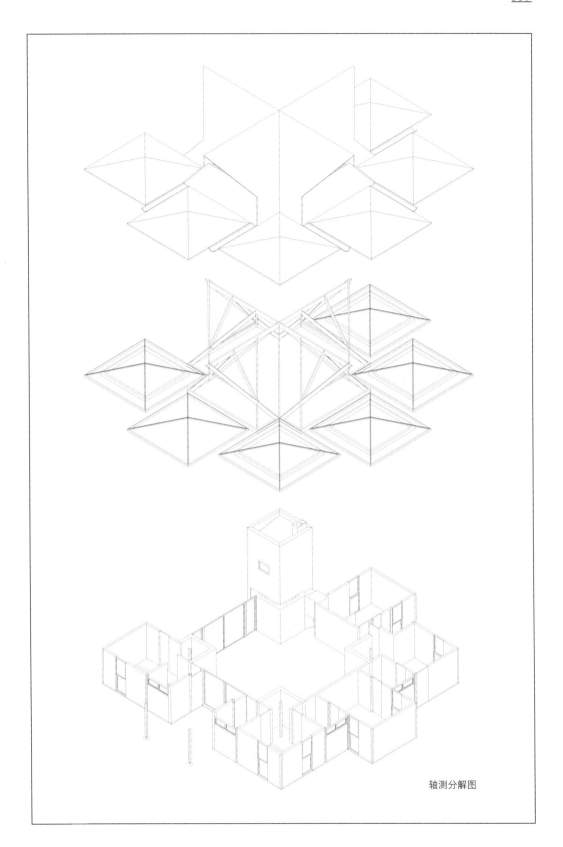

轴测分解图

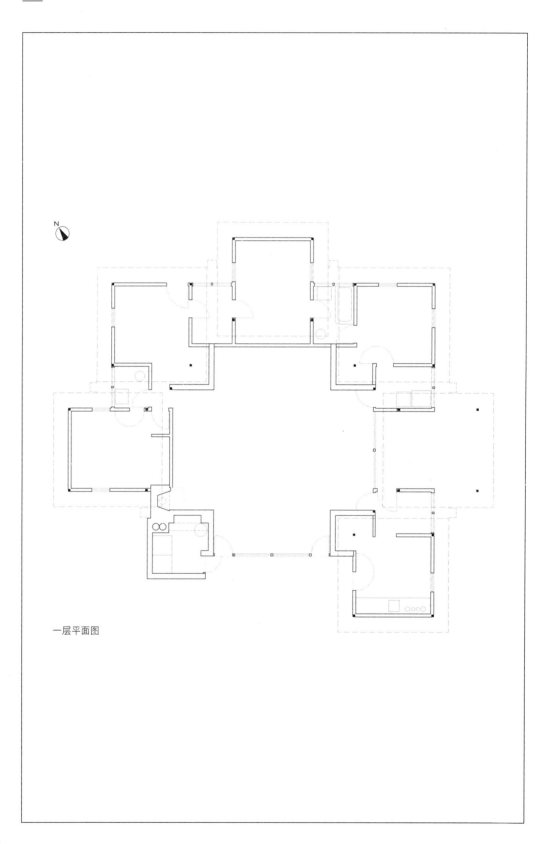

一层平面图

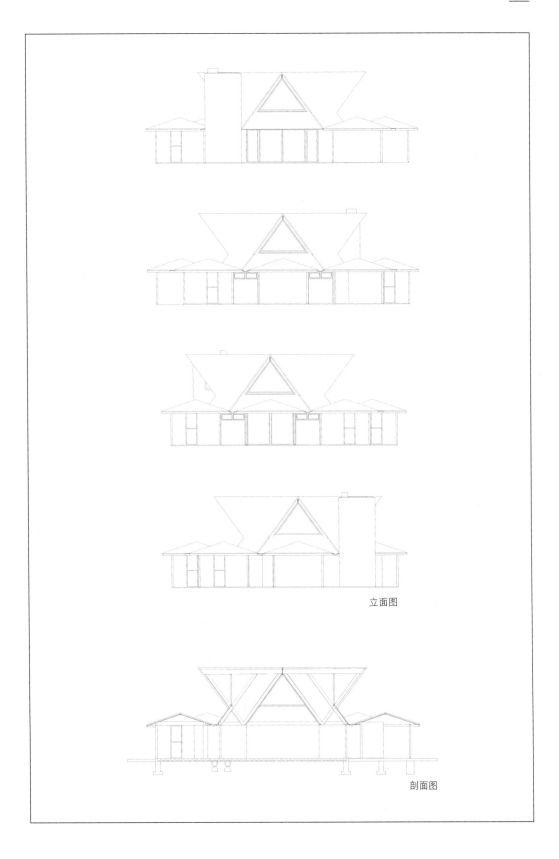

立面图

剖面图

# 53 理查德医学研究所和生物中心

## Alfred Newton Richards Medical Research Building and Biological Building

-----

设计时间：1957—1965
项目地点：美国宾夕法尼亚州费城
建成情况：建成
项目性质：研究所

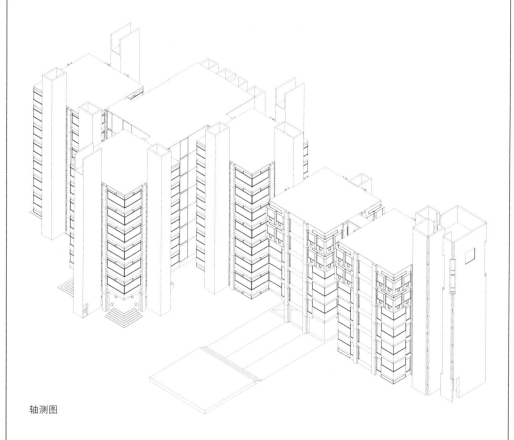

轴测图

同住宅建筑设计一样，康在大型公共建筑中也尝试着对空间性质进行区分。一开始康并未找到在公共建筑中的使用空间单元的实际意义，但在这个建筑中，空间单元的意义被服务空间与被服务空间这一组概念强化了。空间单元的意义不同，而且各司其职。康试图把每个部分都处理好，从而形成建筑的整体形式与内在逻辑。

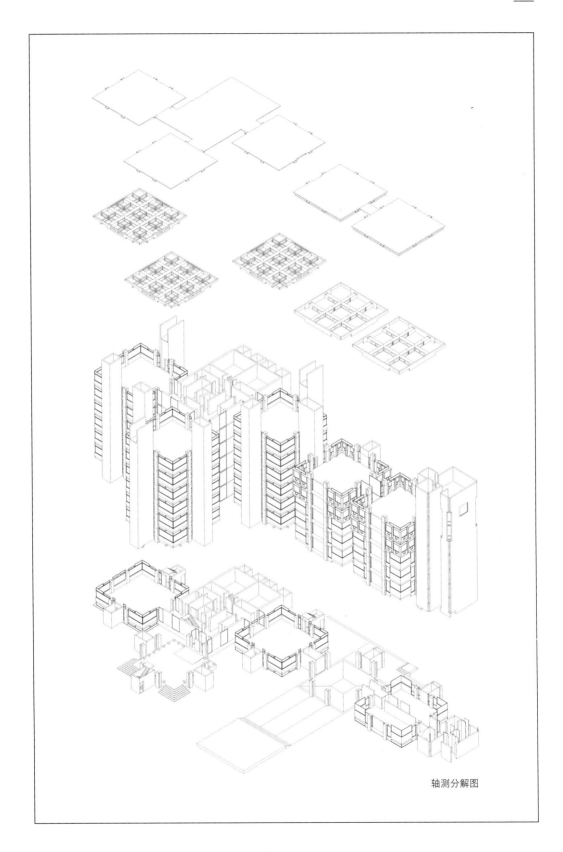

轴测分解图

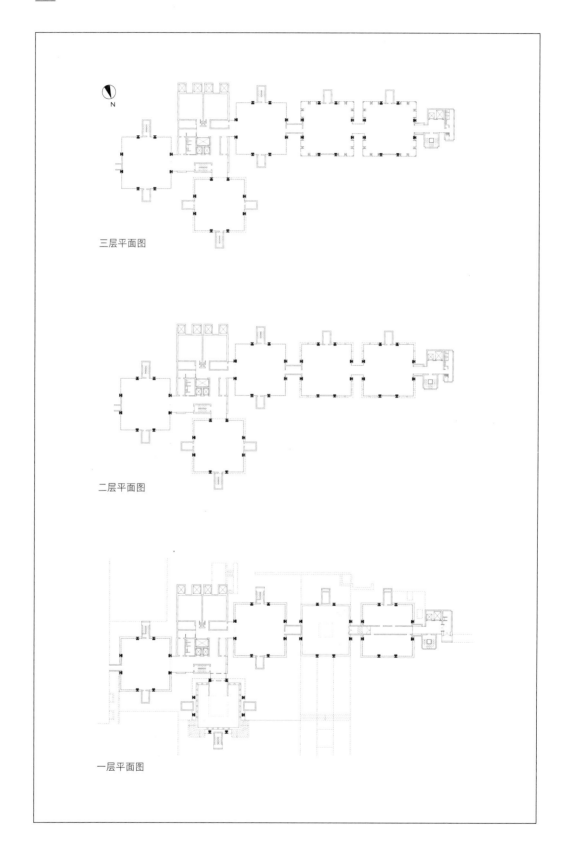

三层平面图

二层平面图

一层平面图

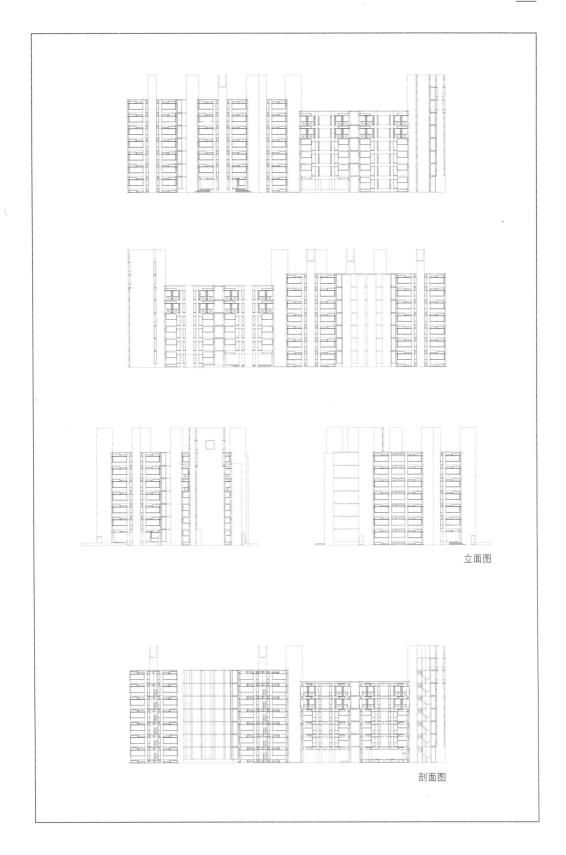

立面图

剖面图

# 54 《论坛回顾》报社大楼

Tribune Review Press

-----

设计时间：1958—1961

项目地点：美国宾夕法尼亚州威斯特摩兰县

建成情况：建成

项目性质：办公楼

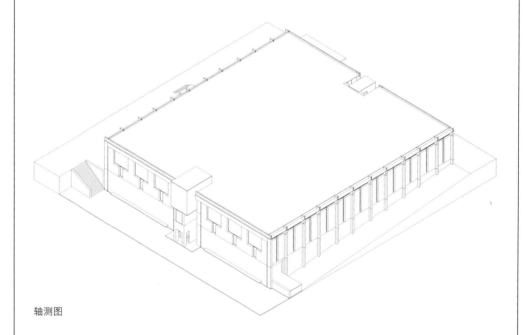

轴测图

《论坛回顾》报社大楼的空间划分从整体上看与康之前的很多项目都一样，中间的窄条作为交通与辅助用房的空间，两侧的大空间作为办公区，并没有特殊之处。该建筑的特色在于对立面的考虑以及对节点的微妙表达。窗被分成采光和通风两种用途，梁在出头的地方被强调出来，这些都让这个建筑的立面显得较为独特。

轴测分解图

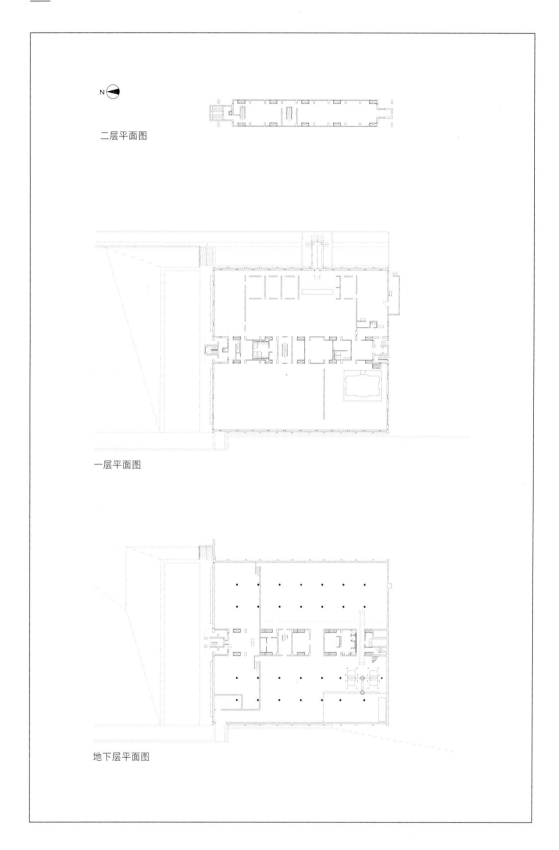

N

二层平面图

一层平面图

地下层平面图

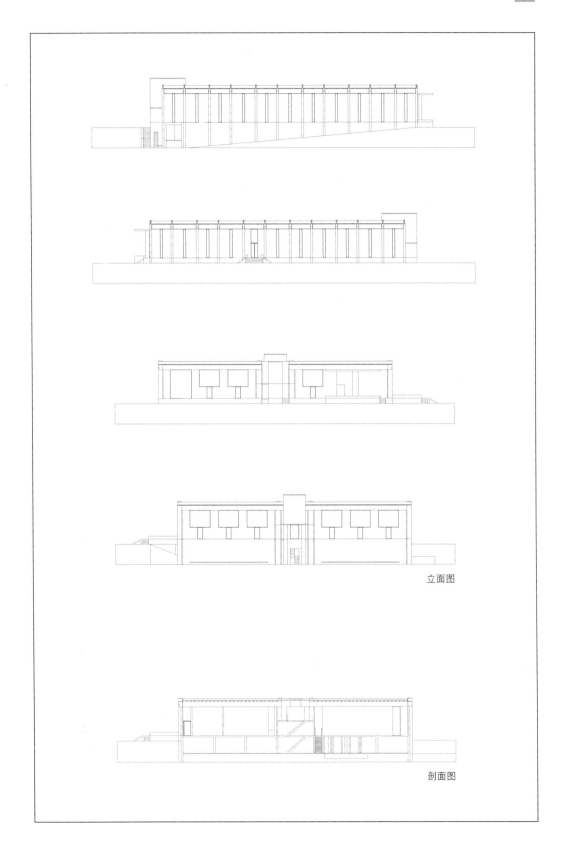

立面图

剖面图

# 55 第一唯一神教堂与主日学校

## First Unitarian Church and School

-----

设计时间：1958—1969
项目地点：美国纽约州罗切斯特市
建成情况：建成
项目性质：宗教建筑

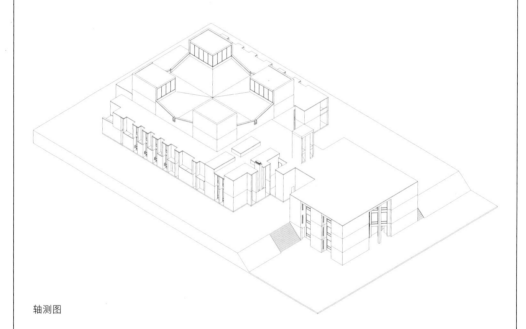

轴测图

在这个项目中，康投入了很多思考，包括如何生成该建筑的概念，如何调节光线，如何处理家具与建筑的关系等。而对具有教堂与学校这一复合功能的建筑来说，重要的是找到两者的空间特质与内在关联，并把两者组织起来。对教堂来讲，重要的是集会堂——大空间，而对学校来讲重要的是教室——小空间。因此，小空间依附于大空间的形式便成了这个建筑独特形式的由来。

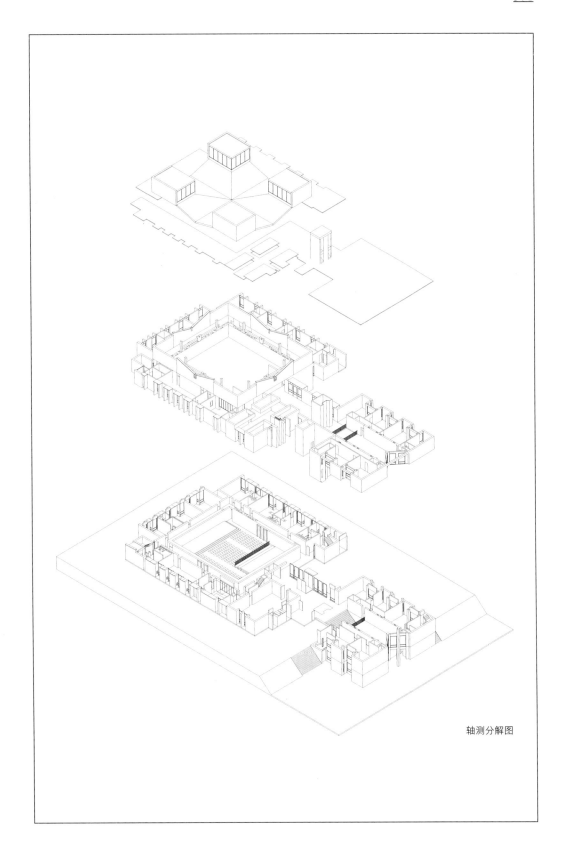

轴测分解图

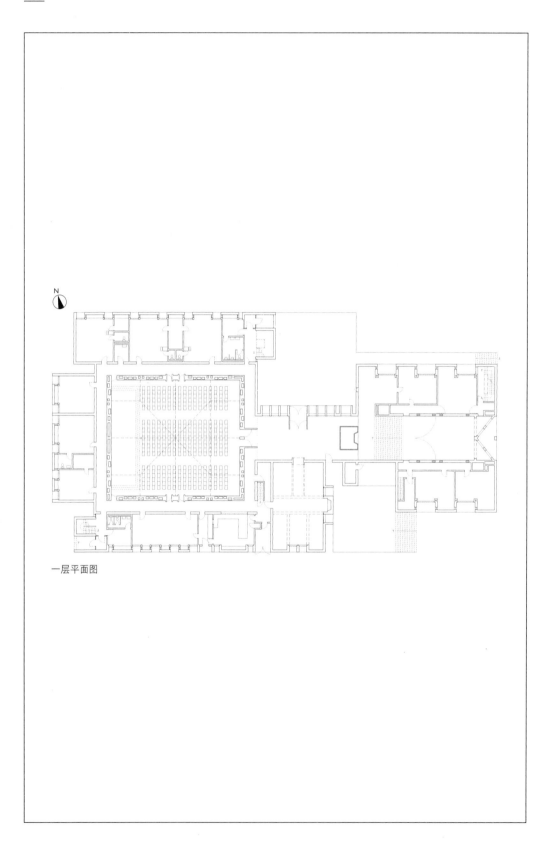

一层平面图

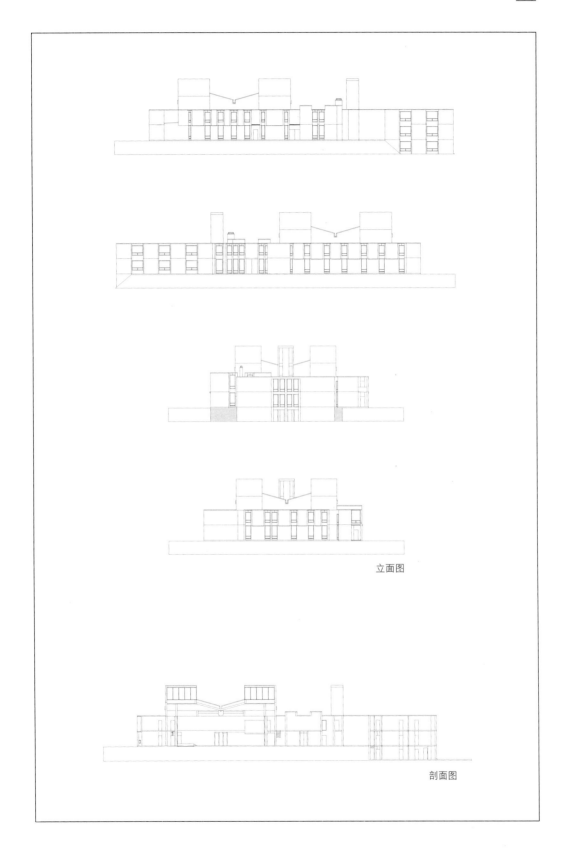

立面图

剖面图

# 56 盖斯曼住宅

Geisman Residence

-----

设计时间：1959
项目地点：不详
建成情况：未建成
项目性质：独栋住宅

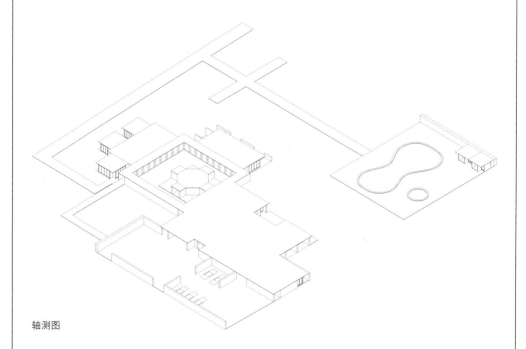

轴测图

该方案只有一张平面草图。从内部空间的划分上看，与之前的项目有所不同的是，在组织方形空间的时候，康用到了多种空间单元的形式。康的空间单元一般以方形为主，但是在方形框架下的变体有很多。这个项目就是将很多种围合方形的形式糅合在了一起。

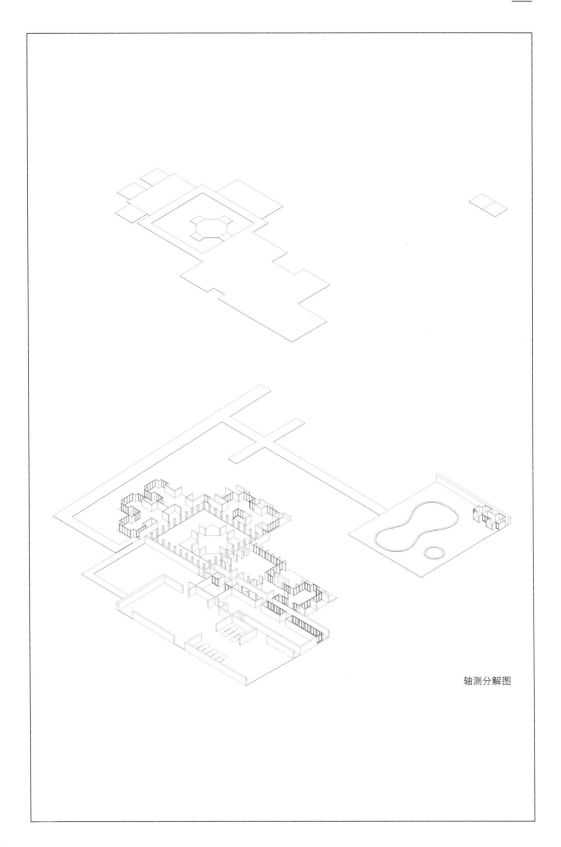

轴测分解图

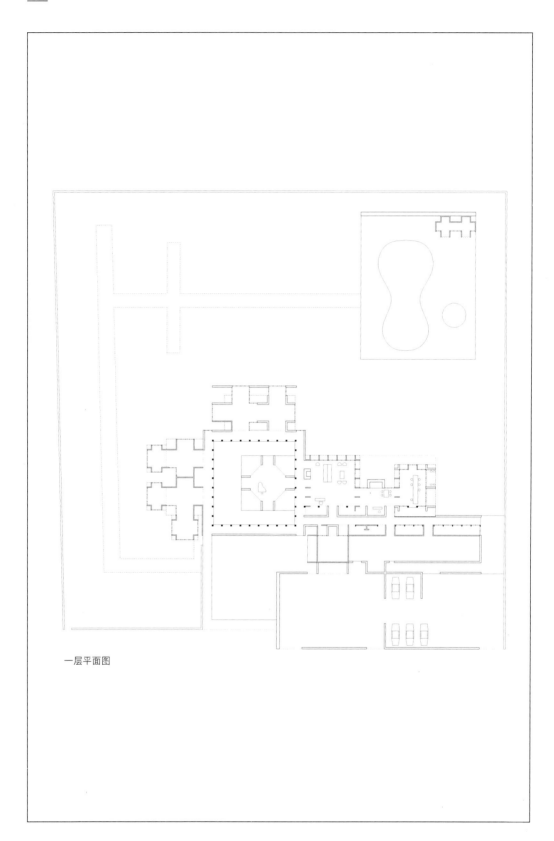

一层平面图

立面图

# 57 戈登堡住宅

## Goldenberg House

-----

设计时间：1959
项目地点：美国宾夕法尼亚州蒙哥马利县
建成情况：未建成
项目性质：独栋住宅

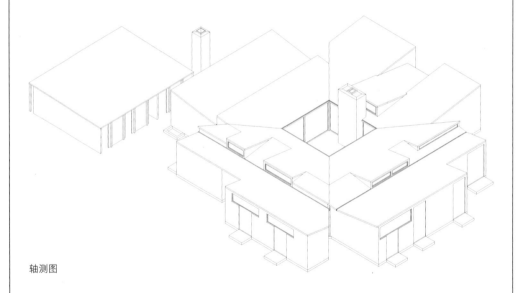

轴测图

在这个方案中，早期住宅项目中的折板屋顶、强调空间单元之后的建筑中心空间，以及类似于《论坛回顾》报社大楼中的开窗形式都出现了。而从建筑的形体上看，康通过坡屋顶的转折变化实现了所有房间的自然采光，由此可见他对房间的独立性的强调。

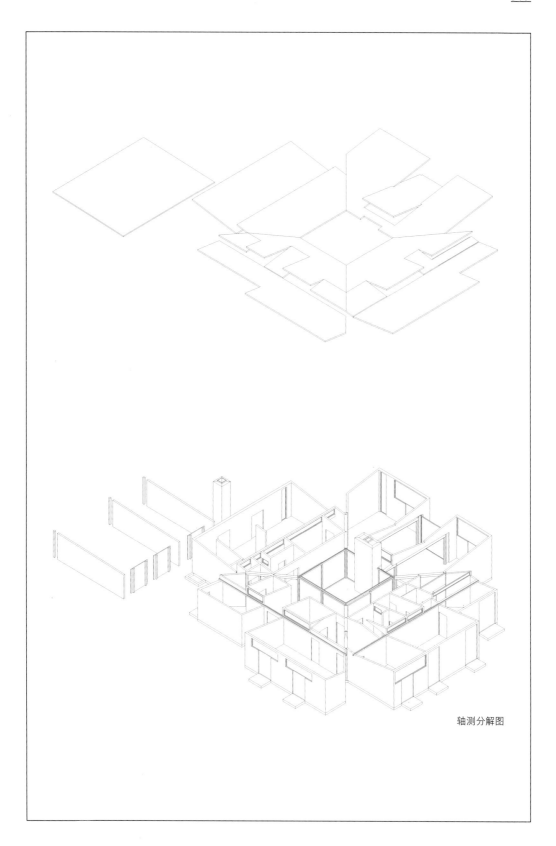

轴测分解图

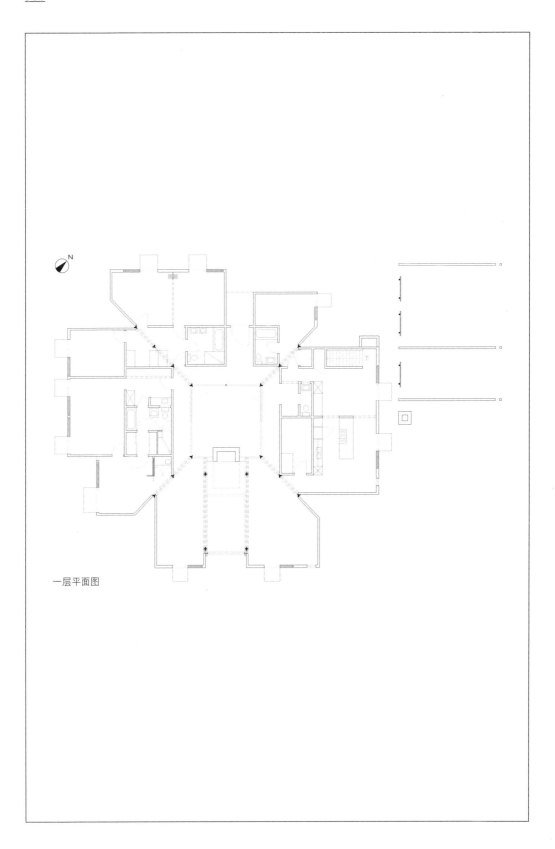

一层平面图

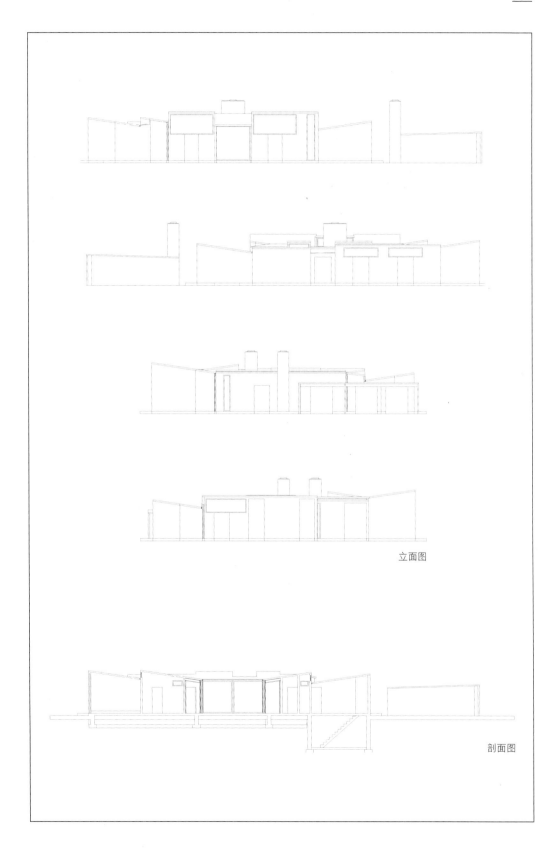

剖面图

# 58 弗莱舍住宅
## Fleisher House

-----

设计时间：1959
项目地点：美国宾夕法尼亚州蒙哥马利县
建成情况：未建成
项目性质：独栋住宅

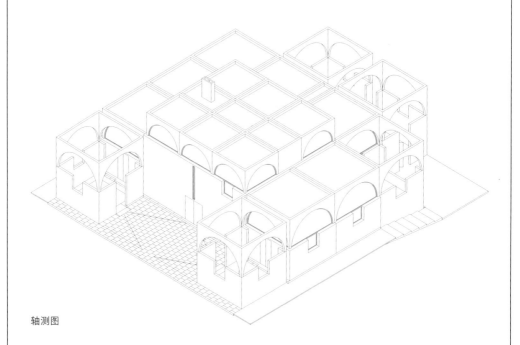

轴测图

弗莱舍住宅在立面上使用了较为显眼的拱形玻璃窗，建筑中每个方形空间单元都被拱形玻璃窗强调了出来。平面布局较之前的方形空间单元组成的布局更为紧凑，并在建筑内部形成了一个"十"字形中心空间。而在端部的几个墙体较薄、无顶的空间单元也从另一方面强调了构成建筑的空间单元的独立性。

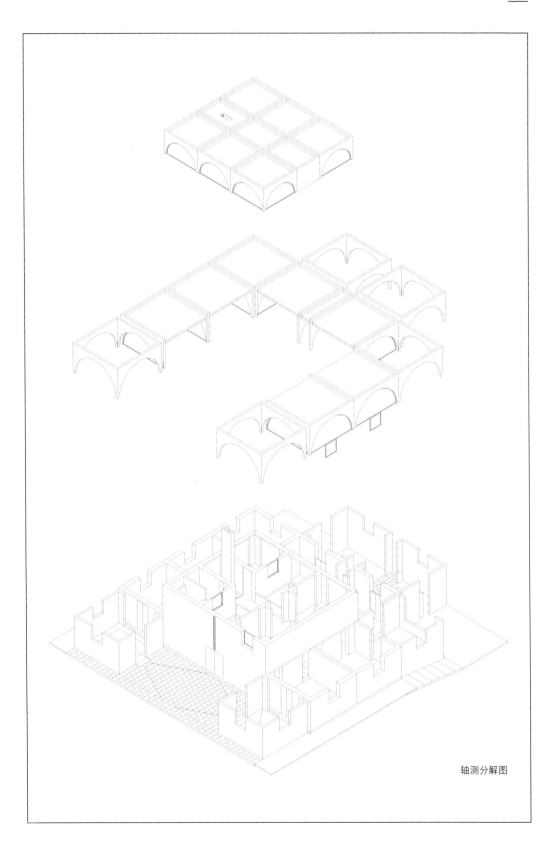

轴测分解图

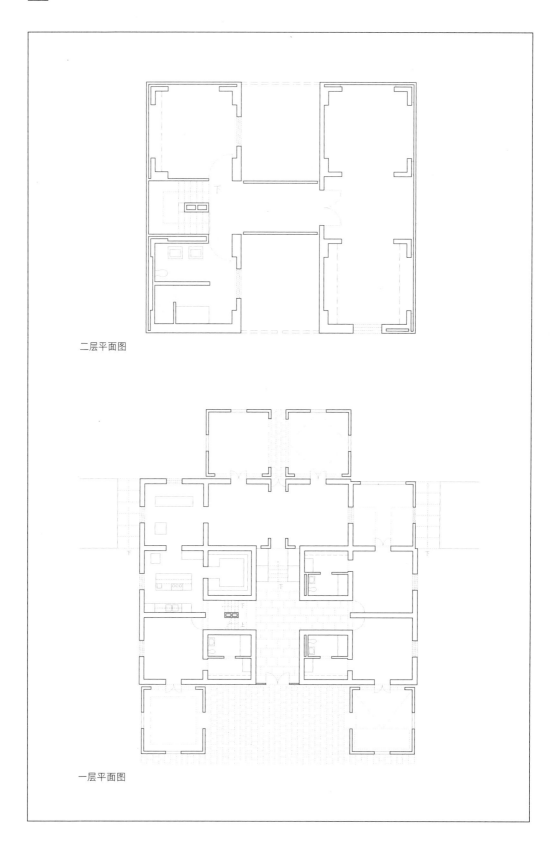

二层平面图

一层平面图

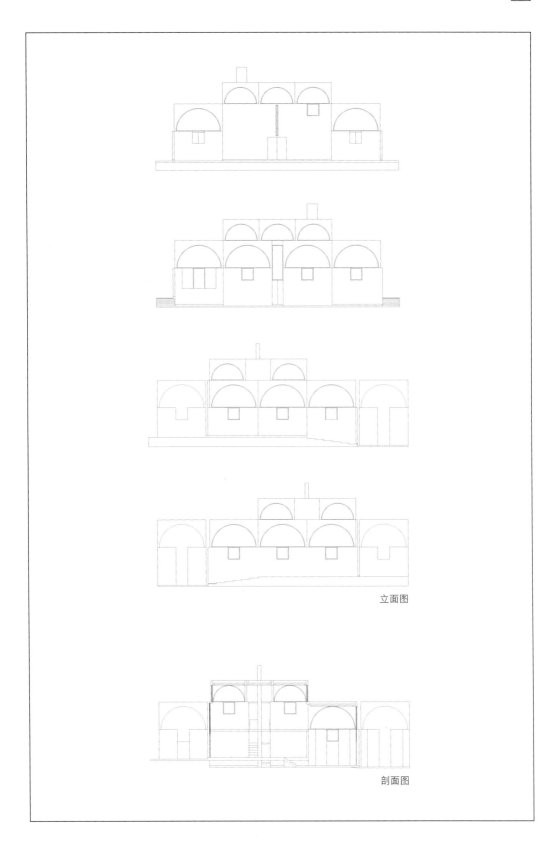

立面图

剖面图

# 59 埃西里克住宅

## Esherick House

-----

设计时间：1959—1961
项目地点：美国宾夕法尼亚州费城
建成情况：建成
项目性质：独栋住宅

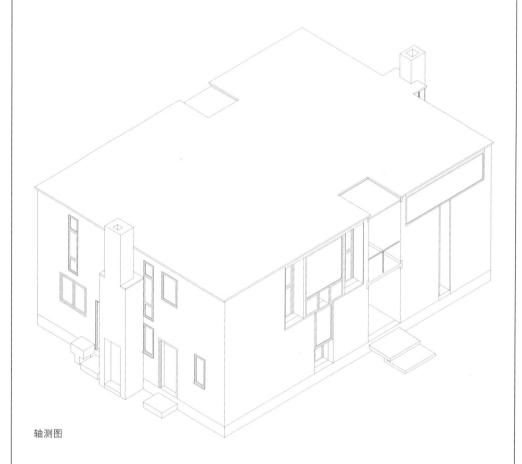

轴测图

在这个住宅方案中，康对空间单元的强调开始变弱了。除了立面上有些之前建筑中常见的元素——如大窗采光、小窗通风的组合窗等，整体的空间安排仍旧为早期设计中常见的形式：中部楼梯、两侧大空间区分起居室、餐厅以及二层为卧室的形式。在这个方案中，康将设计重点转到了立面上，为了满足不同的采光和通风需求，建筑上出现了多种窗户的组合。

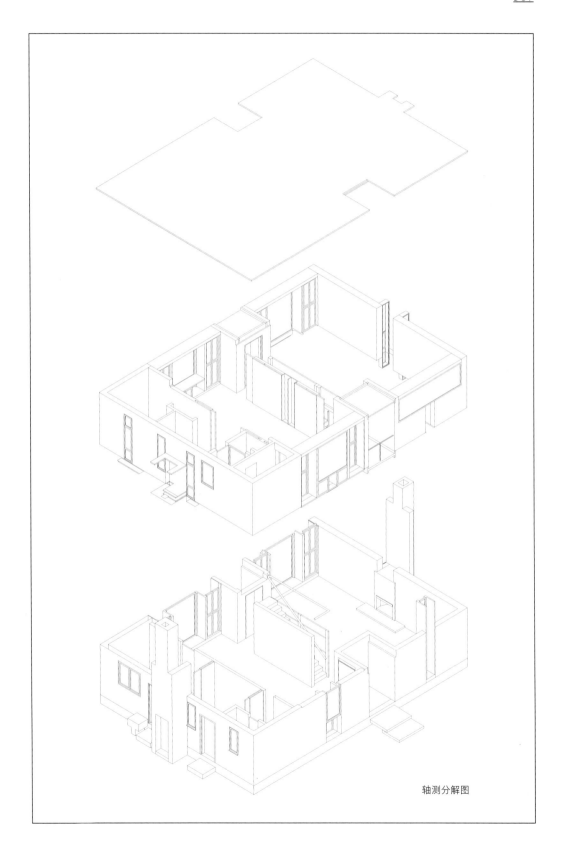

轴测分解图

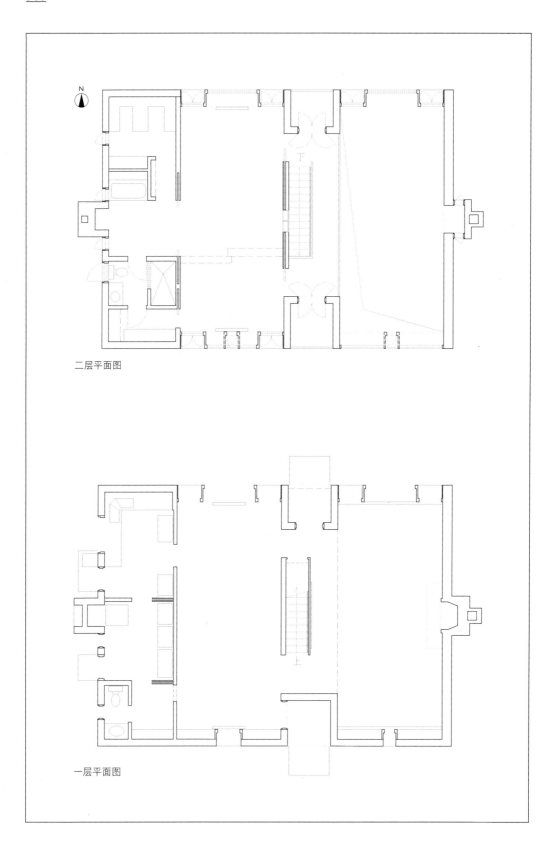

二层平面图

一层平面图

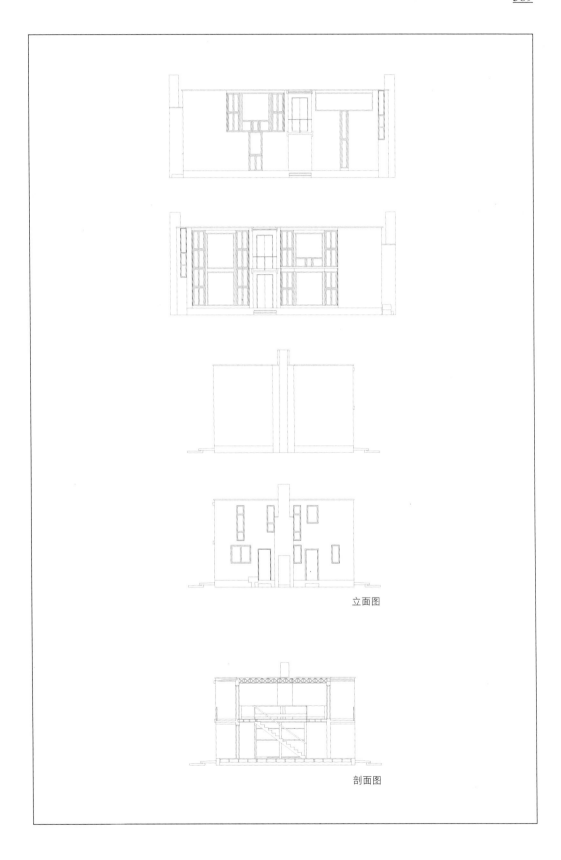

立面图

剖面图

# 60 美国领事馆办公楼

## United States Consulate and Residence—Chancellery

-----

设计时间：1959—1962
项目地点：美国安哥拉卢旺达市
建成情况：未建成
项目性质：办公楼

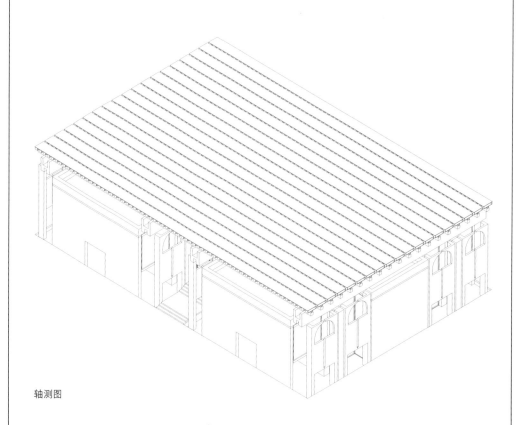

轴测图

（描述详见 61 号项目）

轴测分解图

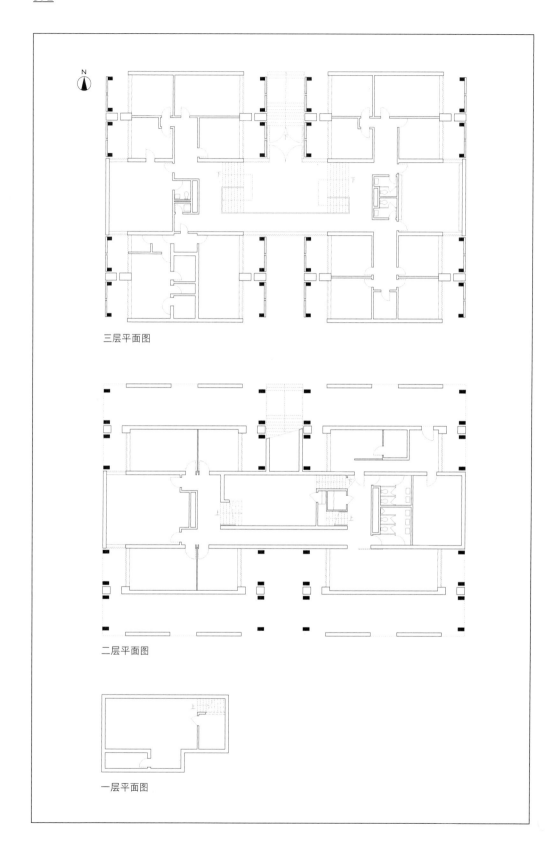

三层平面图

二层平面图

一层平面图

立面图

剖面图

# 61

## 美国领事馆宿舍楼

United States Consulate and Residence—Staff Residence

-----

设计时间：1959—1962
项目地点：美国安哥拉卢旺达市
建成情况：未建成
项目性质：员工宿舍

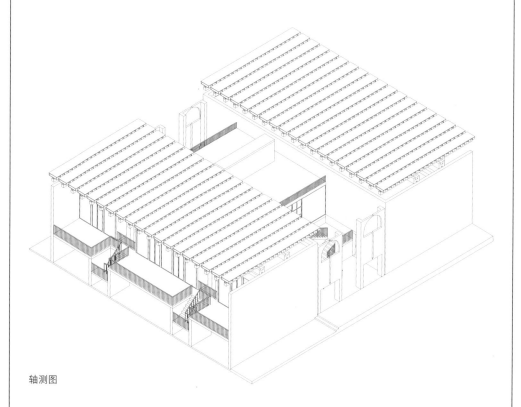

轴测图

卢旺达气候炎热，光照强烈，康在美国领事馆办公楼、宿舍楼这两个建筑中主要考虑的是光照对视线的影响以及屋顶遮阳的处理，他甚至设计了双层屋顶：遮阳架与遮雨顶。在立面上的考虑也是如此，有一层带外窗的外墙，还有一层调节光线、与建筑脱开的外墙。康采用建筑的手法，而不是依靠窗帘或是设备等进行遮阳与调节光线，由此产生的建筑形式也不同于一般的建筑。

轴测分解图

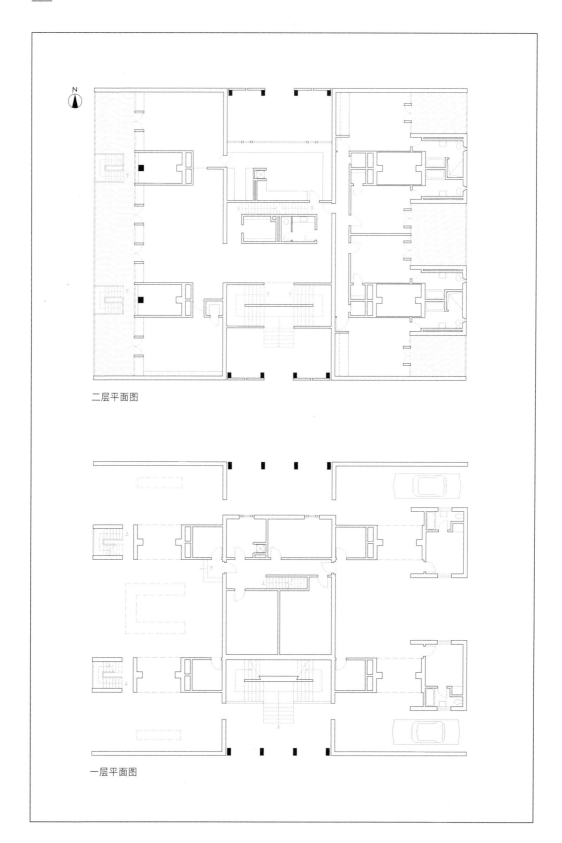

二层平面图

一层平面图

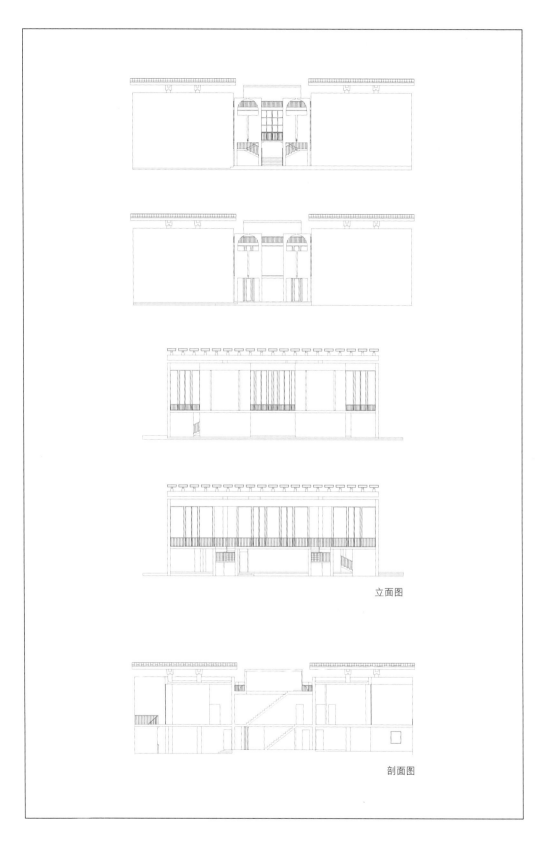

立面图

剖面图

# 62 索尔克生物研究所实验室

## Salk Institute for Biology Studies—The Laboratories

-----

设计时间：1959—1965
项目地点：美国加利福尼亚州圣地亚哥市
建成情况：建成
项目性质：研究所

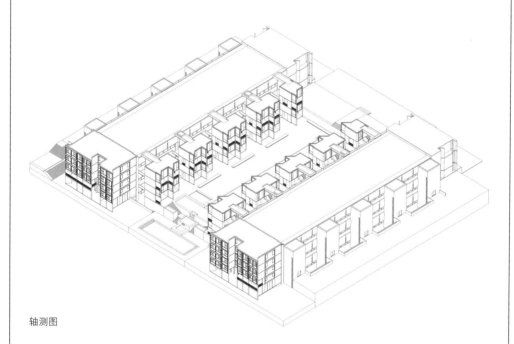

轴测图

这个位于海滨的 4 层建筑几乎每层的层高都不一样，但在轴线的强调下，这种区别被弱化了。按照康的设想，本来要在中间硬质地面的广场上种很多白杨树，其中的轴线变成一条通向大海的小径。而被康请来为设计提些建议的路易斯·巴拉甘觉得做成一个石头的广场会更好。康和索尔克博士都非常认同这个想法。

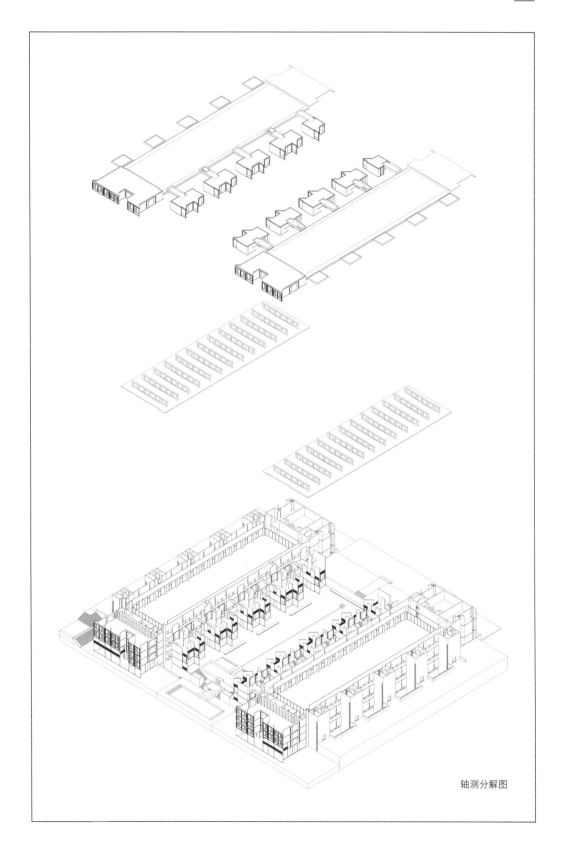

轴测分解图

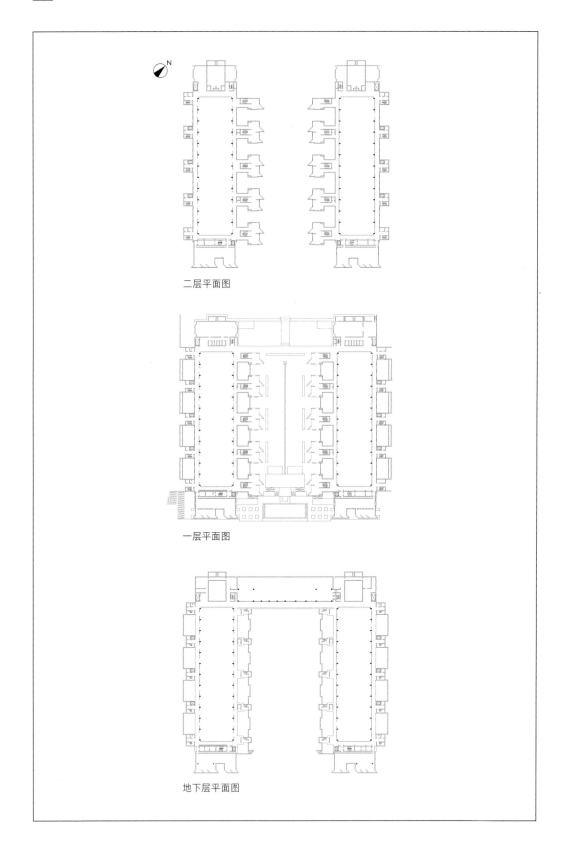

二层平面图

一层平面图

地下层平面图

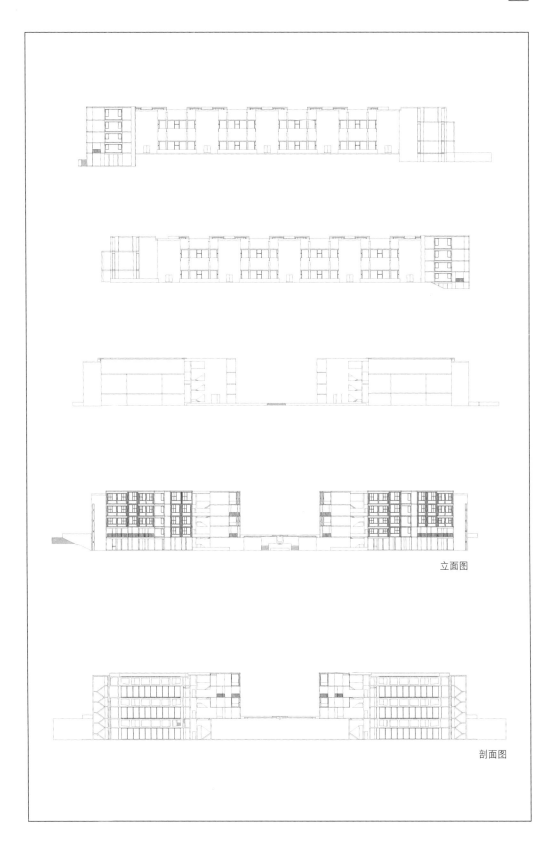

立面图

剖面图

# 63

# 索尔克生物研究所住宅区

Salk Institute for Biology Studies—The Living Space

-----

设计时间：1959—1965
项目地点：美国加利福尼亚州圣地亚哥市
建成情况：未建成
项目性质：员工宿舍

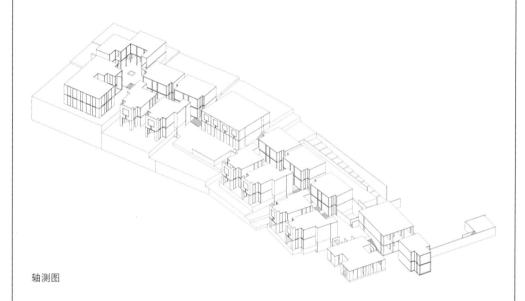

轴测图

住宅区依山而建，层次丰富，整体走势略呈弧形。项目是由二层的小住宅组成的住宅群。立面上的开窗形式沿用了康之前的一些设计语言，而住宅单元的形式也有很多变化。

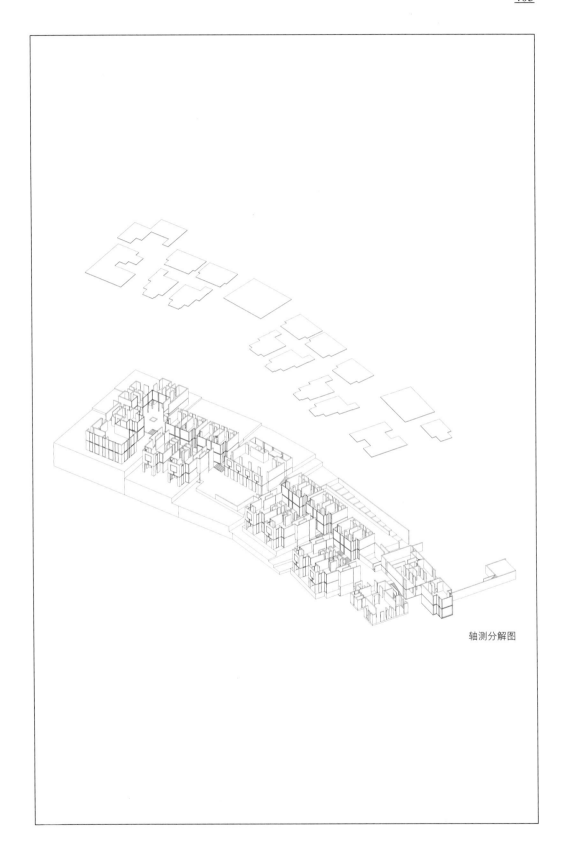

轴测分解图

N

一层平面图

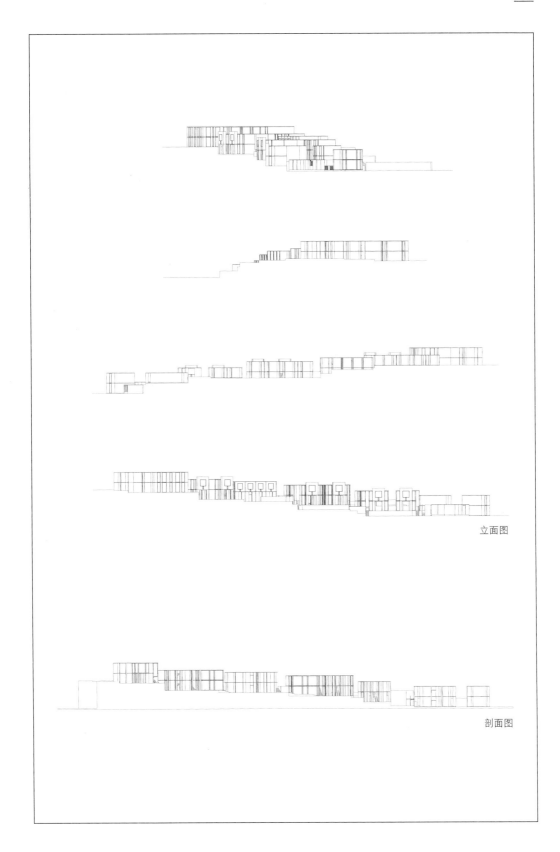

立面图

剖面图

# 64 索尔克生物研究所会议中心
## Salk Institute for Biology Studies—The Meeting Space

-----

设计时间：1959—1965
项目地点：美国加利福尼亚州圣地亚哥市
建成情况：未建成
项目性质：会展建筑

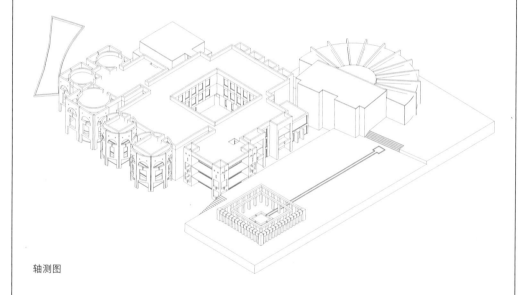

轴测图

从外形上看，该建筑是由不同的方形与圆形的空间单元围绕一个中庭组成的，在构成上类似于早期的盖斯曼住宅所表达的关系。由于使用了双层墙体的做法，最外围的墙体脱开主体之后，可能让康产生了"废墟"的联想。康在"废墟"的概念里找到了建筑新的意义。如他所说："一个变成了废墟的建筑再一次摆脱了功能的束缚。"

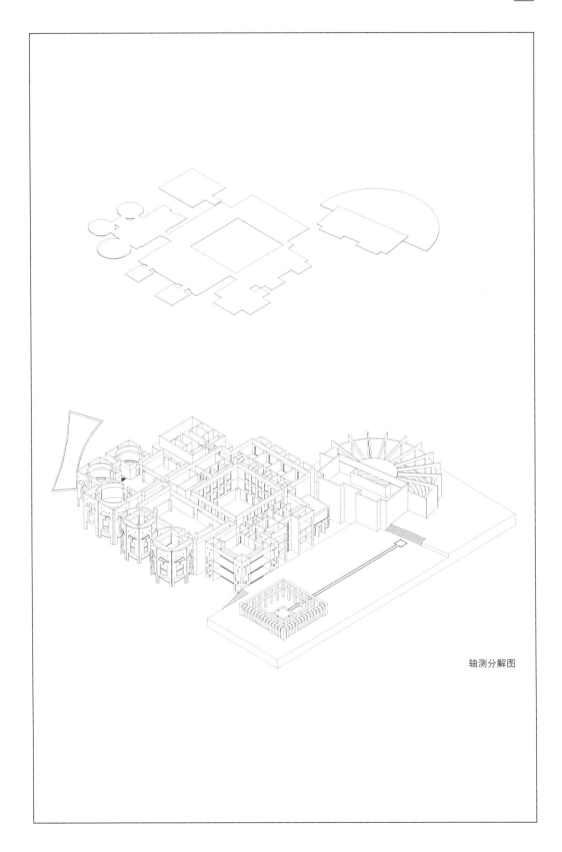

轴测分解图

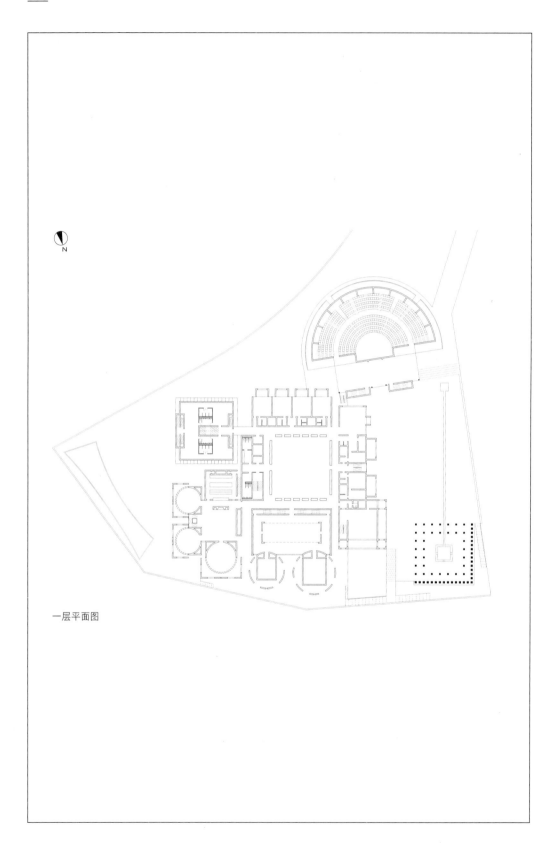

一层平面图

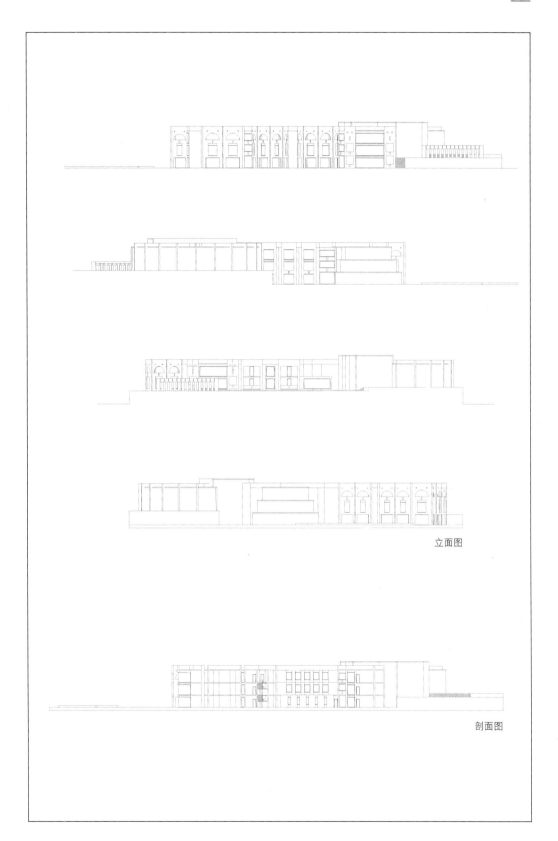

立面图

剖面图

# 65

## 夏皮罗住宅

### Shapiro House

-----

设计时间：1959—1973
项目地点：美国宾夕法尼亚州蒙哥马利县
建成情况：建成
项目性质：独栋住宅

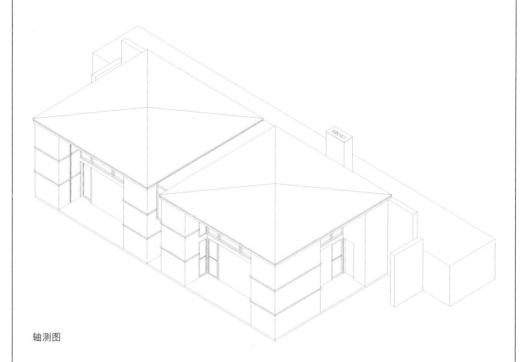

轴测图

这个住宅的第一版方案是一个与三角形和六边形有关的设计，但是非常规的斜向的墙体使结构与屋顶部分的造价过高，因而没能实现。在第二版方案中，康做了两个对称的亭子，一层是起居室和餐厅，二层是卧室和书房，中间设置直跑楼梯。由于建筑靠在一块坡地上，在建筑的后方可以直接从二层到达室外。

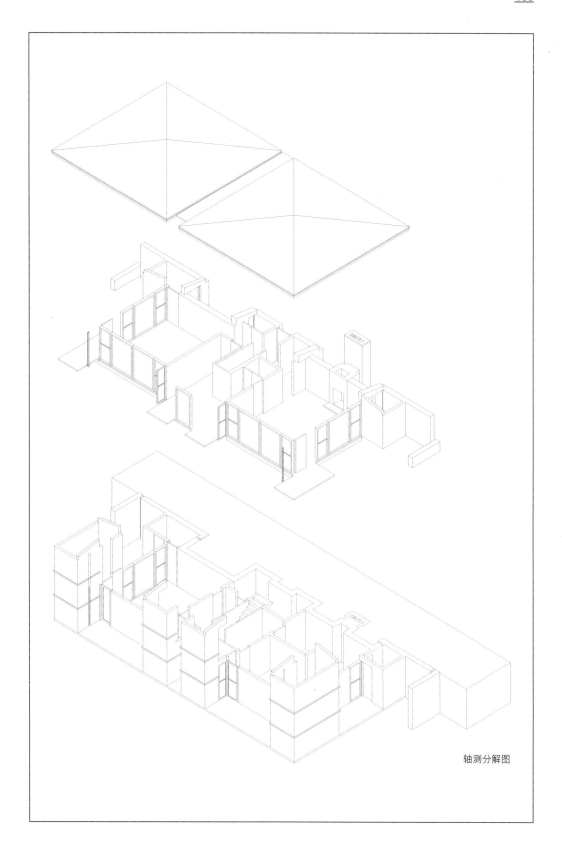

轴测分解图

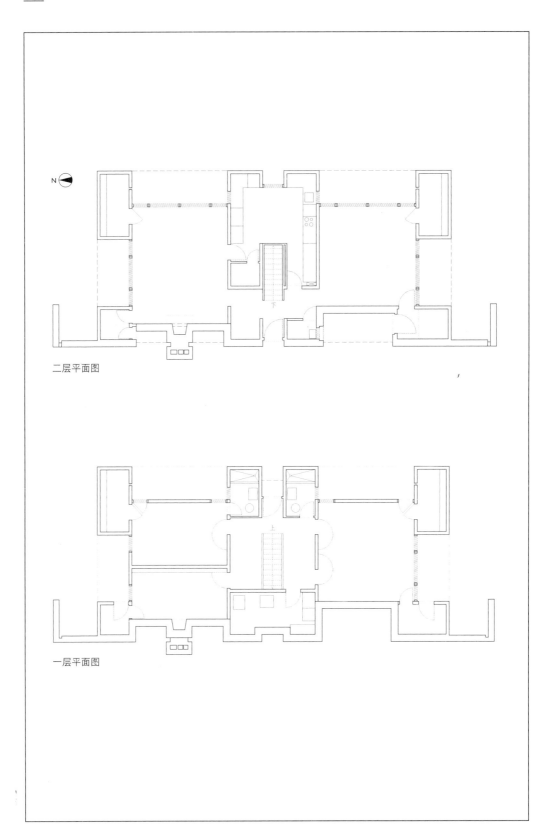

二层平面图

一层平面图

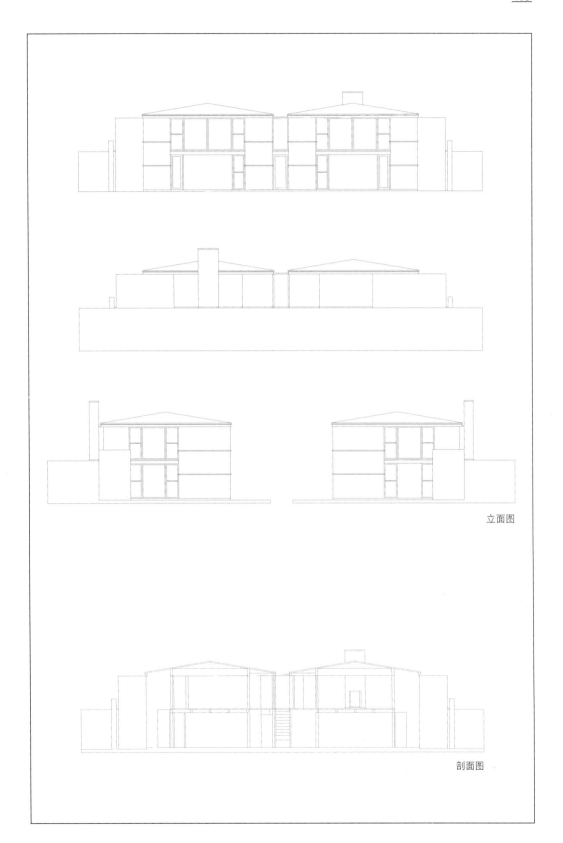

立面图

剖面图

# 66 布里斯托尔镇市政大楼

Bristol Township Municipal Building

-----

设计时间：1960—1961
项目地点：美国宾夕法尼亚州巴克斯县
建成情况：未建成
项目性质：办公楼

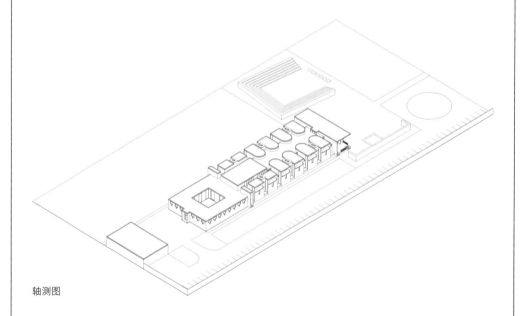

轴测图

康在接到这个项目的委托的时候，还在同时进行一些较为出名的项目，如犹太社区中心和索尔克生物研究所等。该方案中的对称轴和中庭可能也与索尔克生物研究所实验室方案有关。在西北角设置的长条形停车位旁的墙体暗示着康曾试图对远处的高速公路进行的隔音处理。

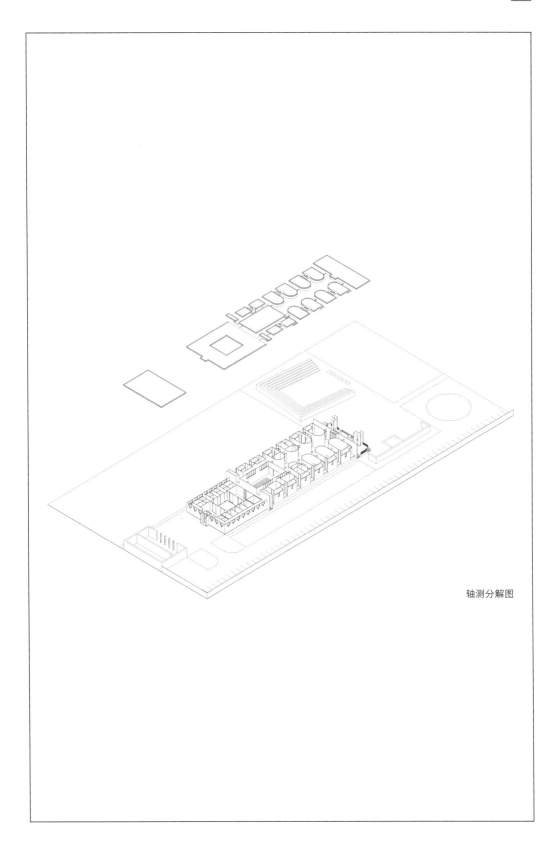

轴测分解图

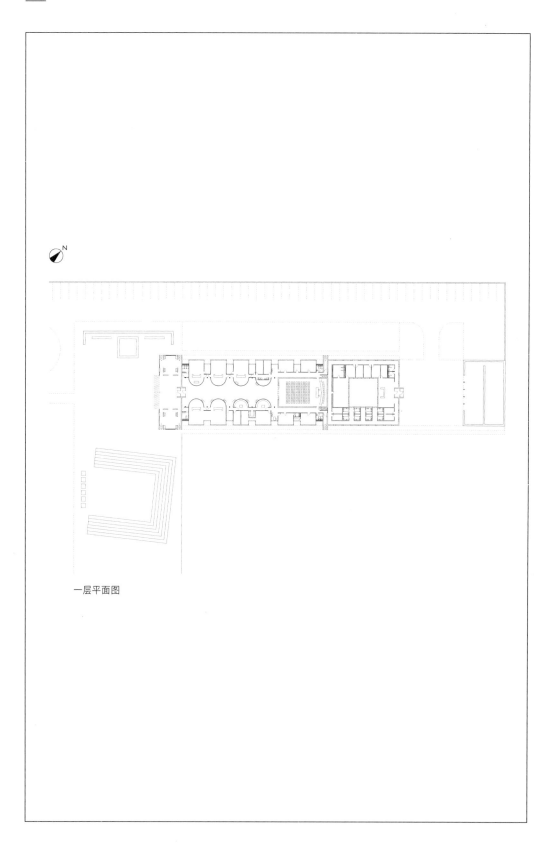

一层平面图

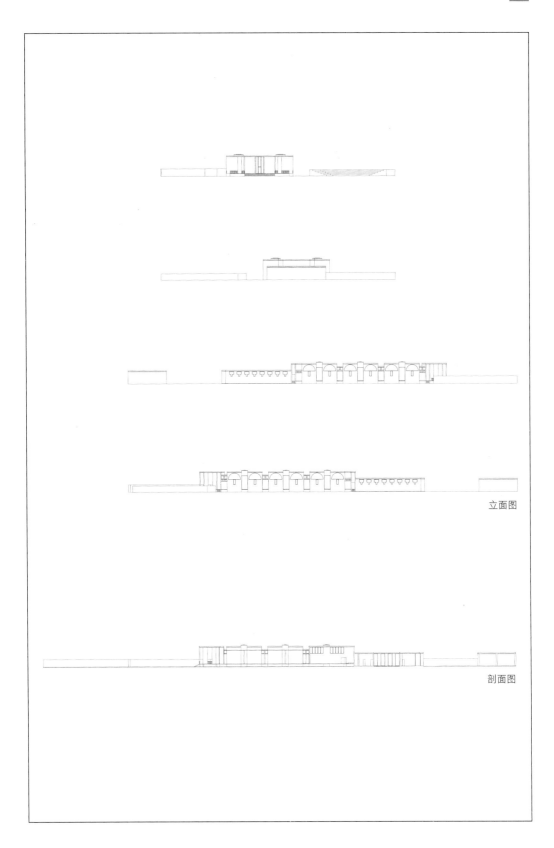

立面图

剖面图

# 67 布林莫尔学院宿舍楼

## Bryn Mawr College Dormitory

-----

设计时间：1960—1964

项目地点：美国宾夕法尼亚州费城

建成情况：建成

项目性质：学生宿舍

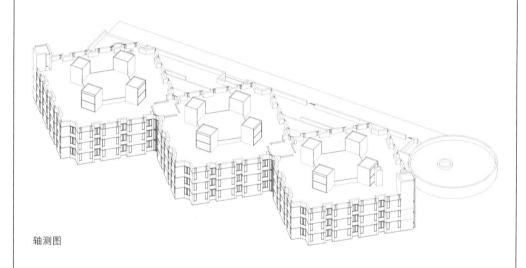

轴测图

在这个建筑中，康与安妮·婷拿出了两个截然不同的方案。与之前的结构单元重复叠加生成建筑的做法一样，安妮·婷的设计一直沿着这条线索在发展。而康此时对古典轴线的兴趣使他在此项目中通过将三个正方形体量扭转 45°，再让三个体量转角相接形成整体建筑，形成了一种新的古典秩序。正方体的正面是没有轴线的，而旋转 45°后的正方体在立面上出现了中间棱，这个棱便如同轴线一样引导着视线，这是康的一次具有创新意义的发现。

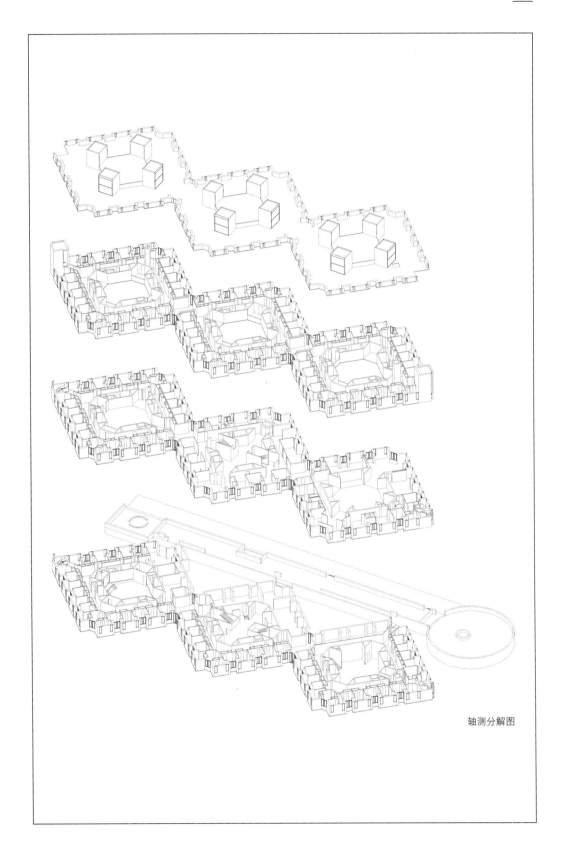

轴测分解图

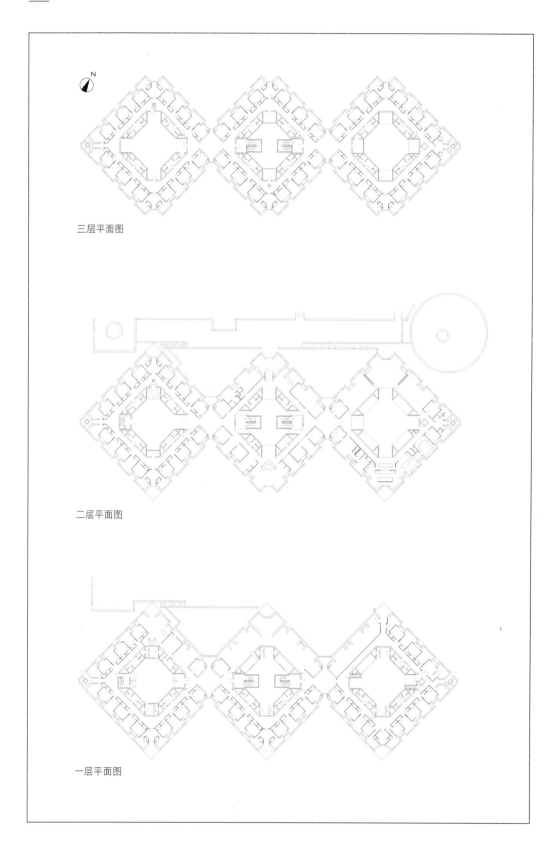

三层平面图

二层平面图

一层平面图

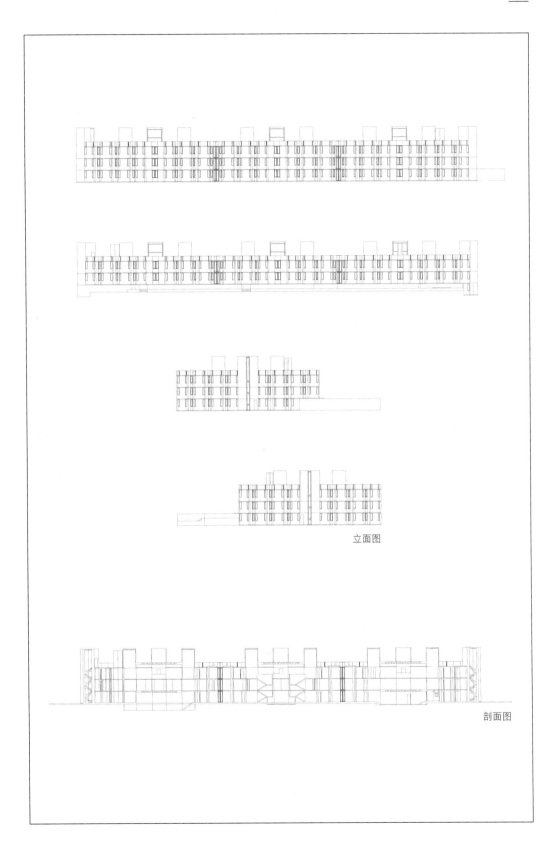

立面图

剖面图

# 68 费舍住宅

## Fisher House

-----

设计时间：1960—1969

项目地点：美国宾夕法尼亚州蒙哥马利县

建成情况：建成

项目性质：独栋住宅

轴测图

住宅中明显的功能分区是康在很多年住宅设计的实践中表达的一种价值取向，而在这个建筑中，这两个功能分区——起居室和卧室以转角和面相接产生了联系。这种功能分区方式不同于康在早期项目中通过楼层实现功能分区，也不同于后来他在几何化住宅建筑实践中的拼合连接方式。壁炉的形态是一段近似半圆的曲线，加上材质的区分，在空间中较为引人注目。

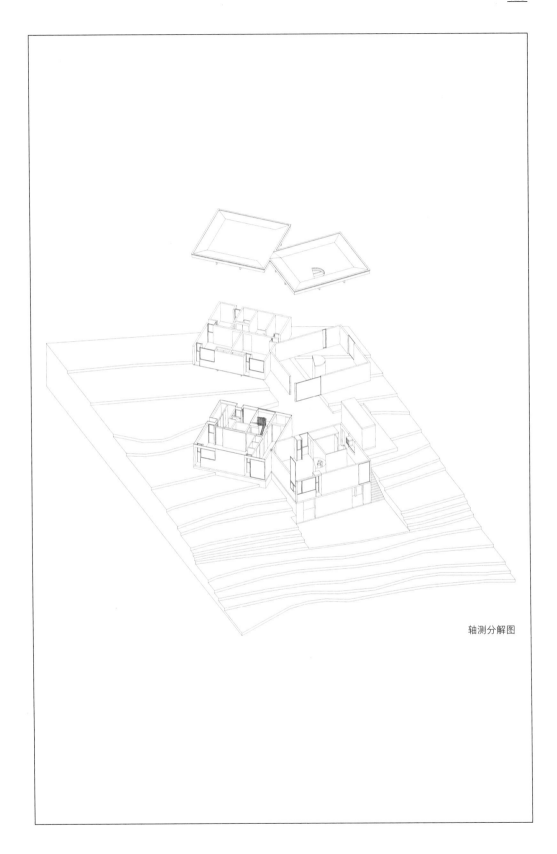

轴测分解图

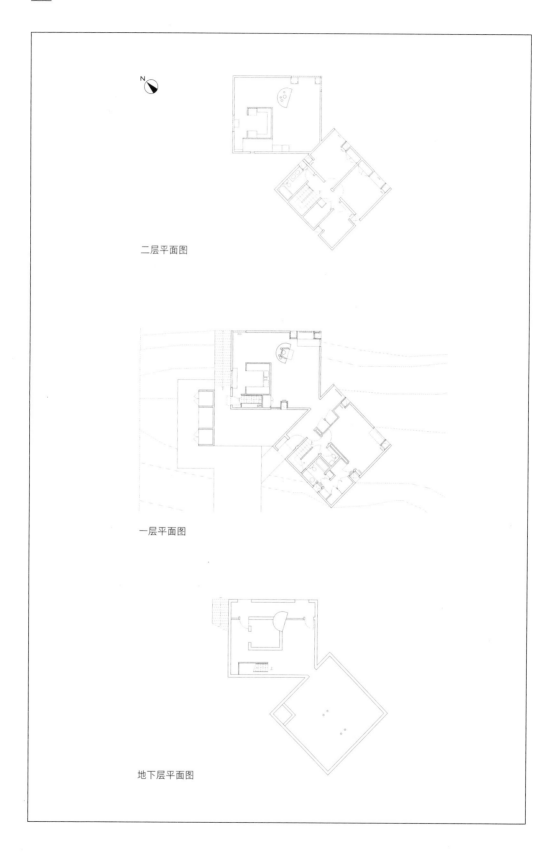

二层平面图

一层平面图

地下层平面图

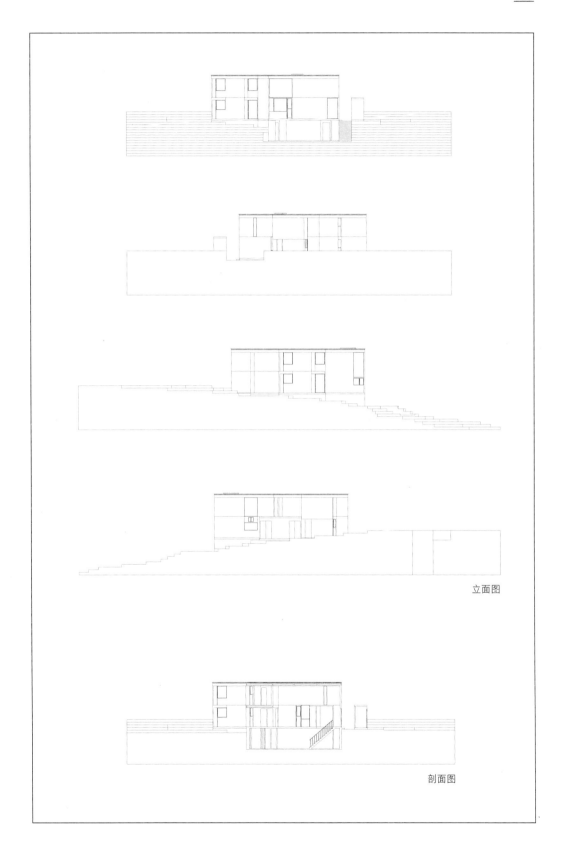

立面图

剖面图

# 69 卡庞隆登仓库和办公室

## Carborundum Company Warehouses and Offices

-----

设计时间：1961
项目地点：美国佐治亚州迪卡尔布县
建成情况：未建成
项目性质：办公楼

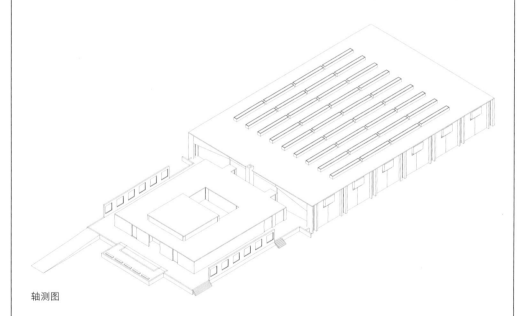

轴测图

该方案有两个版本，本书收录的是在《路易斯·康：全集 935—1947》（*Louis I. Kahn: Complete Work 1935—1947*）上资料较为详细的版本。两个版本的主要区别是梁和屋顶的形式，这版的梁具有拱形的特征，而另一版则是反拱形。建筑的主要部分为仓库和办公室。从图上看，两个部分能比较清楚地区分出来，带有大跨结构的空间即为仓库部分。

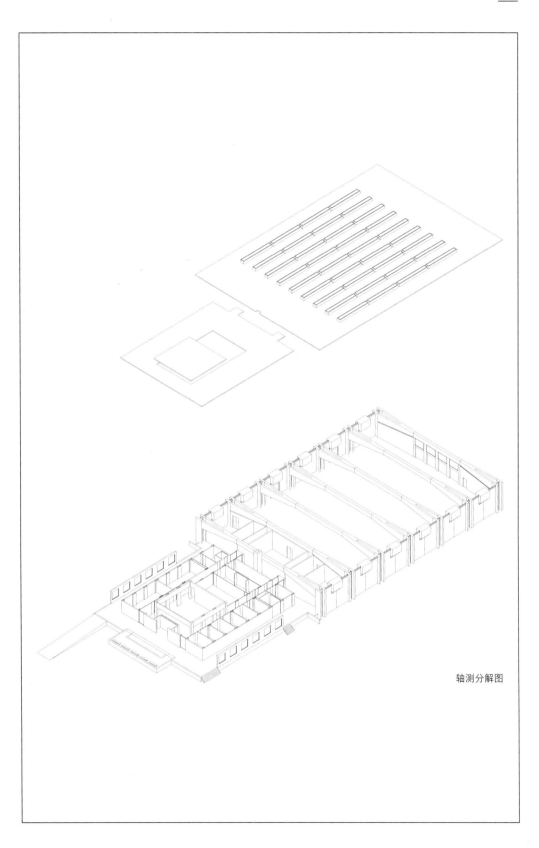

轴测分解图

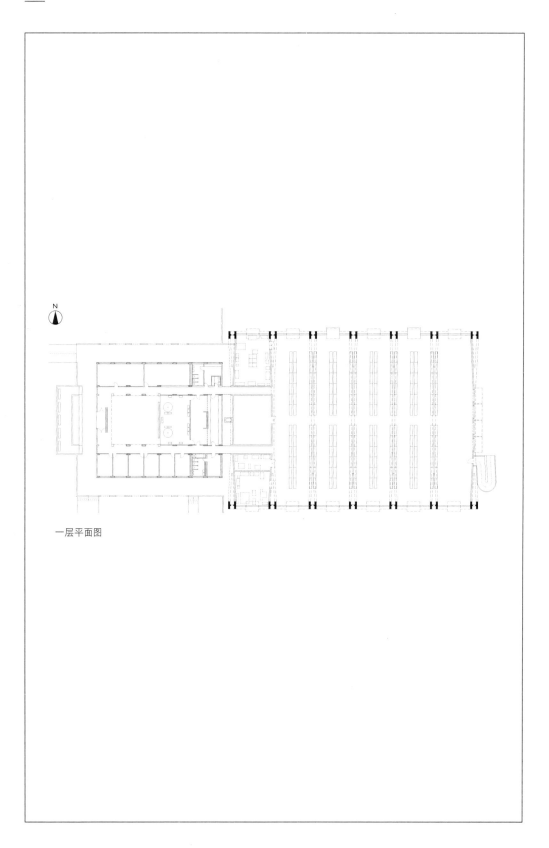

一层平面图

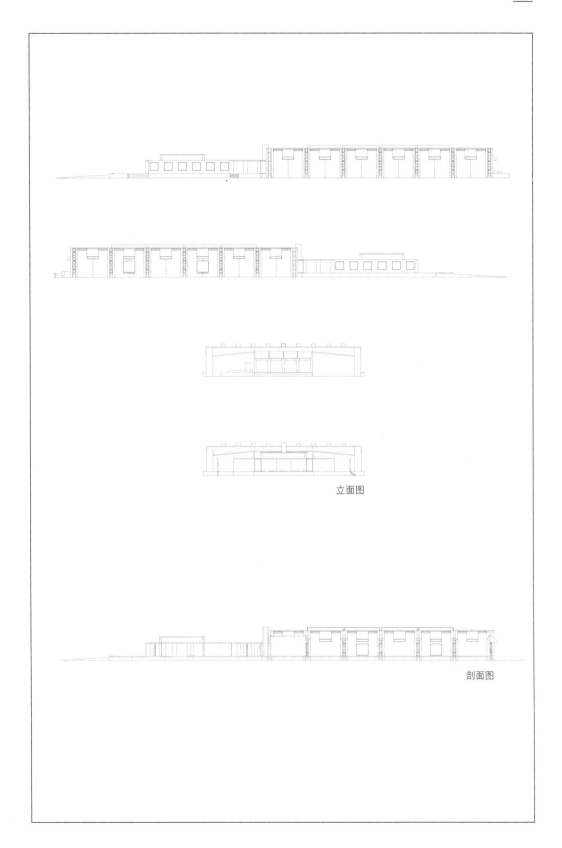

立面图

剖面图

# 70 密克维以色列犹太会堂
## Congregation Mikveh Israel

-----

设计时间：1961—1972
项目地点：美国宾夕法尼亚州费城
建成情况：未建成
项目性质：宗教建筑

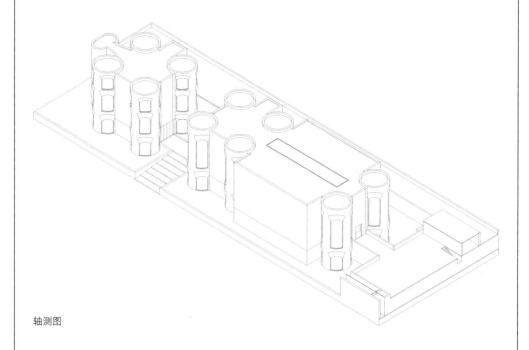

轴测图

在这个项目中，康在转角的地方设置了相同的圆柱，使建筑本身有一种较强的防御感，也从另一个侧面表达了康对城堡建筑形式的着迷。圆柱本身是空的，可以从外部接收光线，而大厅内部变成了建筑内部的外部，在整体构图上对"十"字的强调也暗示了建筑本身教堂的属性。

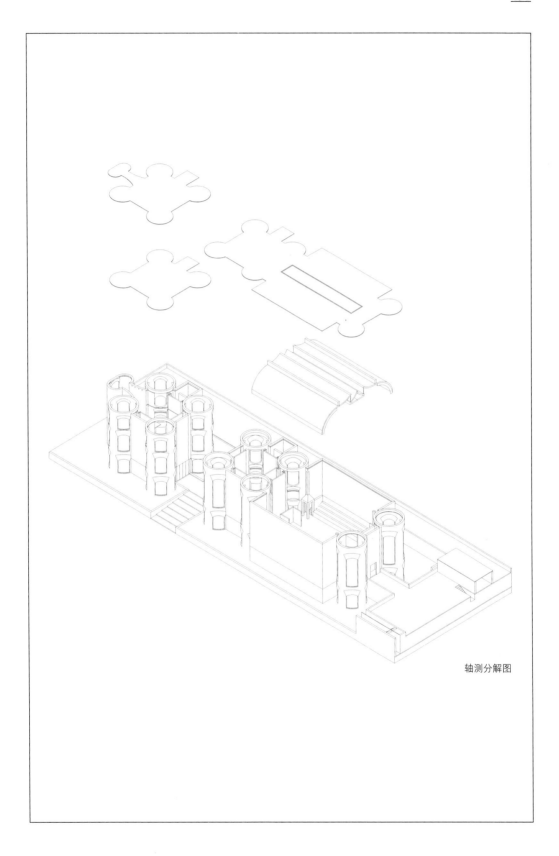

轴测分解图

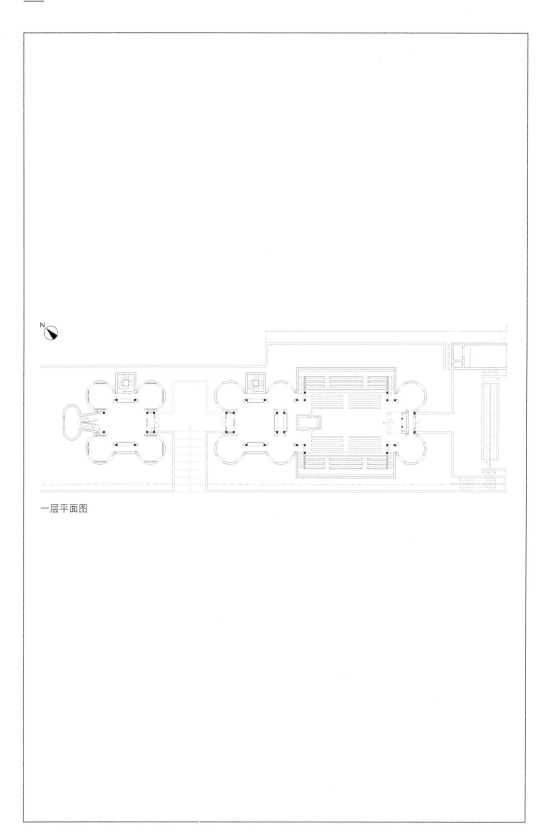

一层平面图

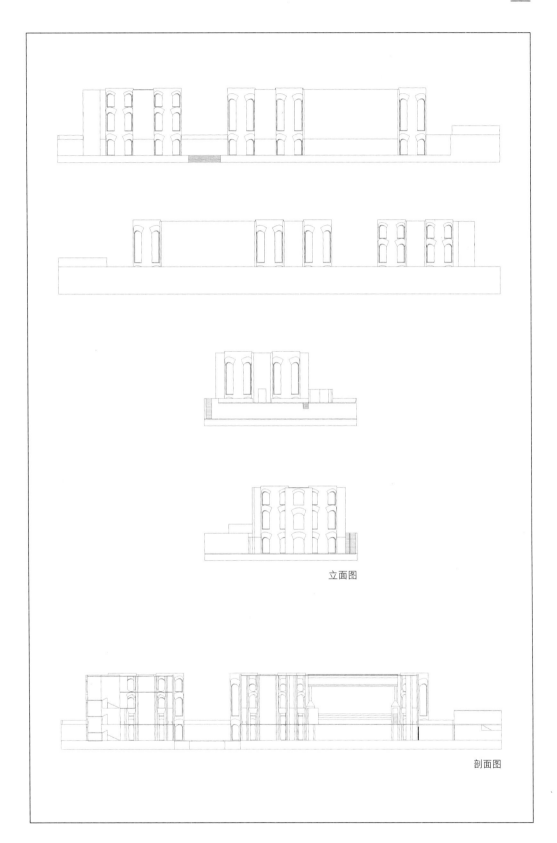

立面图

剖面图

# 71 福特韦恩艺术中心—学校

## Fine Arts Center—School of Art

-----

设计时间：1961—1973
项目地点：美国印第安纳州福特韦恩市
建成情况：未建成
项目性质：学校

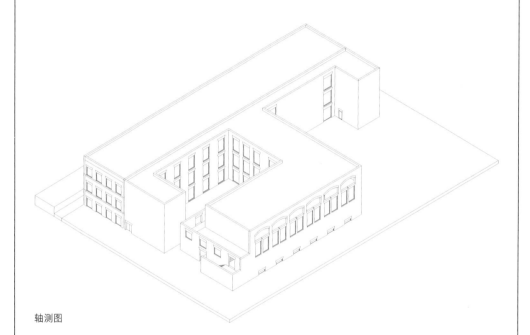

轴测图

这个学校是该项目众多建筑中的一个。康为这个项目画了很多草图，为总平面的规划做了很多几何分割，试图找出一种合适的整体关系，用到的图形基本上也是圆形和方形，再利用45°斜线作为构成的手段。但由于造价的原因，委托方并不想要整体的建筑群，而康也表明了可以降低造价但不想破坏整体设计的意愿。单独看这个学校的建筑形式，与将其放在整体中的感受是完全不同的。

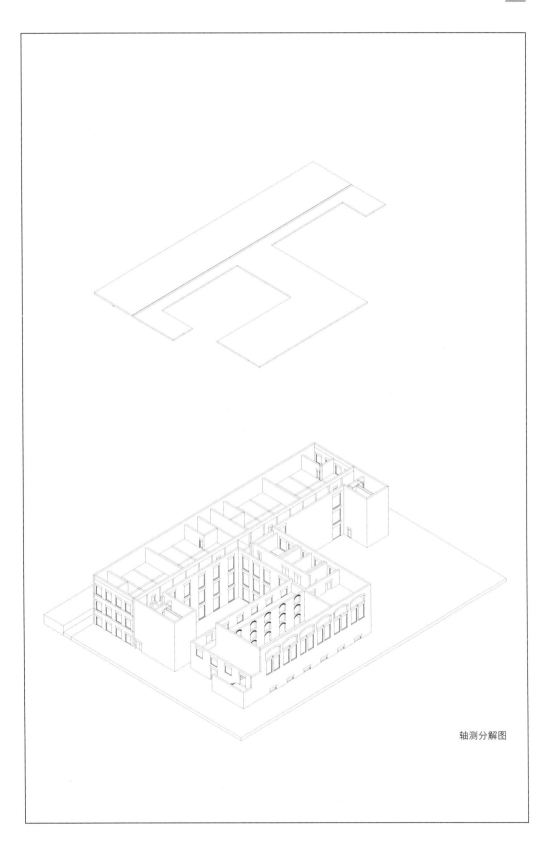

轴测分解图

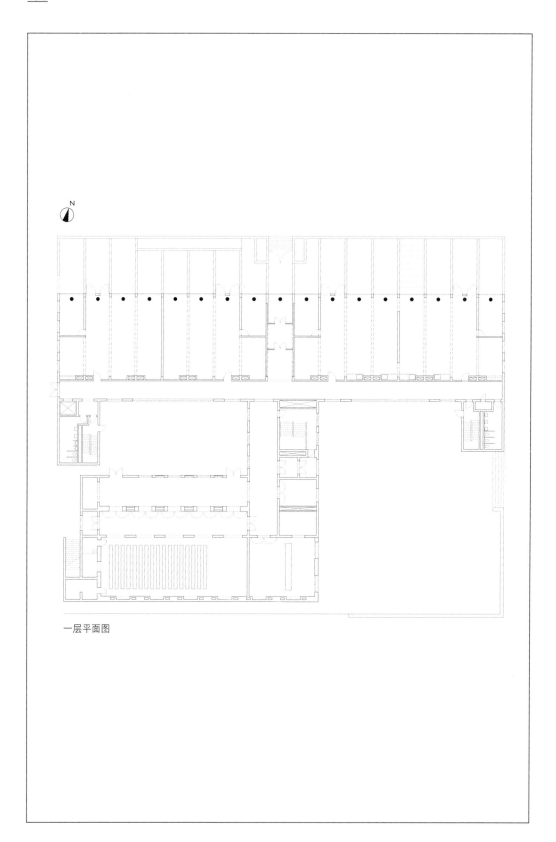

一层平面图

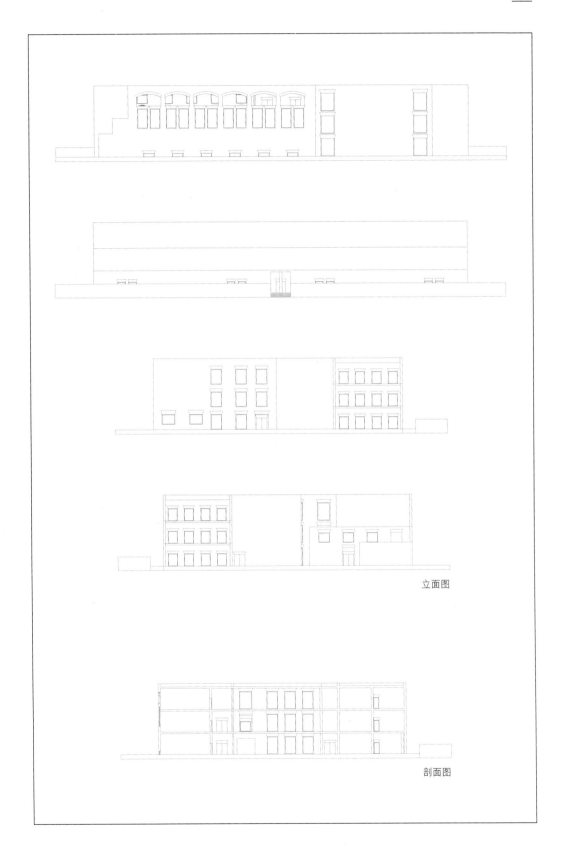

立面图

剖面图

# 72 福特韦恩艺术中心—剧场

## Fine Arts Center—Theater of Performing Arts

-----
设计时间：1961—1973
项目地点：美国印第安纳州福特韦恩市
建成情况：建成
项目性质：剧场

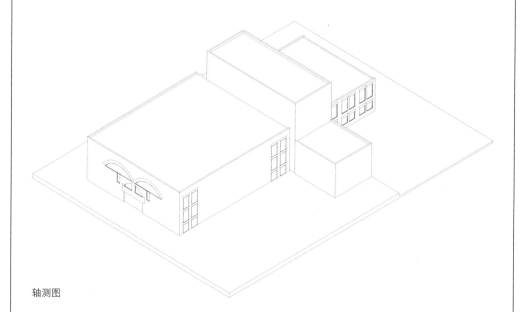

轴测图

福特韦恩这个项目中唯一建成的只有这个剧场。康在思考剧场建筑时，倾向于将其表达得比较诗意。实际上，康在很多建筑中都会有这样的想法，就是设计让使用者能够在其中沉思的空间，以提升建筑的精神品质。康在设计之初，表达了他想要创造一个表演者能够在其中思考表演本身或是独白的场所，他认为空间中需要有供人反思的部分。

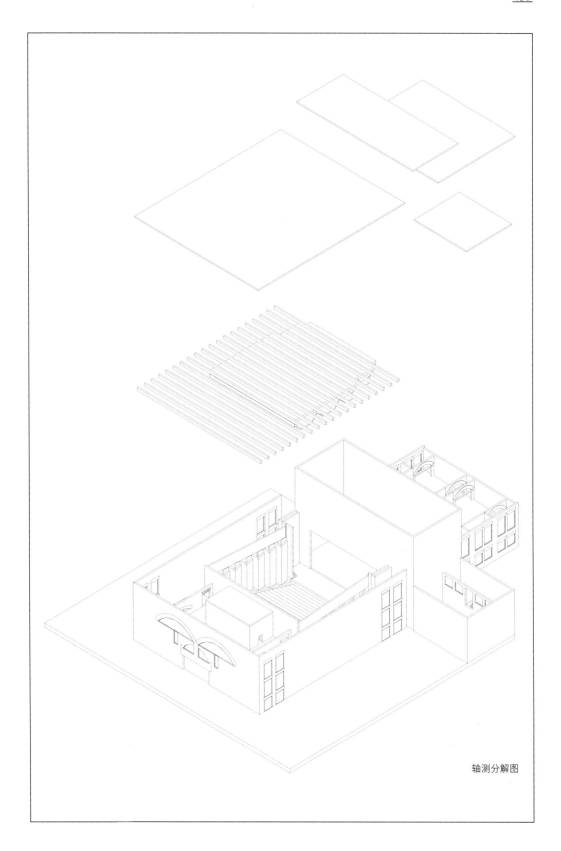

轴测分解图

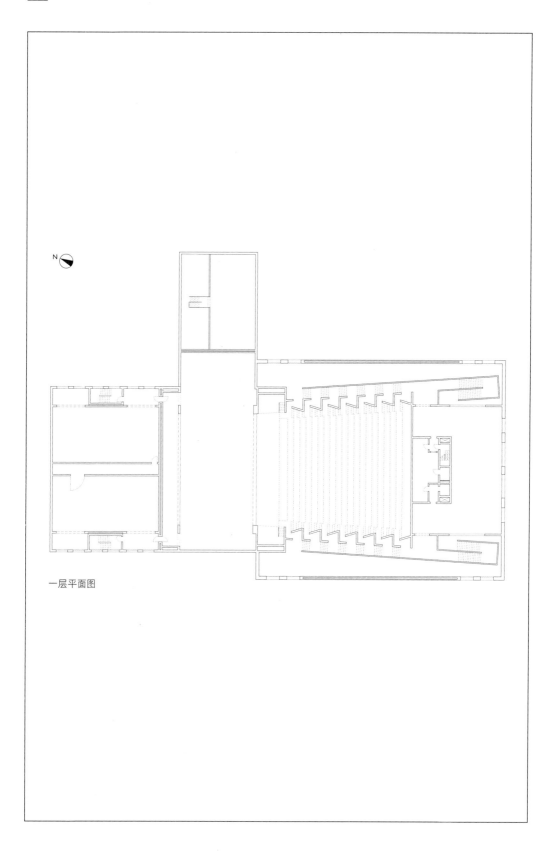

一层平面图

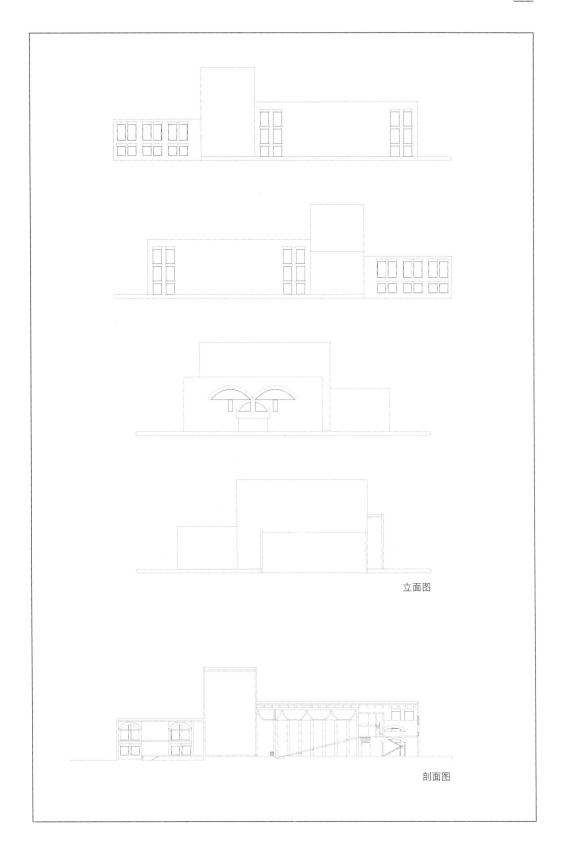

立面图

剖面图

# 73

## 帕克住宅

Mrs. C. Parker House

-----

设计时间：1962—1964
项目地点：美国宾夕法尼亚州费城
建成情况：未建成
项目性质：独栋住宅

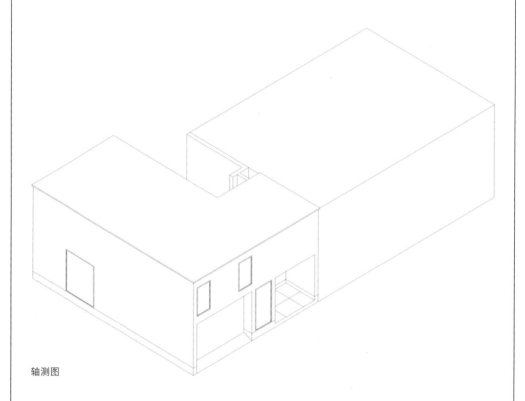

轴测图

草图资料显示，这是一个埃西里克住宅的扩建方案，但二者并无内部连接的开口。该方案有三个版本，本次建模选用了较为详细的一个版本。从图上可以看出，立面和屋顶沿用了埃西里克住宅的设计语言，空间上也使用了两层区分、动静分区。此外，一层还设置了一间车库。

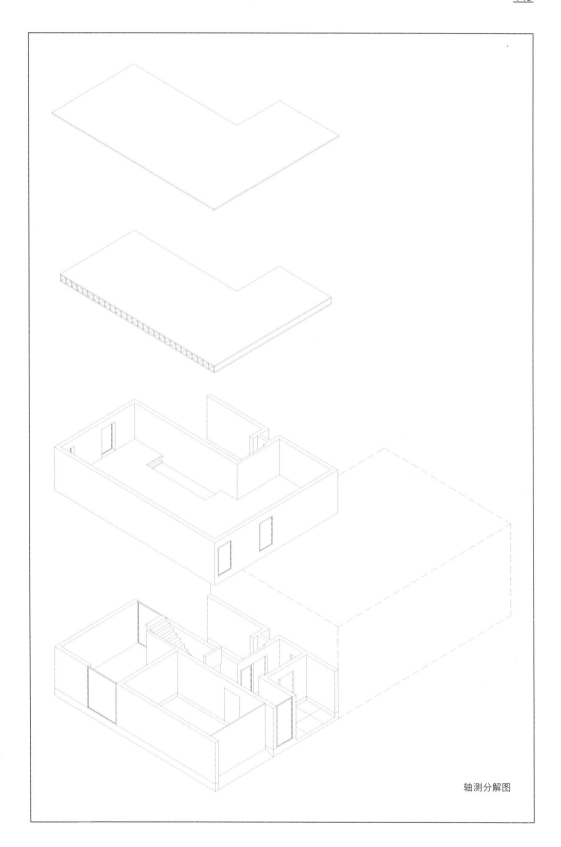

轴测分解图

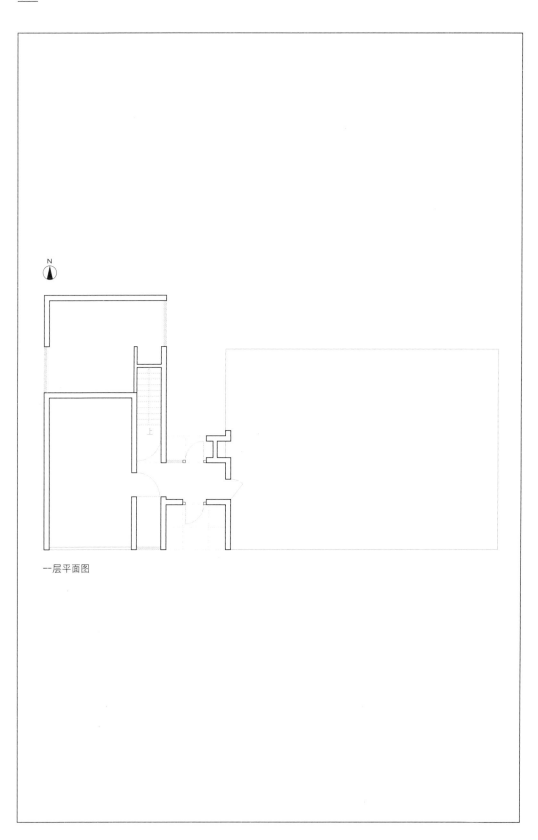

一层平面图

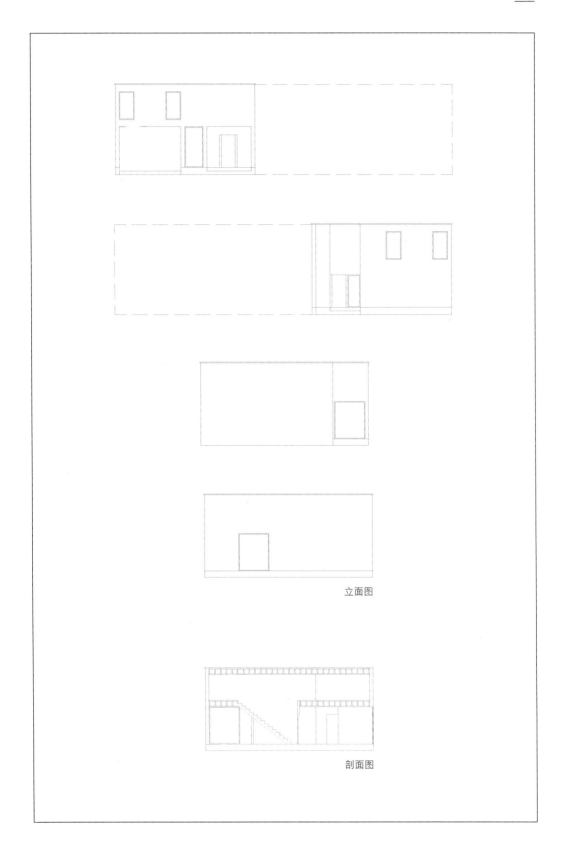

立面图

剖面图

# 74 印度管理学院学生宿舍东三单元

## Indian Institute of Management—Dormitories, East 3 Unit

-----

设计时间：1962—1974
项目地点：印度艾哈迈达巴德市
建成情况：建成
项目性质：学生宿舍

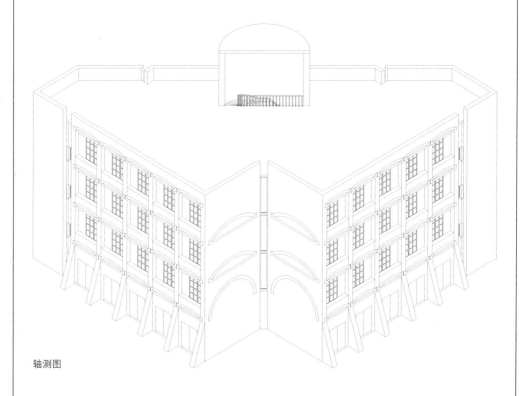

轴测图

（描述详见 75 号项目）

轴测分解图

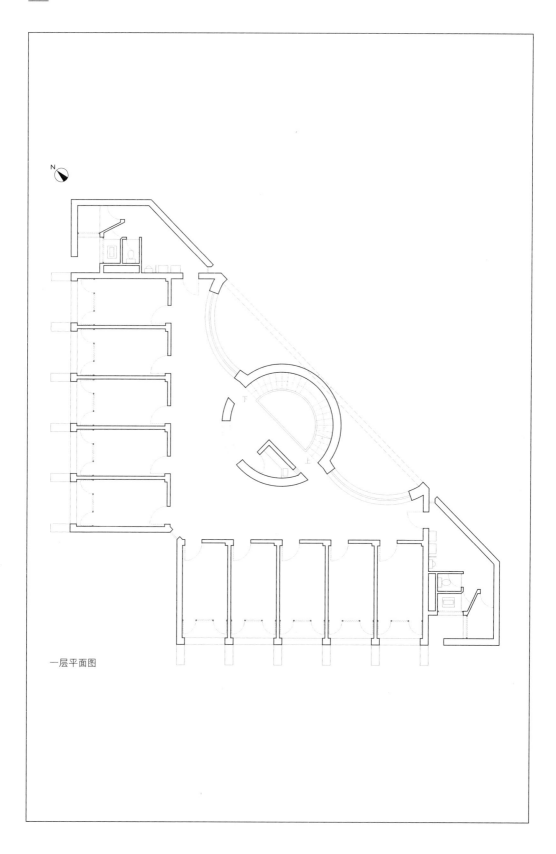

一层平面图

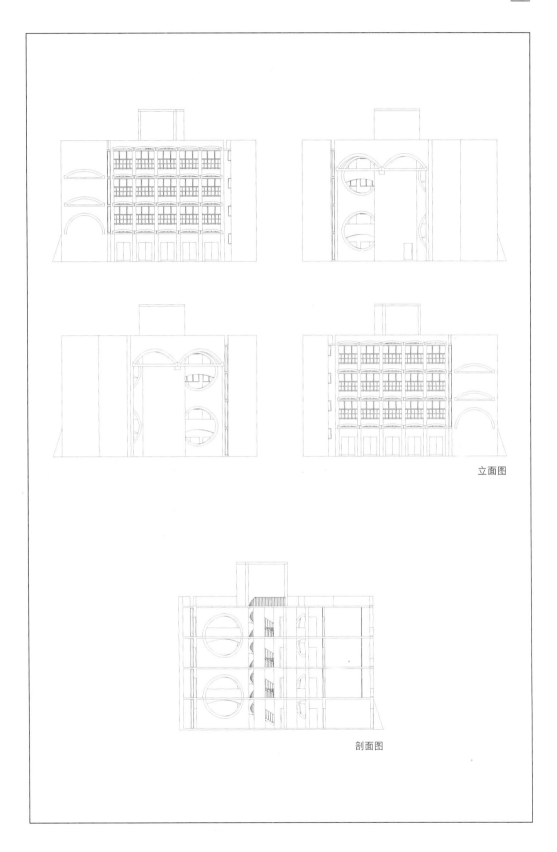

立面图

剖面图

# 75

# 印度管理学院学生宿舍普通单元

Indian Institute of Management—Dormitories, Average Unit

-----

设计时间：1962—1974
项目地点：印度艾哈迈达巴德市
建成情况：建成
项目性质：学生宿舍

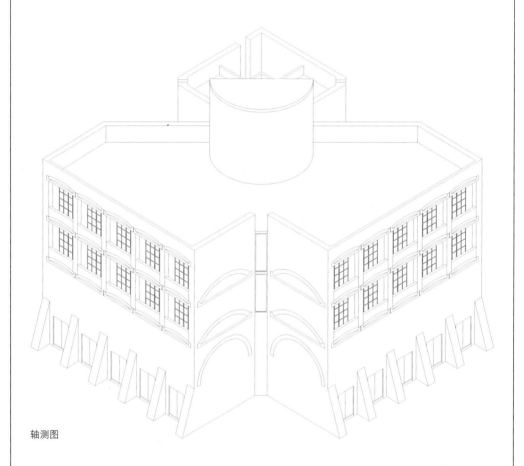

轴测图

这是印度管理学院项目中的学生宿舍部分，普通单元和东三单元在形式上有所区别。从宿舍的整体形态上来看，可以明显看出这是由正方形经过变化推导出来的平面，不同的是东三单元形体较大，楼梯间也在立面上凸出，但两个宿舍部分的朝向一致。

轴测分解图

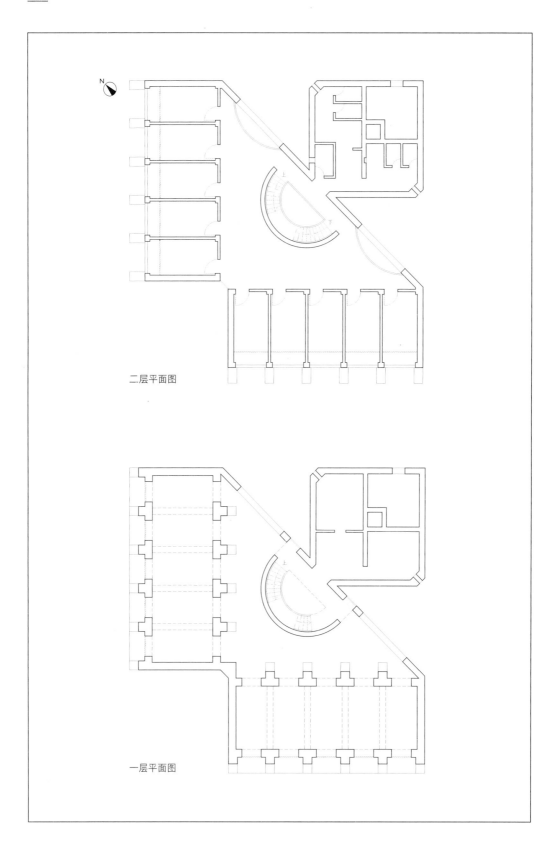

二层平面图

一层平面图

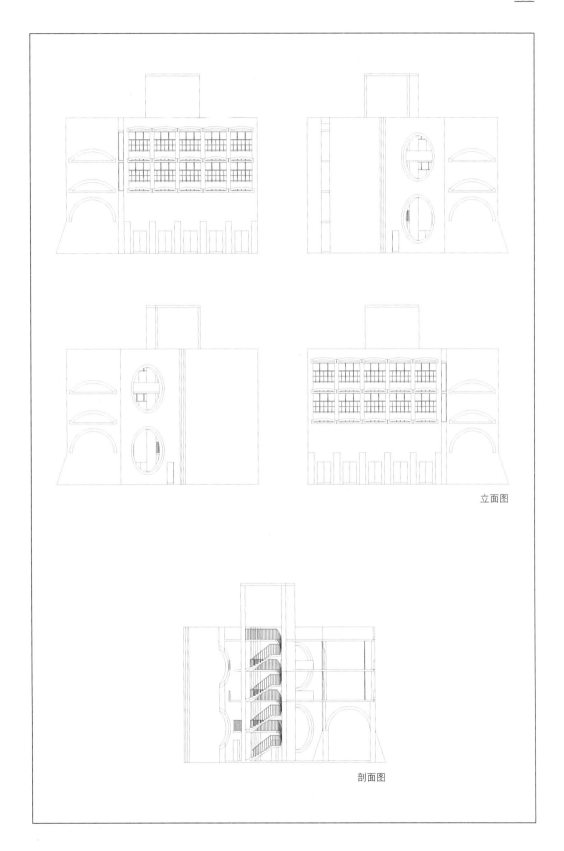

立面图

剖面图

# 76 印度管理学院餐厅与广场

Indian Institute of Management, Kitchen—Dining and Plaza

-----

设计时间：1962—1974
项目地点：印度艾哈迈达巴德市
建成情况：建成
项目性质：学校

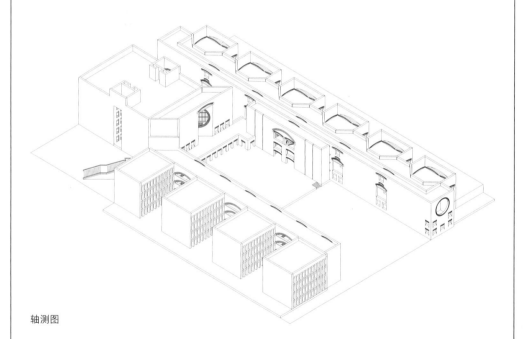

轴测图

在康生前的终版图纸中，这个餐厅与广场是同图书馆（广场端部的建筑部分）、教室（右侧 6 个相同的单元部分）和行政部分（左侧 4 个相同的单元部分）在一起的，但在康去世一年后，该项目印度方面的合作建筑师多西将平面中餐厅部分移至别处，广场中部的大台阶也被取消了，所以该项目目前是一个三面围合的平整广场，并非早先的四面围合。

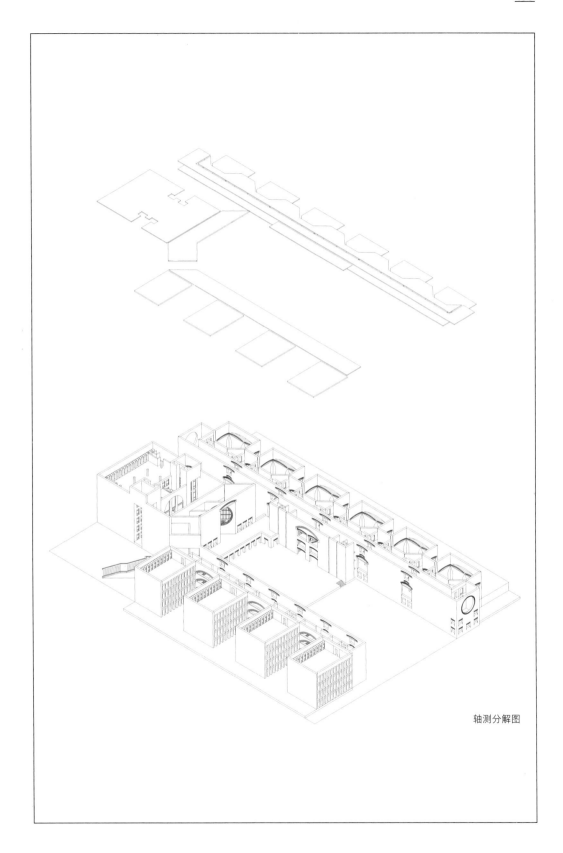

轴测分解图

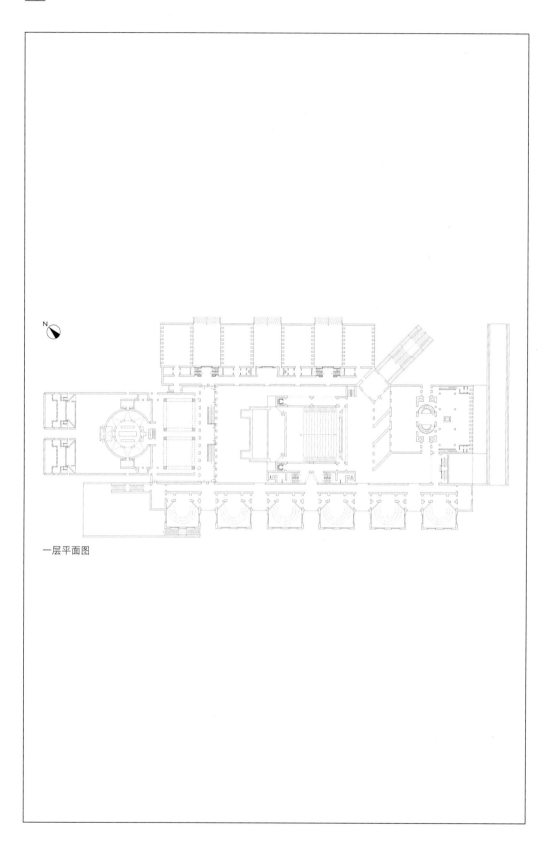

一层平面图

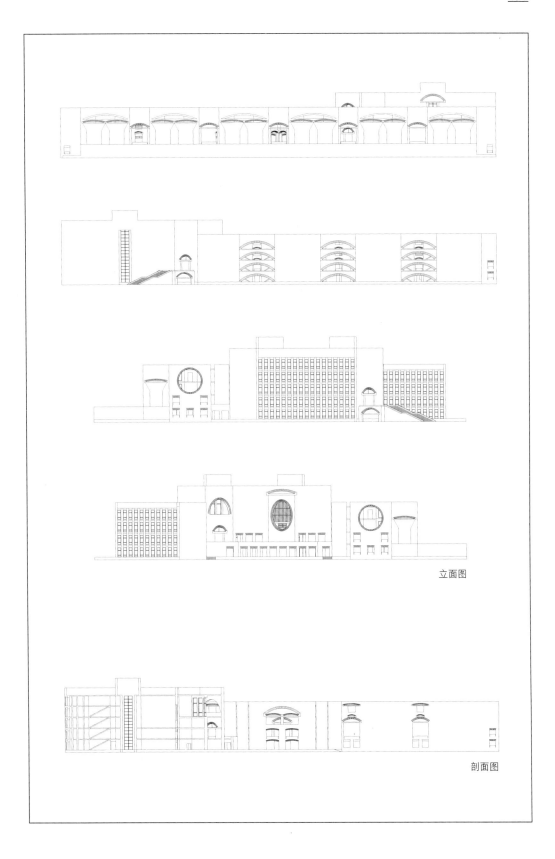

立面图

剖面图

# 77 印度管理学院员工宿舍单卧室单元

## Indian Institute of Management—Staff Housing, One-bedroom Unit

-----

设计时间：1962—1974
项目地点：印度艾哈迈达巴德市
建成情况：建成
项目性质：员工宿舍

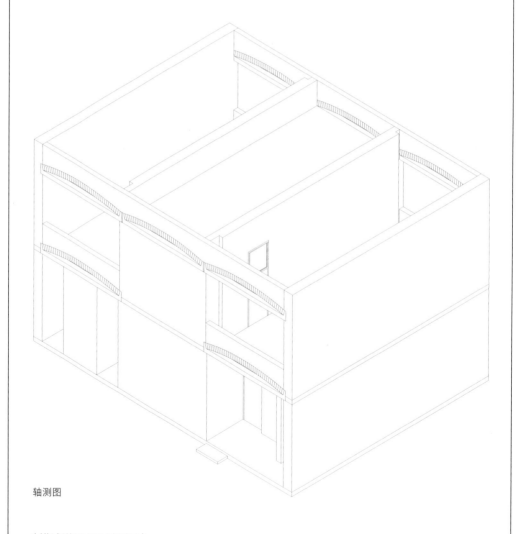

轴测图

（描述详见 78 号项目）

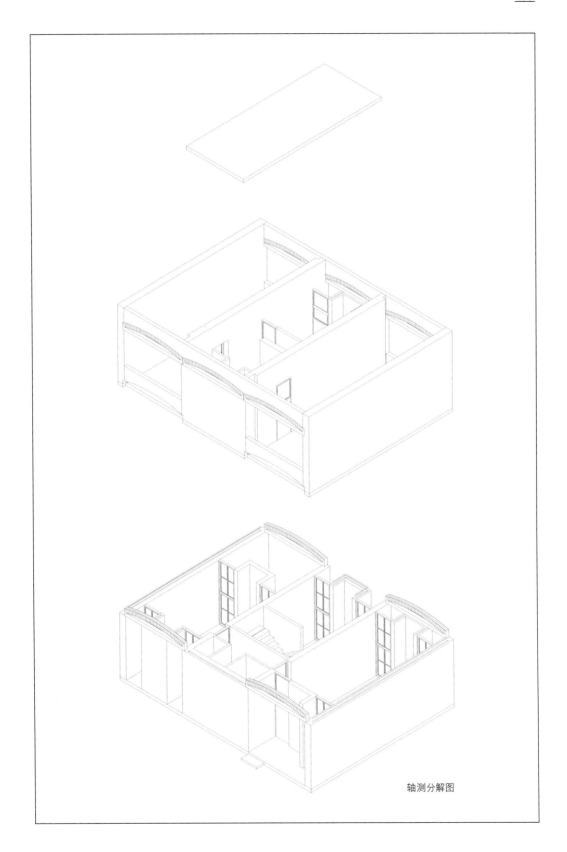

轴测分解图

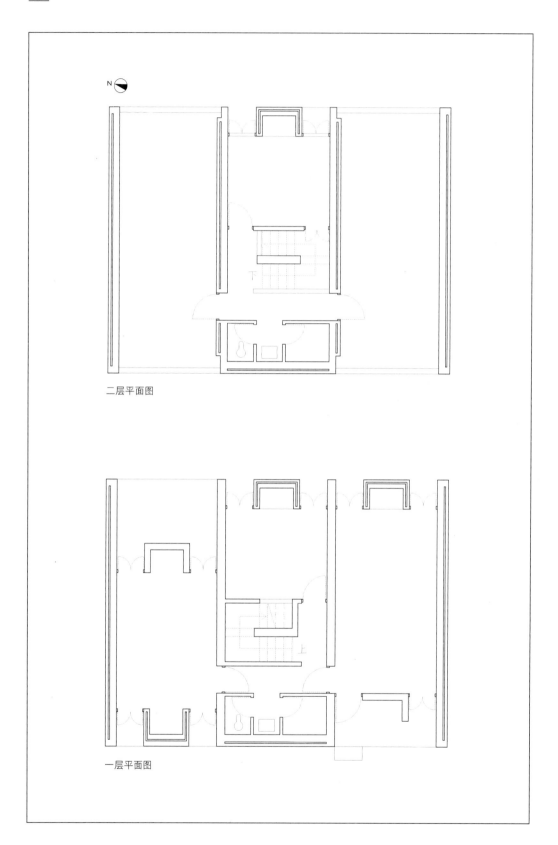

二层平面图

一层平面图

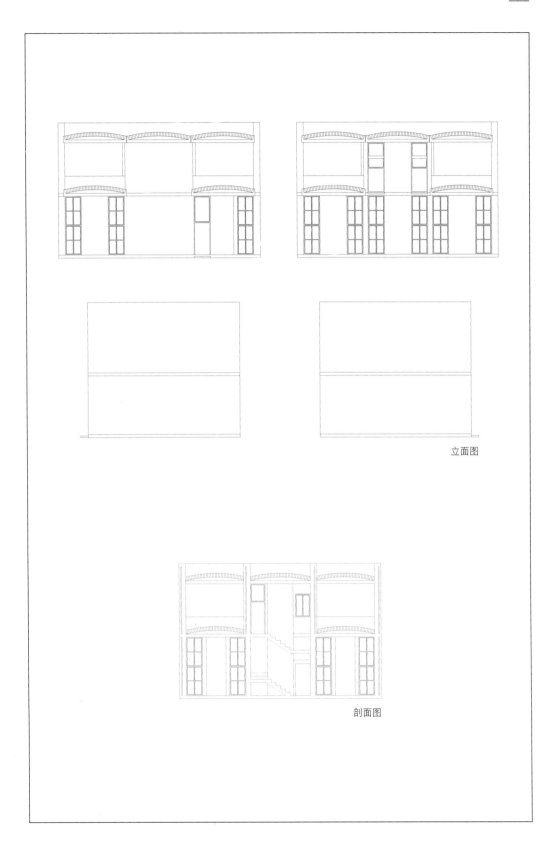

立面图

剖面图

# 78

## 印度管理学院员工宿舍双卧室单元

Indian Institute of Management—Staff Housing,
Two-bedroom Unit

-----

设计时间：1962—1974
项目地点：印度艾哈迈达巴德市
建成情况：建成
项目性质：员工宿舍

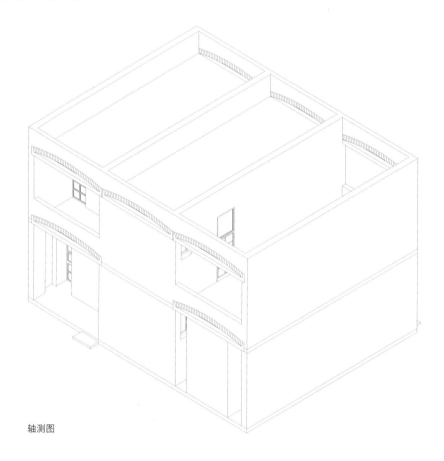

轴测图

这是印度管理学院项目中的员工宿舍部分，78 和 79 号项目列举了两个有图纸的项目，实际建成的员工宿舍还有其他变体，但只有照片而没有相应的图纸，所以无法绘制模型。员工宿舍相对来说比学生宿舍简单，二层的楼体，横向三段的空间划分，中部设置楼梯，与康的很多住宅设计类似。为了适应气候，康在立面上将门窗凹进，通过这样的遮阳方式降低室内温度。

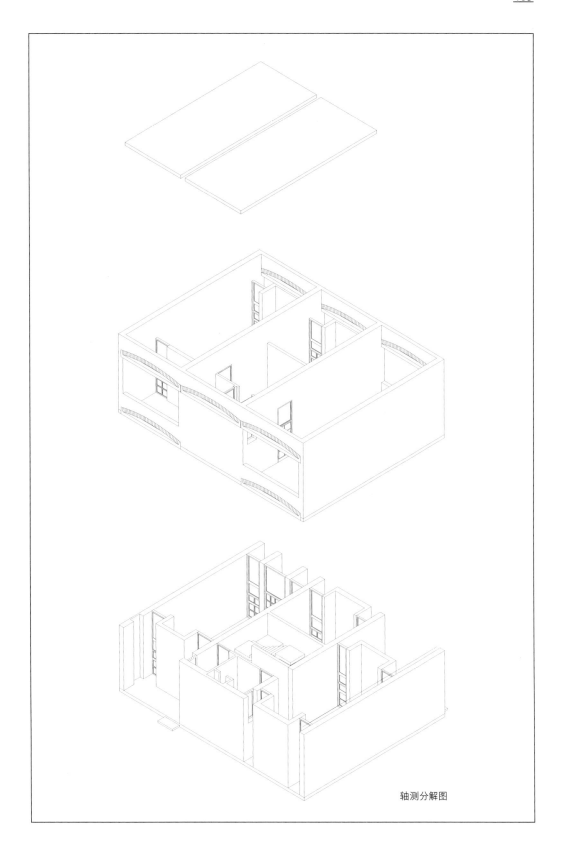

轴测分解图

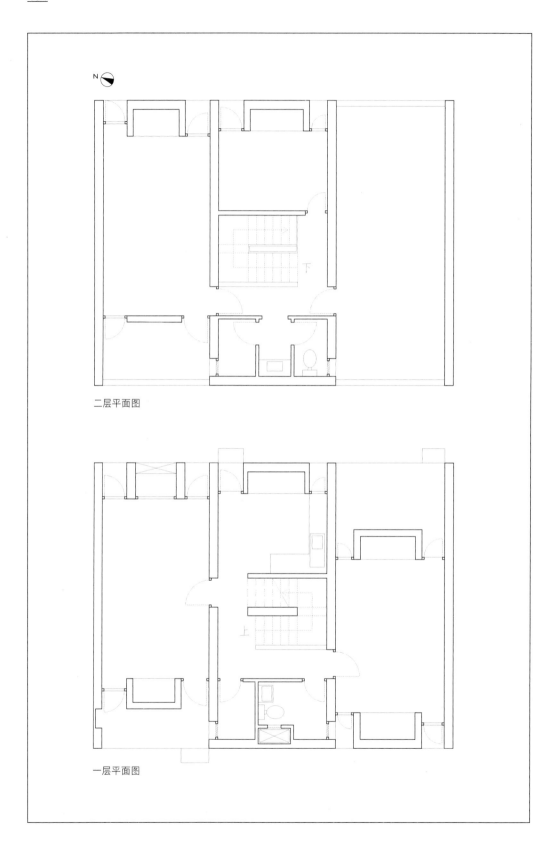

二层平面图

一层平面图

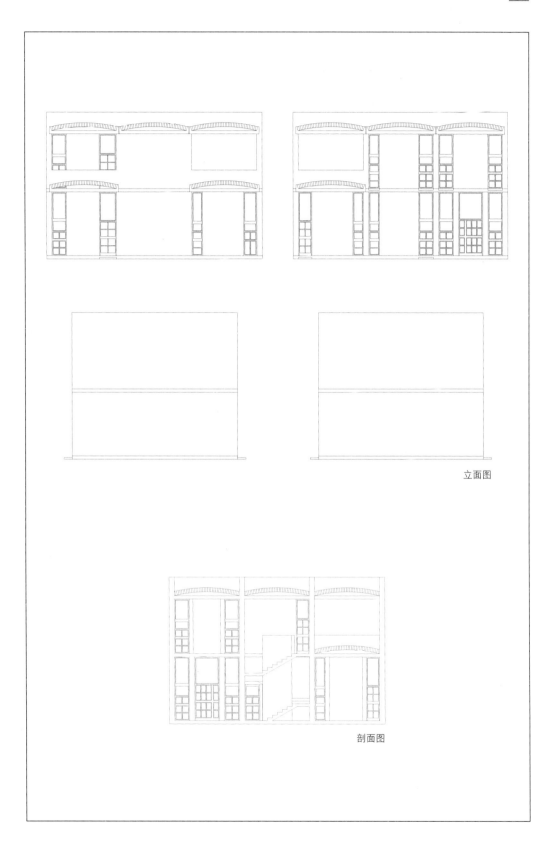

立面图

剖面图

# 79

# 印度管理学院—水塔

## Indian Institute of Management—Water Tower

-----

设计时间：1962—1974
项目地点：印度艾哈迈达巴德市
建成情况：建成
项目性质：水塔

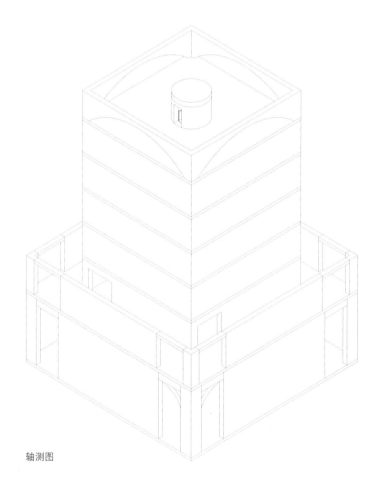

轴测图

水塔位于整个项目的最北方，该项目从外观上看分为高层部分和低层部分。高层部分的中轴是旋转楼梯，低层的结构是在主体部分外围加上一圈两层的外廊，但这种设计也构成了双层墙体的结构，有利于中部功能空间的降温，学生宿舍部分也有类似的处理。

轴测分解图

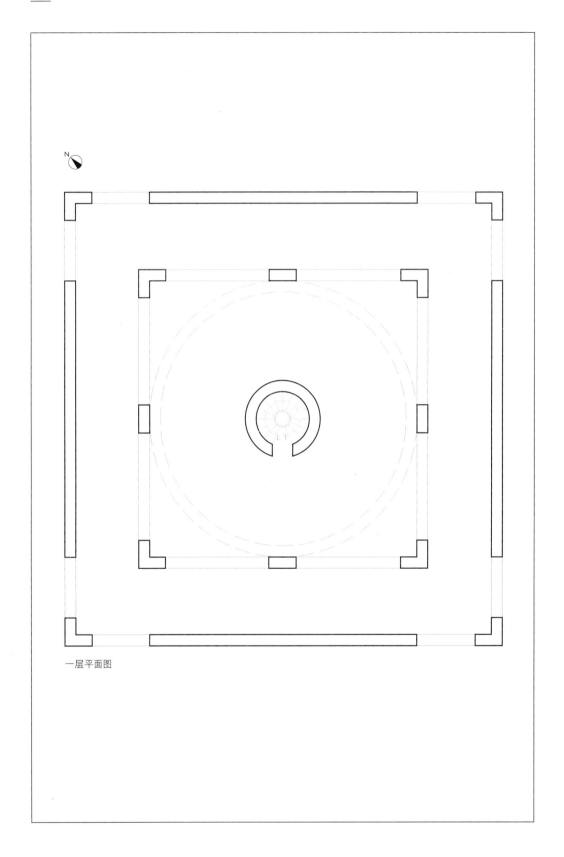

一层平面图

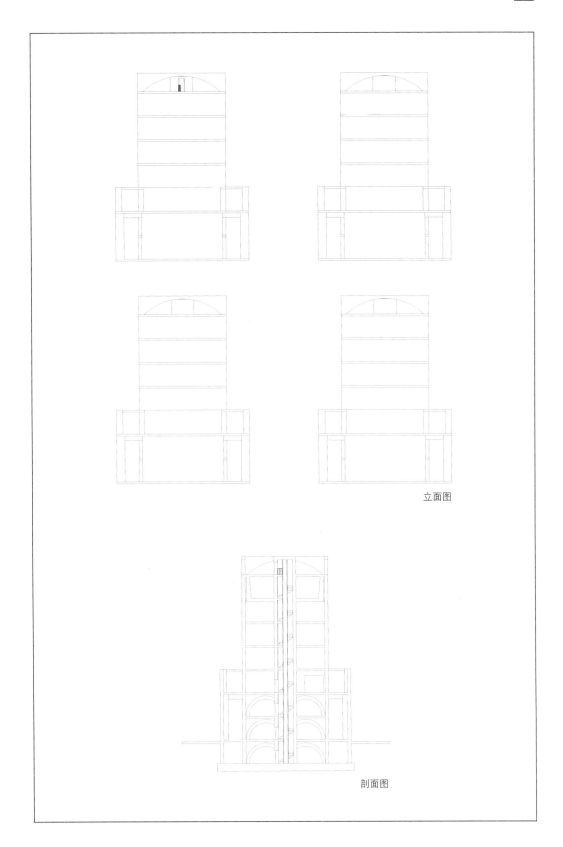

立面图

剖面图

# 80 孟加拉首都政府建筑群国会大厦

## Sher-e-Bangla Nagar, Capital of Bangladesh

-----

设计时间：1962—1983
项目地点：孟加拉国达卡市
建成情况：建成
项目性质：办公楼

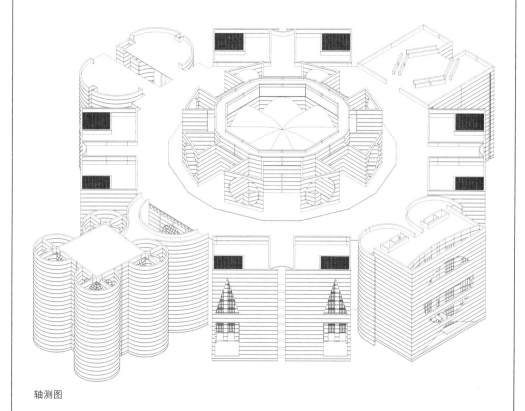

轴测图

该项目是康的集中式构图建筑的代表作之一，直至康去世后才完成。中部通高的议会大厅上有一个八边伞形的混凝土拱顶，围绕着核心部分的周边是各种配套功能。这个建筑的八边配套功能区基本上是按正朝向与45°斜线的方位来设计的，但是边上有一个由4个圆筒围合的单元稍微偏离正朝向，这是一个祷告厅，据说是为了朝向麦加而扭转了角度。

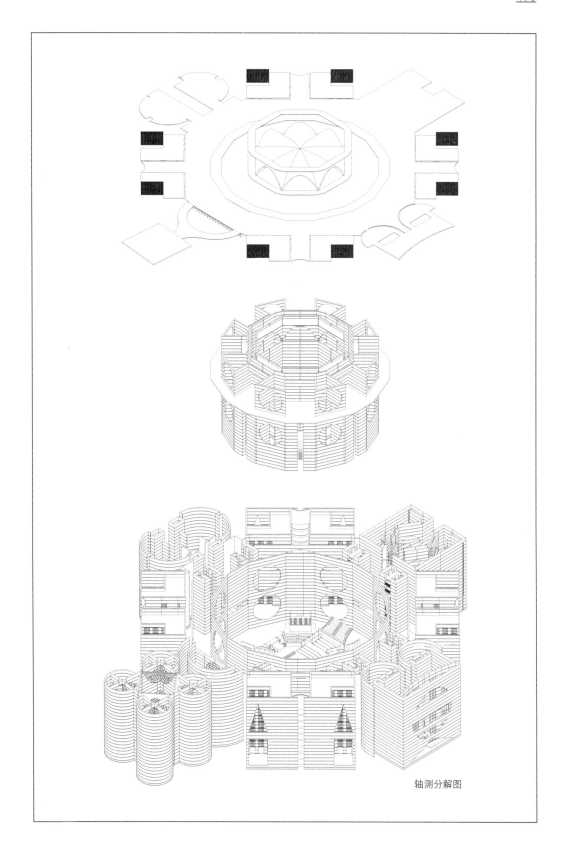

轴测分解图

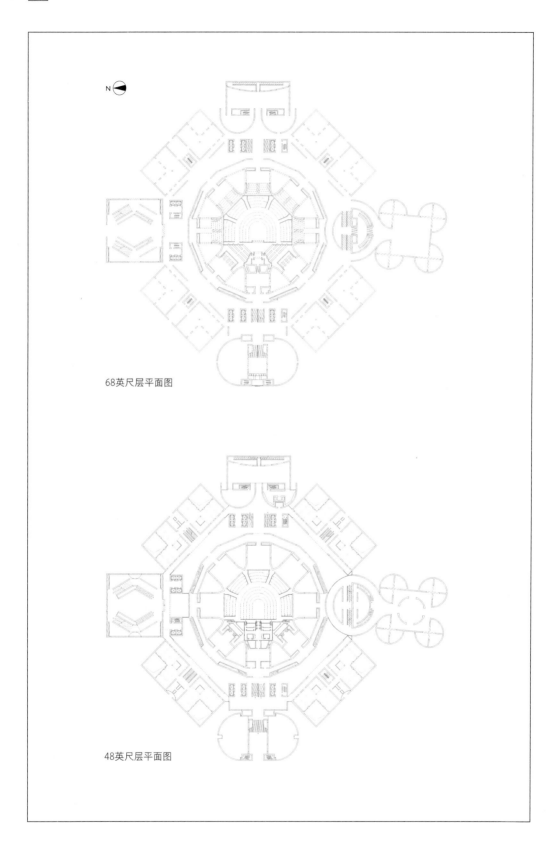

N

68英尺层平面图

48英尺层平面图

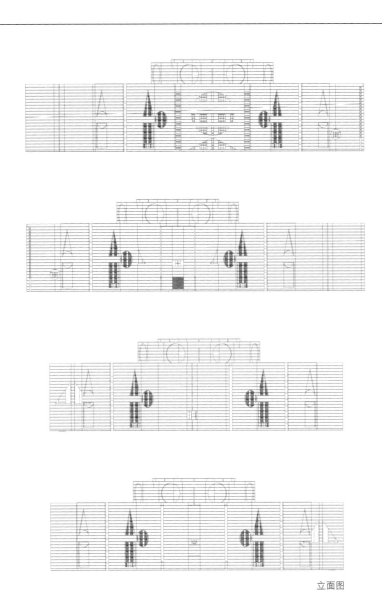

立面图

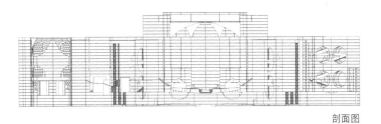

剖面图

# 81 孟加拉首都政府建筑群餐厅

## Sher-e-Bangla Nagar, Dining Hall

-----
设计时间：1962—1983
项目地点：孟加拉国达卡市
建成情况：建成
项目性质：餐厅

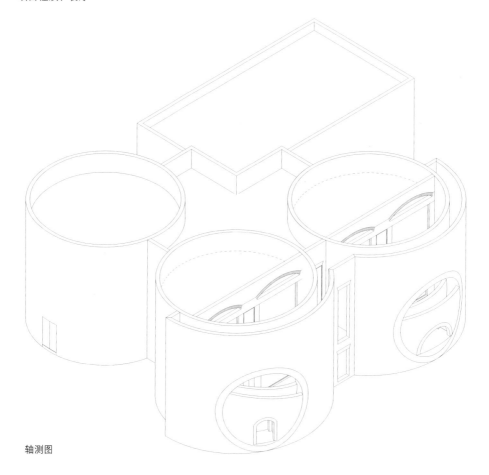

轴测图

这个项目是孟加拉首都政府建筑群的餐厅部分。虽然这个方案由三个圆形和一个矩形组成，但是从中可以解读出康的构图习惯——从方形开始思考。三个圆的圆心构成了等腰直角三角形，其斜边的高也从矩形的一个角以45°方向切入，可以理解为康把一个正方形的四个角换成了三个圆和一个矩形。

轴测分解图

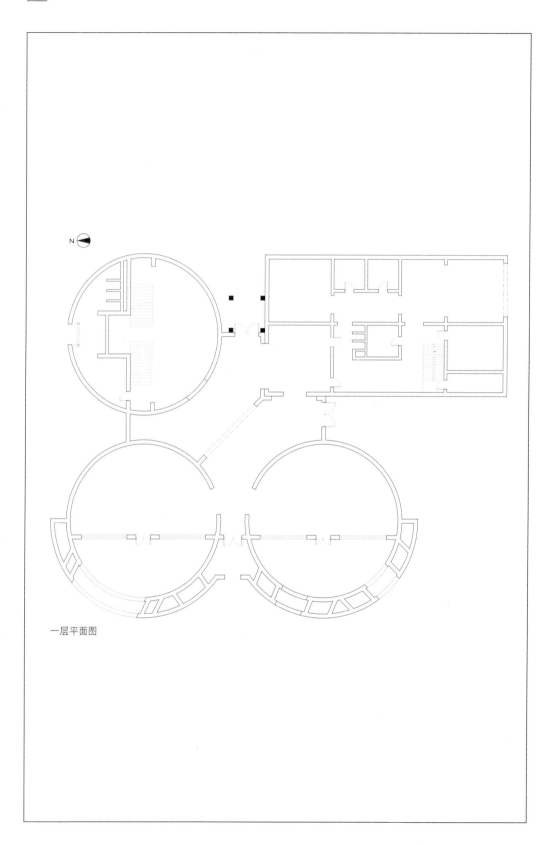

一层平面图

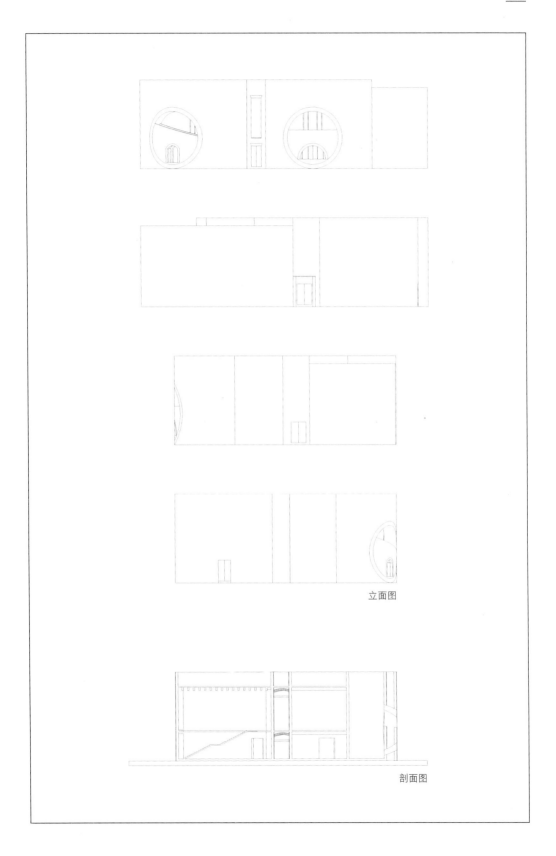

立面图

剖面图

# 82 孟加拉首都政府建筑群国会成员招待所
## Sher-e-Bangla Nagar, Hostels for Members of The National Assembly

-----

设计时间：1962—1983
项目地点：孟加拉国达卡市
建成情况：建成
项目性质：招待所

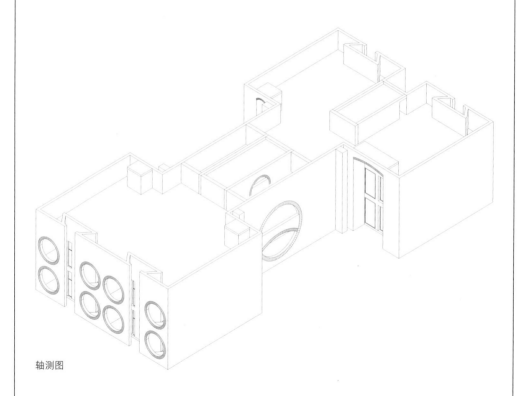

轴测图

在这个项目中，康把在印度管理学院中使用的遮阳方式稍作了变化，将原本垂直凹进的墙以45°线的方向退后再开洞，使得立面看起来更完整。这种形似"褶皱"的墙体也起到了较好的遮阳效果。

轴测分解图

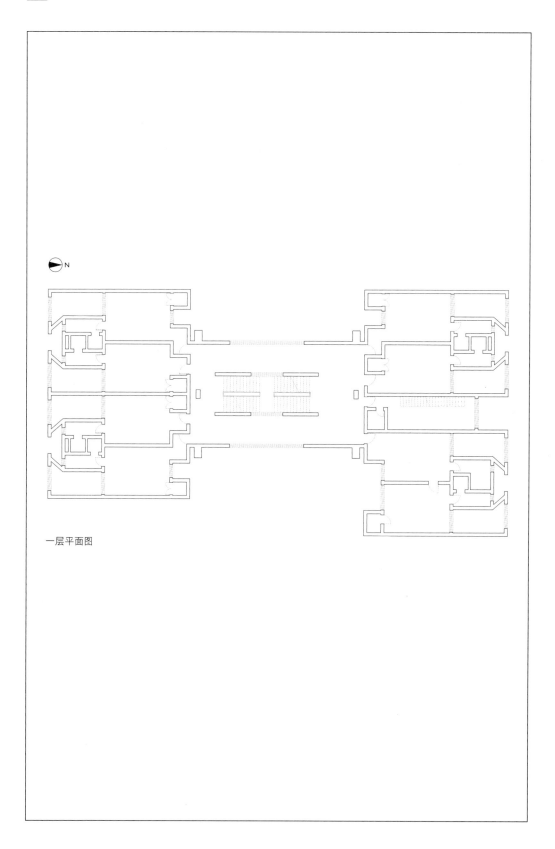

一层平面图

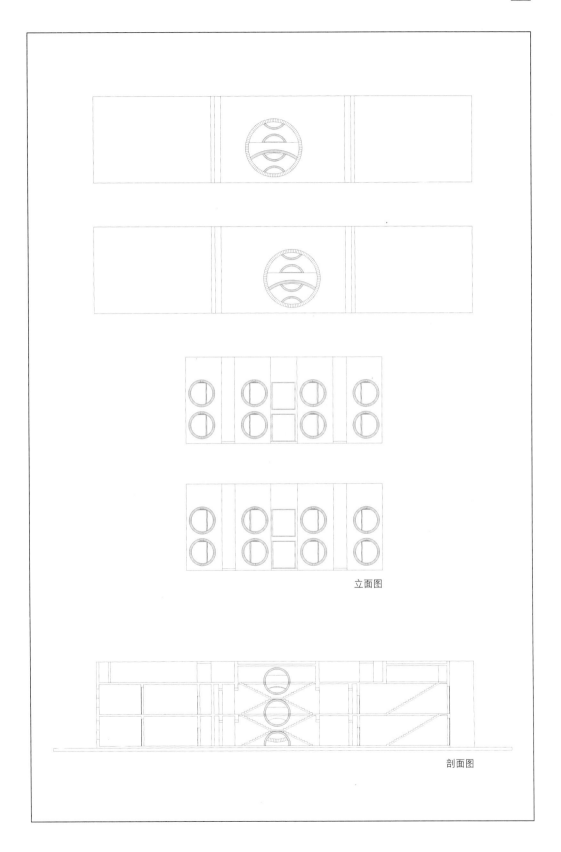

立面图

剖面图

# 83

## 孟加拉首都政府建筑群部长招待所
### Sher-e-Bangla Naga, Hostels for Ministers

-----

设计时间：1962—1983
项目地点：孟加拉国达卡市
建成情况：建成
项目性质：招待所

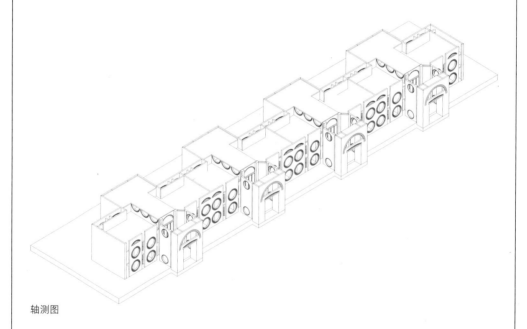

轴测图

在部长招待所的方案中，康也在遮阳上做了很多工作，比较典型的还是双层墙体的设计。无论入口处的门廊、立面上脱开的一层外墙，还是端部单元的侧边的双层墙，都是为了隔热。

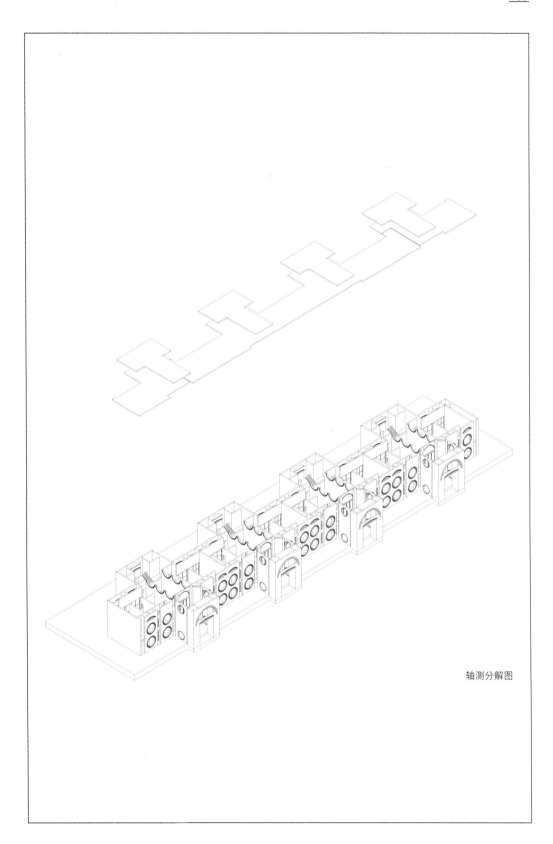

轴测分解图

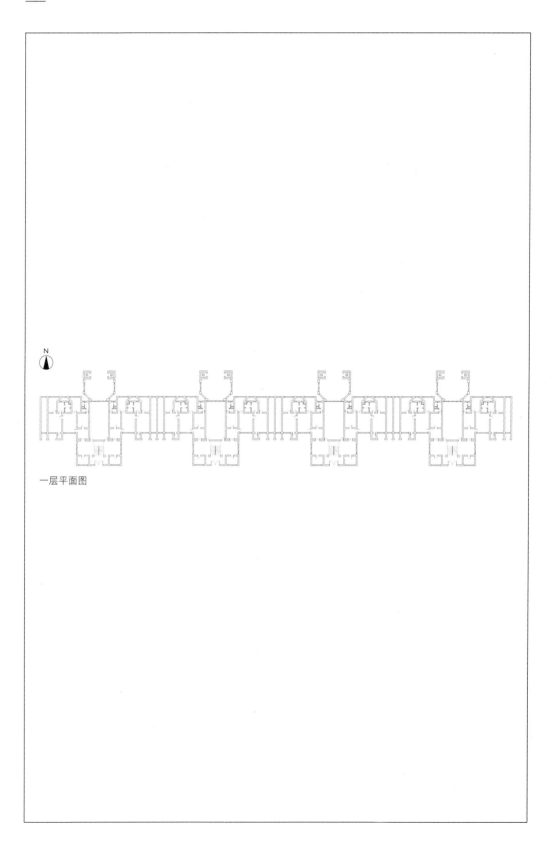

一层平面图

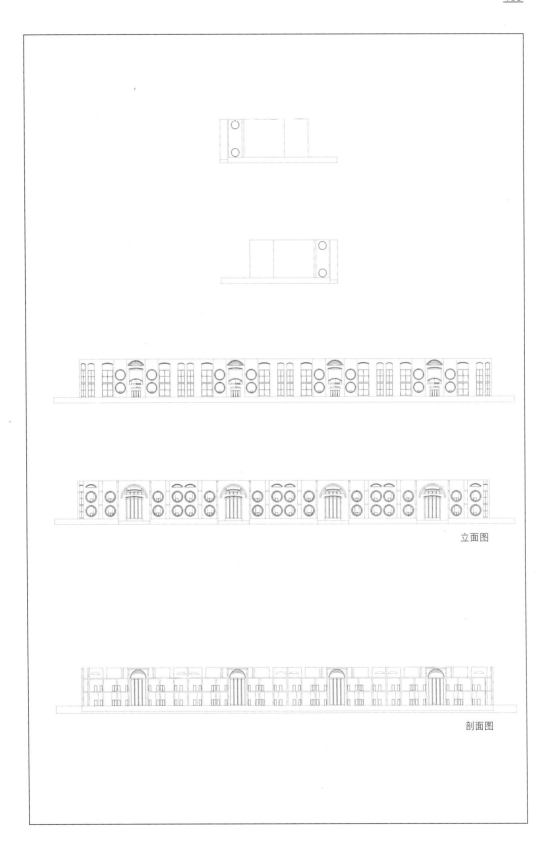

立面图

剖面图

# 84 孟加拉首都政府建筑群秘书招待所

## Sher-e-Bangla Nagar, Hostels for Secretaries

-----

设计时间：1962—1983
项目地点：孟加拉国达卡市
建成情况：建成
项目性质：招待所

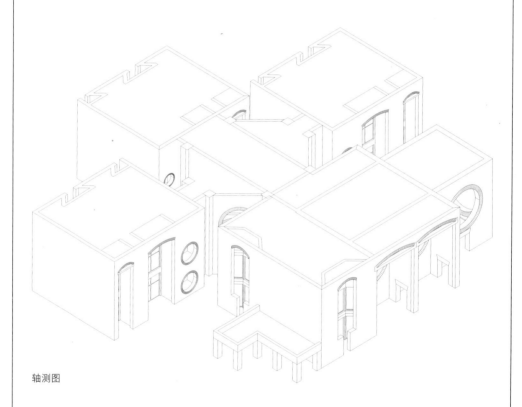

轴测图

秘书招待所的立面不仅用到了"褶皱"墙的遮阳手法，在构图上也是由近似于由正方形推导
产生的。中部的楼梯间无疑是整个建筑的中心，康十分巧妙地利用了45°夹角使楼梯间周
边的单元相对紧凑地排布在其周围，也让楼梯间形成了良好的遮阳与隔热效果。

轴测分解图

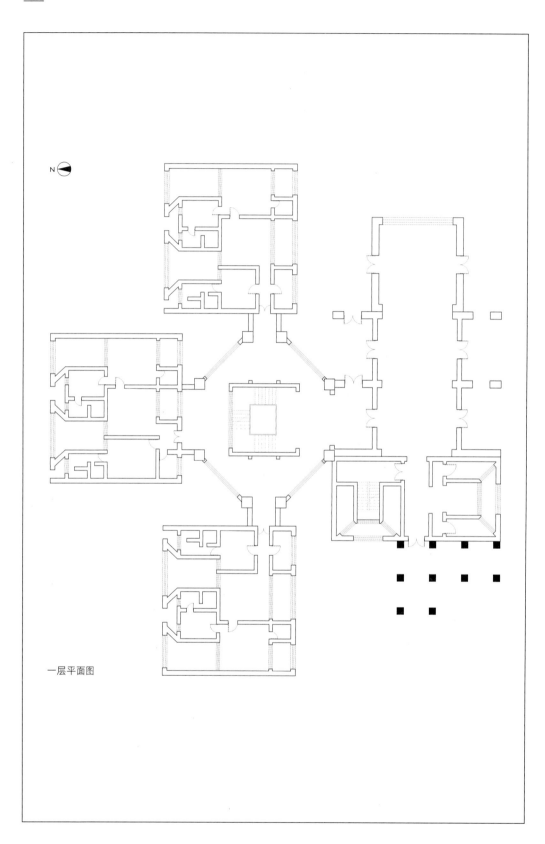

N

一层平面图

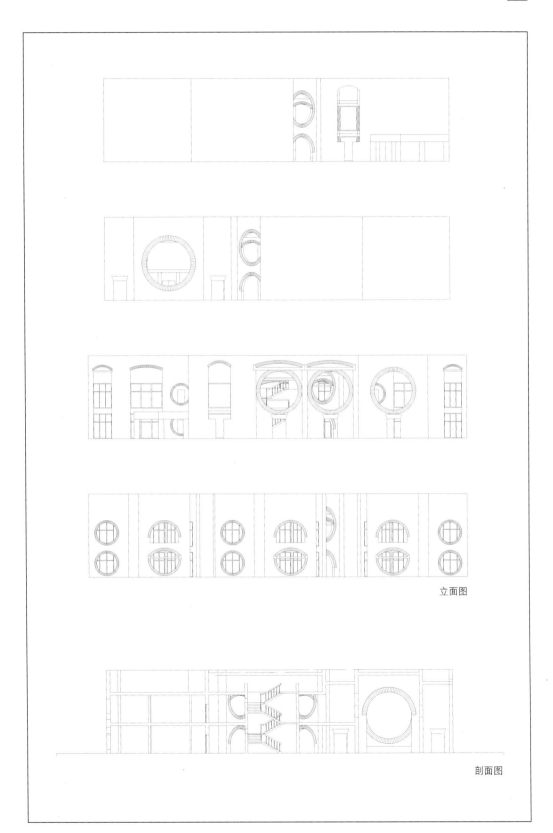

立面图

剖面图

# 85 孟加拉首都政府建筑群苏拉瓦底医院

Sher-e-Bangla Nagar, Suhrawardhy Hospital

-----

设计时间：1962—1983
项目地点：孟加拉国达卡市
建成情况：建成
项目性质：医疗建筑

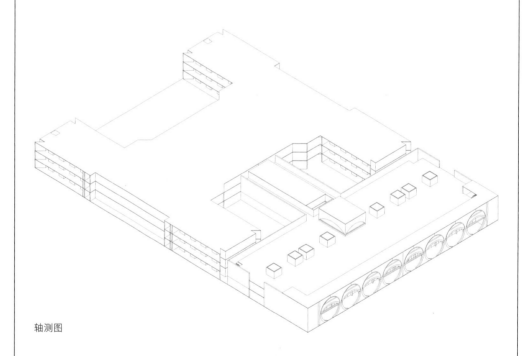

轴测图

该医院分为两个部分，前端有一排圆洞立面的矩形体量是门诊，后方的大 H 形部分是医院的其他功能空间，中间由连廊连接。为了遮阳，门诊部分的立面也是由开了圆洞的双层墙体组成，两层墙中间的廊道较宽，可以起到较好的降温作用，在中部有 8 个方形天井，以保证巨大的平面内部有自然光和风进入。

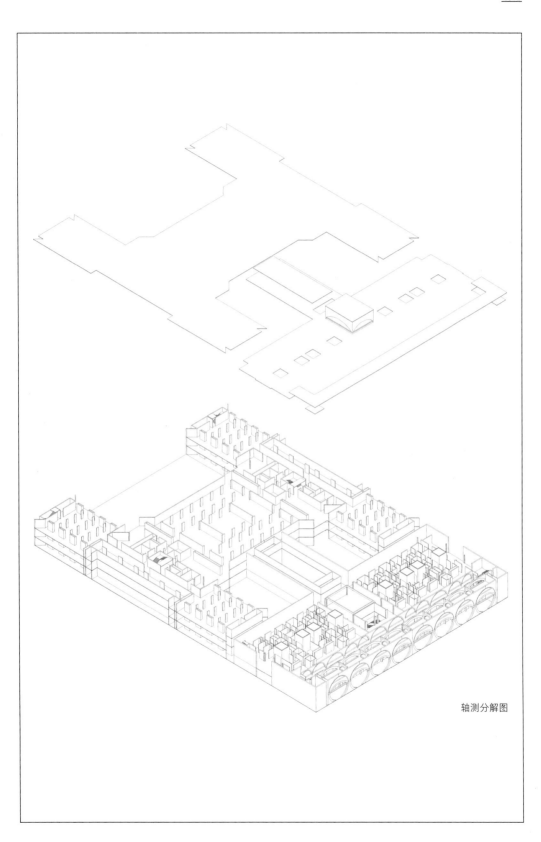

轴测分解图

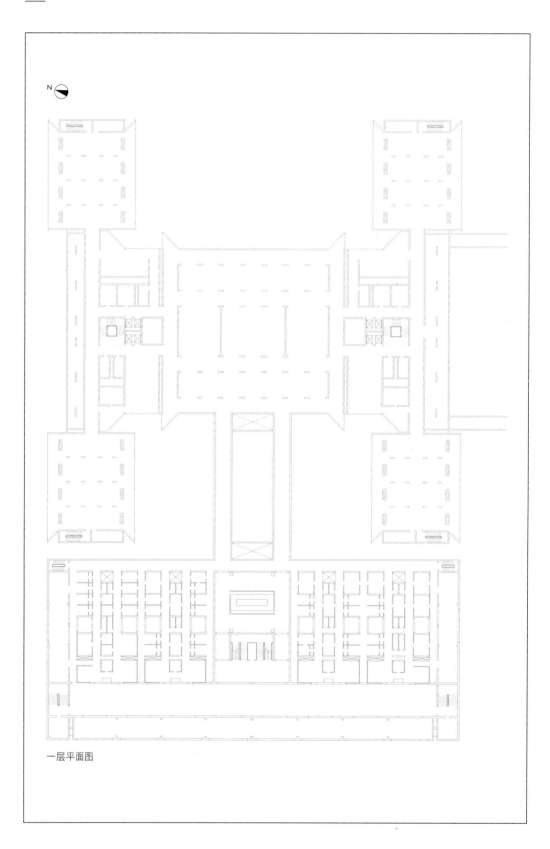

一层平面图

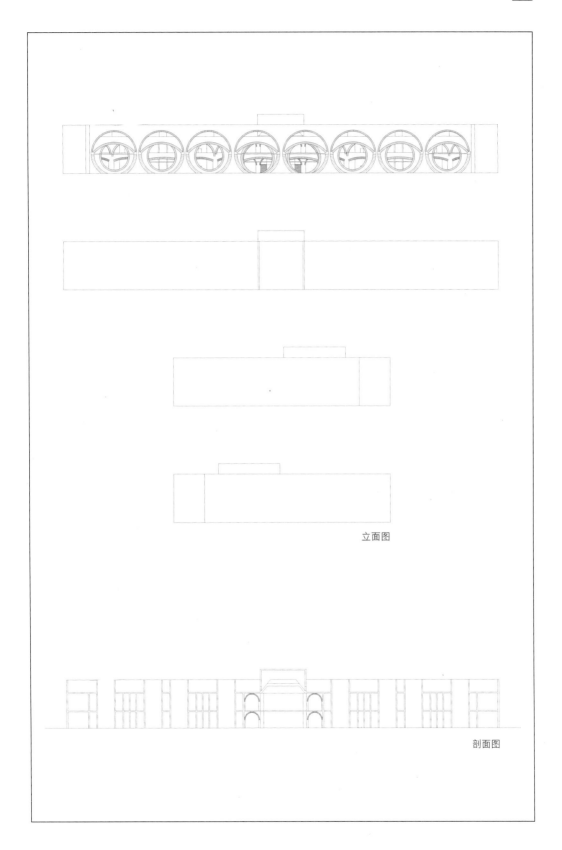

立面图

剖面图

# 86 巴基斯坦总统府
## President's Estsate, Islamabad

-----

设计时间：1963—1965
项目地点：巴基斯坦伊斯兰堡市
建成情况：未建成
项目性质：办公楼

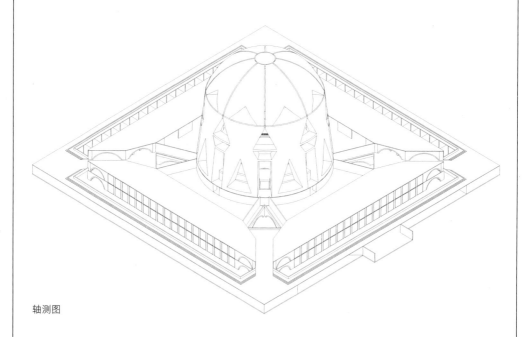

轴测图

这个项目的构图是一个较为典型的集中式构图，中部体量巨大的大厅之上有一个浅浅的穹顶。圆柱形的轮廓在顶部略微向内收，四周裙房由四个房间形成的正方形围合。建筑入口在对角线上，在底层局部有拱形的结构支撑，元素都是呈对称式布置的。

轴测分解图

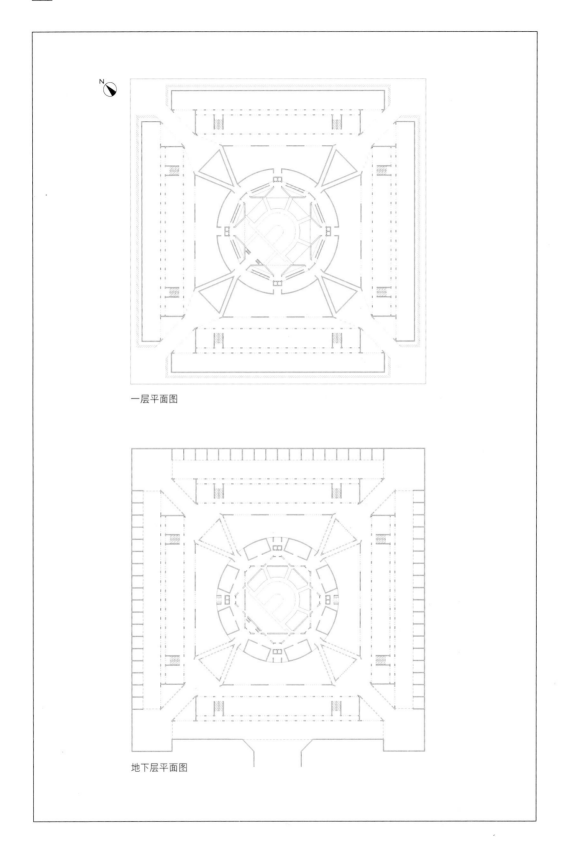

一层平面图

地下层平面图

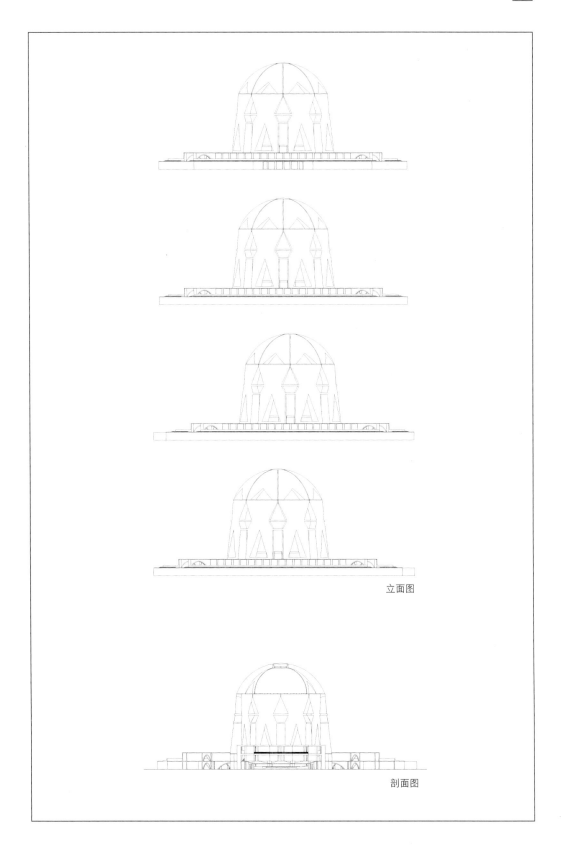

立面图

剖面图

# 87 费城艺术学院

## Philadelphia College of Art

-----

设计时间：1964—1966
项目地点：美国宾夕法尼亚州费城
建成情况：未建成
项目性质：学校

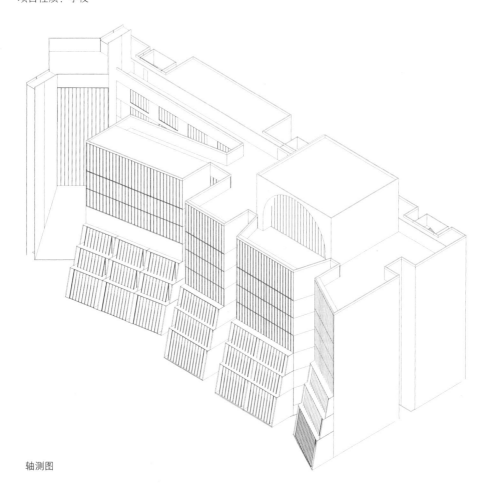

轴测图

康在这个项目中尝试了一种更为自由的平面表达。一道长走廊串起各个房间。廊道两侧的房间被布置成各种形式：有由几个相同的单元构成一组的房间，还有梯形房间、矩形房间和与走廊45°相交的正方形房间。康在描述他的设计理念时这样说道："它是这样的一种设计，就是你在走进一个建筑时，你穿过的是一个个有人正在其中工作的空间。"

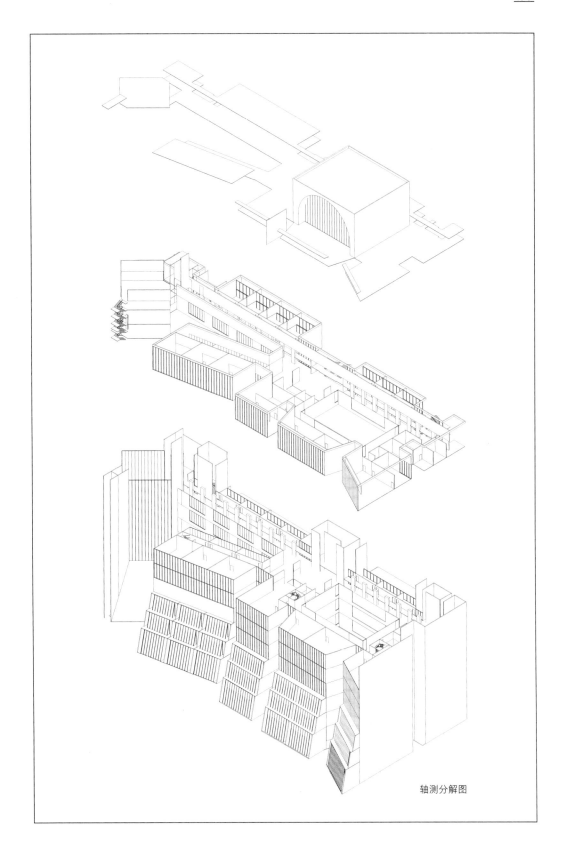

轴测分解图

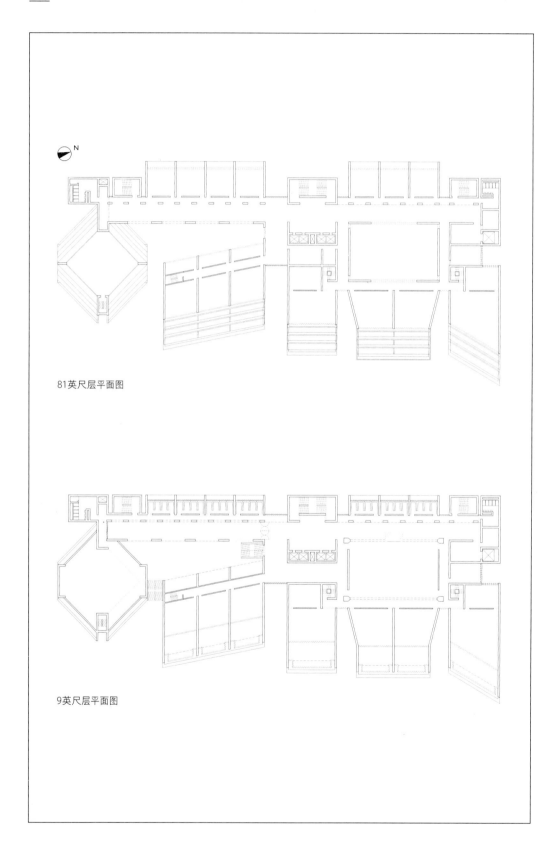

N

81英尺层平面图

9英尺层平面图

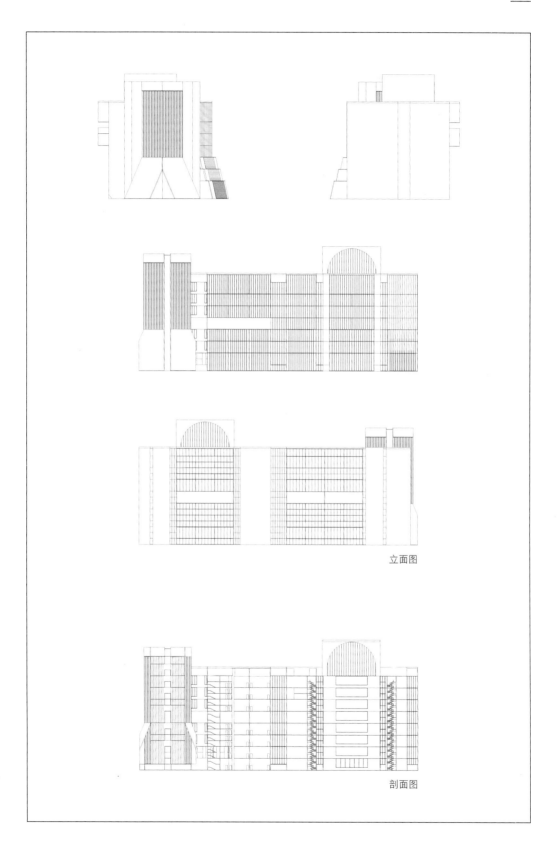

立面图

剖面图

# 88 家庭与病友住房

## Family and Patient Dwelling

-----

设计时间：1964—1971
项目地点：美国宾夕法尼亚州巴克斯县
建成情况：未建成
项目性质：医疗建筑

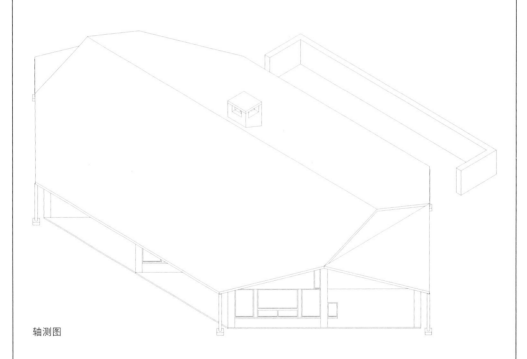

轴测图

这个项目的构成方式与布林莫尔学院宿舍楼项目非常相似，都是正方形体量转角相接。不同的是该项目体量较小，而且正方形相接的部分占去了四分之一的面积。屋顶由一个大双坡屋顶和对称的小片折板组成。在左右各有三根小立柱支撑屋顶，强调了方形的体量。

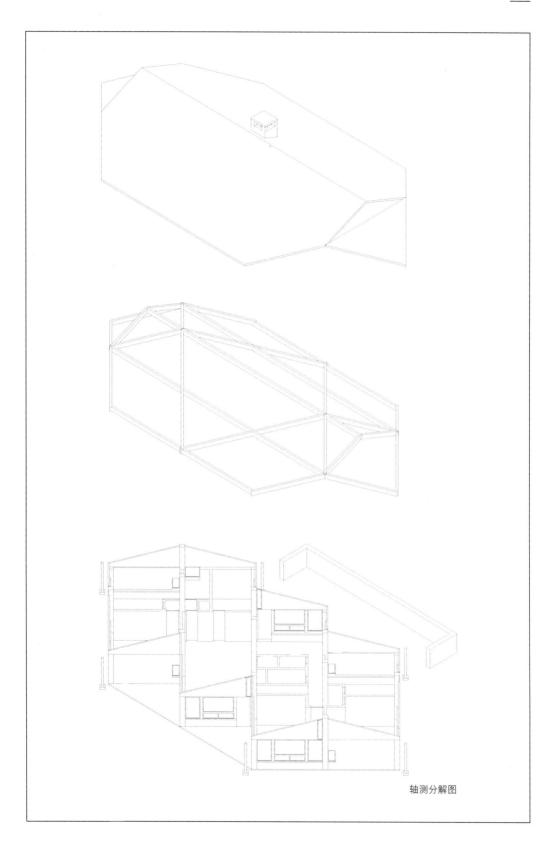

轴测分解图

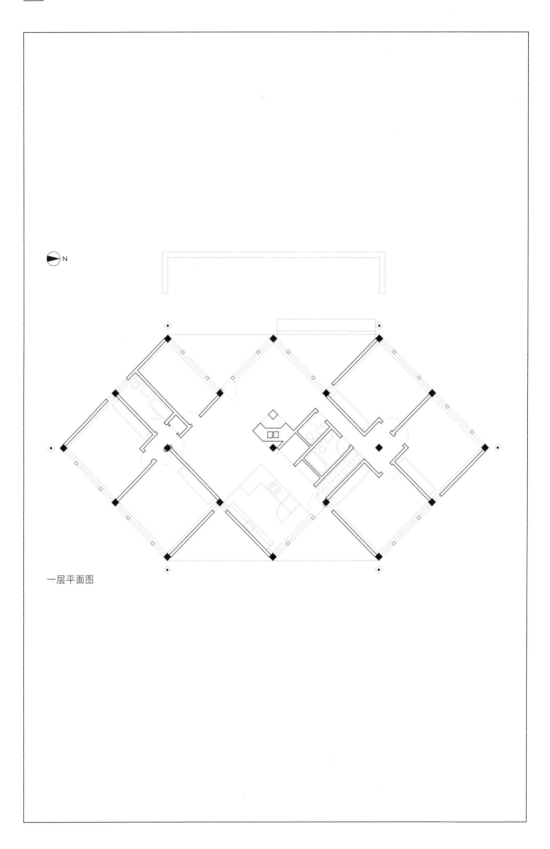

N

一层平面图

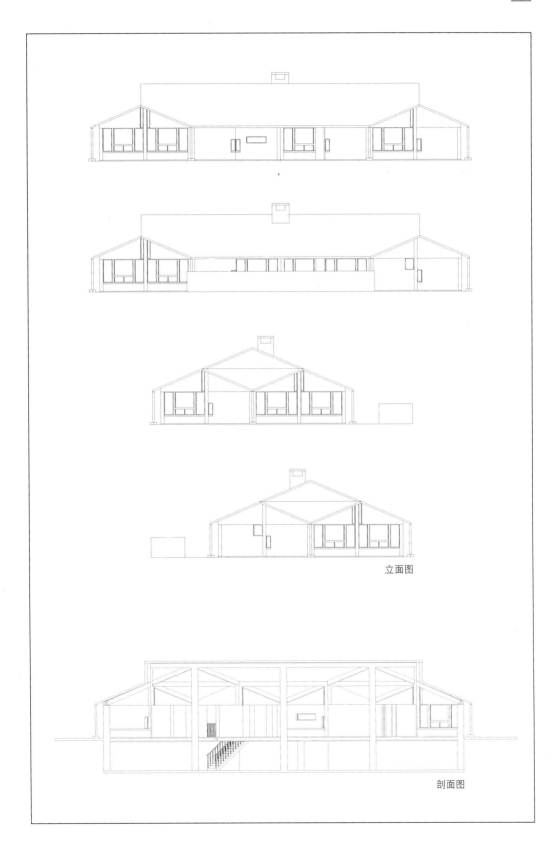

立面图

剖面图

# 89 多明尼加修道院

## Dominican Motherhouse

-----

设计时间：1965—1968
项目地点：美国宾夕法尼亚州特华拉县
建成情况：未建成
项目性质：宗教建筑

轴测图

该项目的构成方式与费城艺术学院比较类似，都是由一个走廊串起各个不同的体量。但该项目的走廊分成了三段，使走廊有了一定的围合性。中间不同的体量在相接时也尽量保持了彼此的独立性。最外围的方形体量的角度与走廊围合保持一致，使整个平面在构图上稳定起来。

轴测分解图

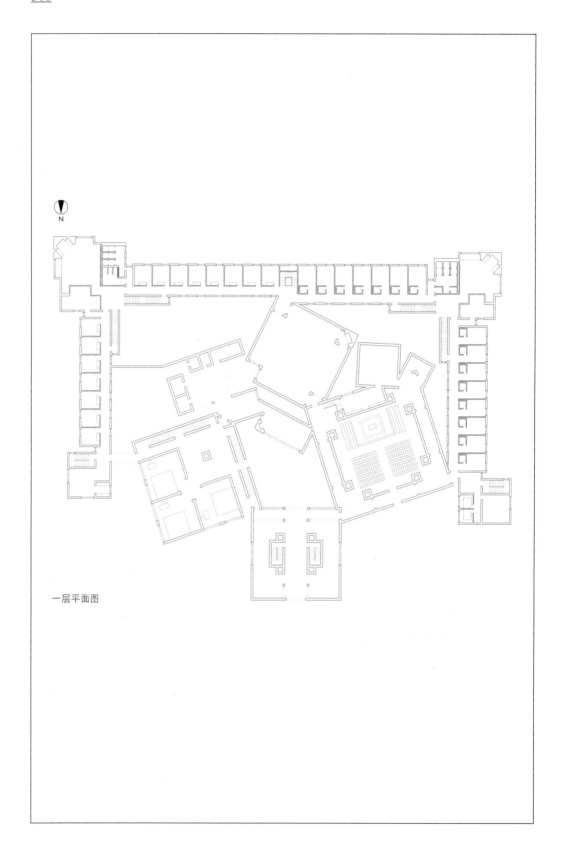

一层平面图

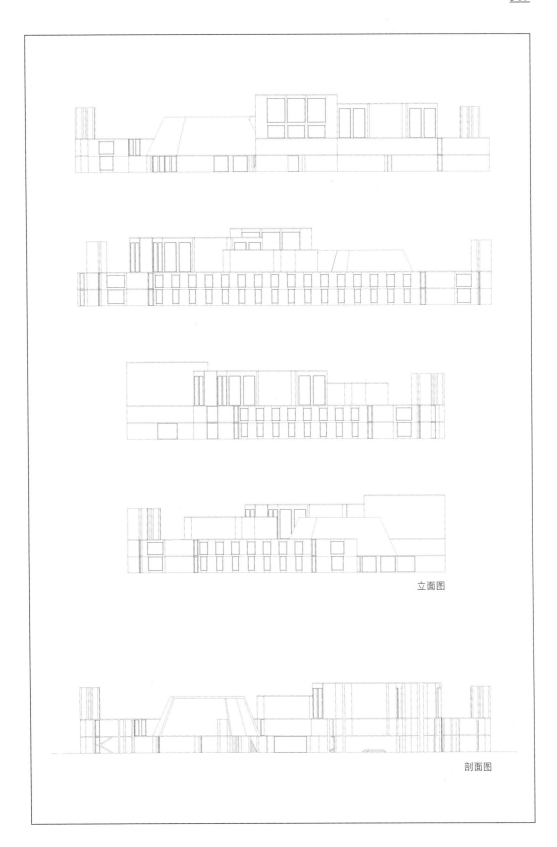

立面图

剖面图

# 90 因特拉玛 B 社区展厅

## Interama Community B—Exhibition Hall

-----

设计时间：1965—1968
项目地点：美国佛罗里达州戴德县
建成情况：未建成
项目性质：会展建筑

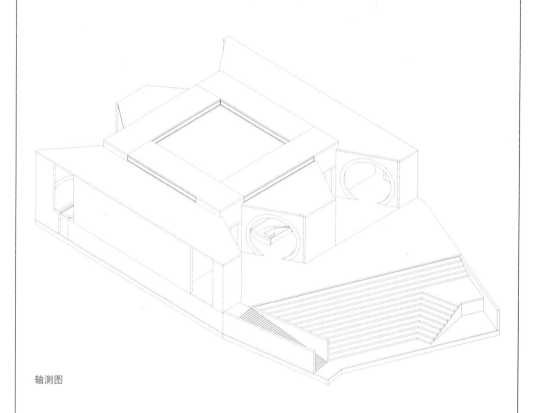

轴测图

（描述详见 91 号项目）

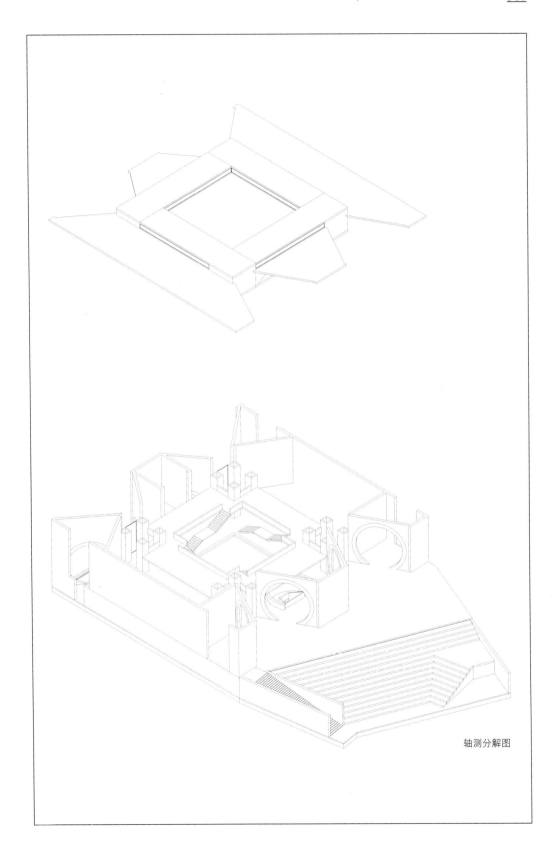

轴测分解图

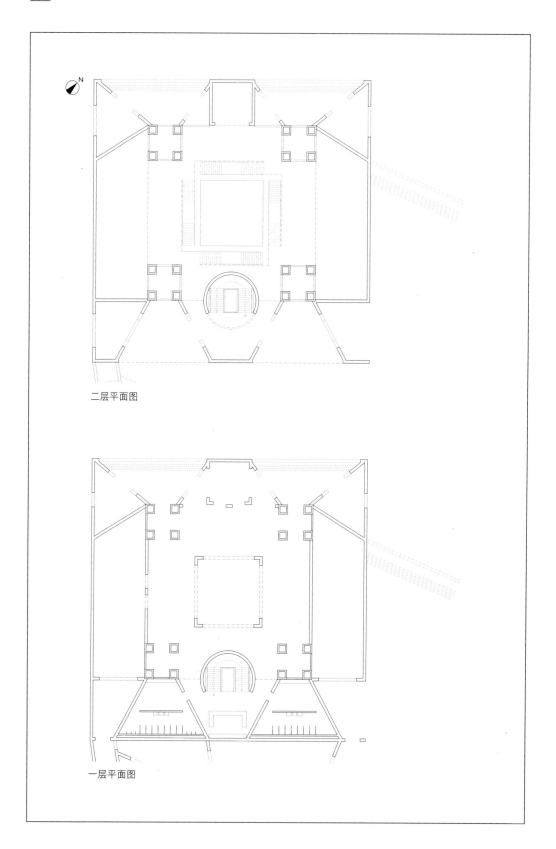

二层平面图

一层平面图

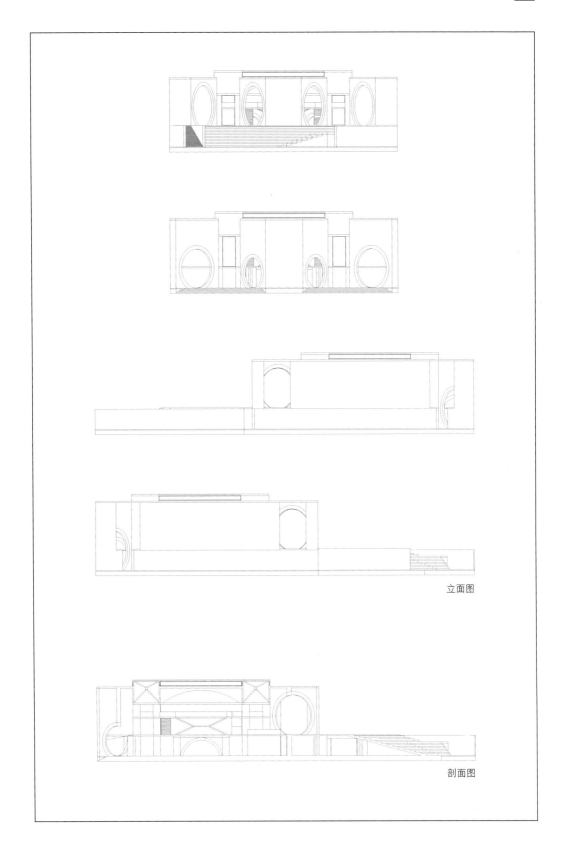

立面图

剖面图

# 91

## 因特拉玛 B 社区国民住宅

## Interama Community B—Houses of Nations

-----
设计时间：1965—1968
项目地点：美国佛罗里达州戴德县
建成情况：未建成
项目性质：集合住宅

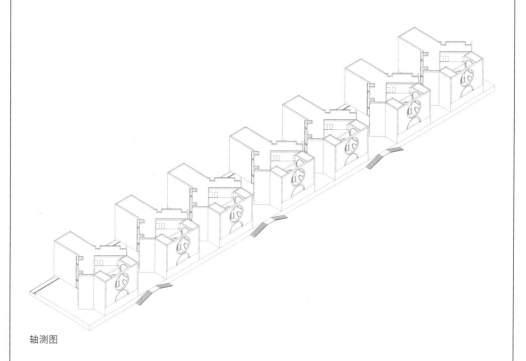

轴测图

因特拉玛项目一共有三个社区，A 社区由爱德华·斯通设计，C 社区项目交给了贝聿铭，B 社区部分由康来主持设计，这是一个关于技术交流与展示的中心，并有配套住宅。展厅部分大致上是一个由正方形外轮廓以及其内一个偏心而置的正方形组成的，在立面上开了很多圆形洞口。内部正方形的四个角上各有一个由 4 根空心方柱组成的近似"大"字形的空心柱体。这些大柱体在顶部伸出屋面，侧面可以开侧高窗采光，整个大厅中部由漫射光照亮。在住宅的设计上，"Y"字形的设置可以让上方有一个室内的交流房间，也可以在下方分叉的部分与楼梯间部分形成一个露天的三角形花园，这样可以便于交流。

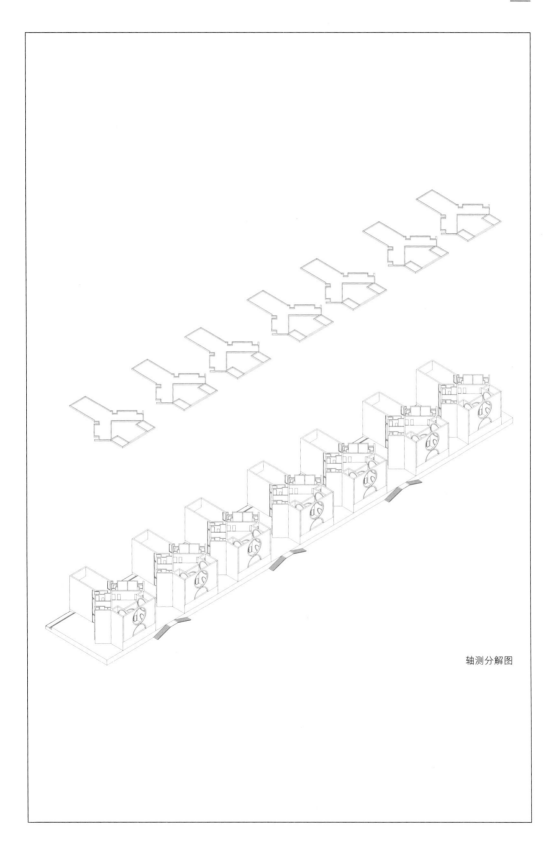

轴测分解图

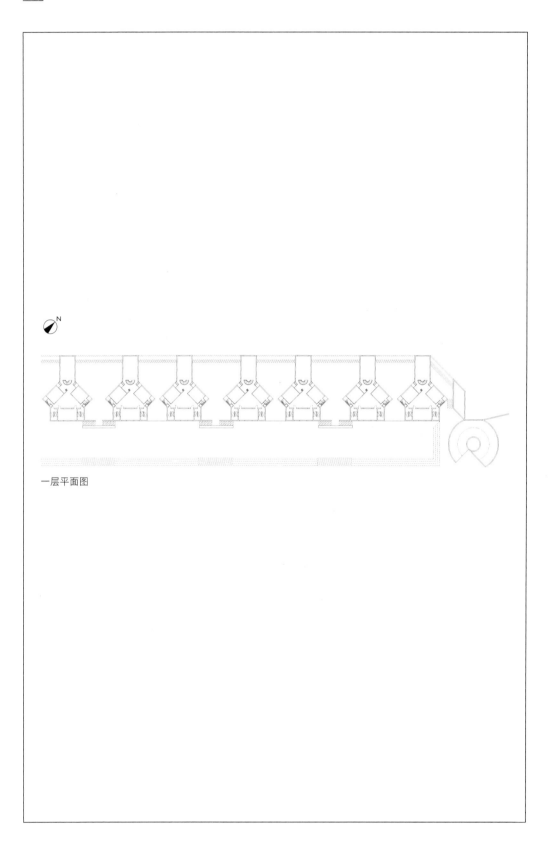

一层平面图

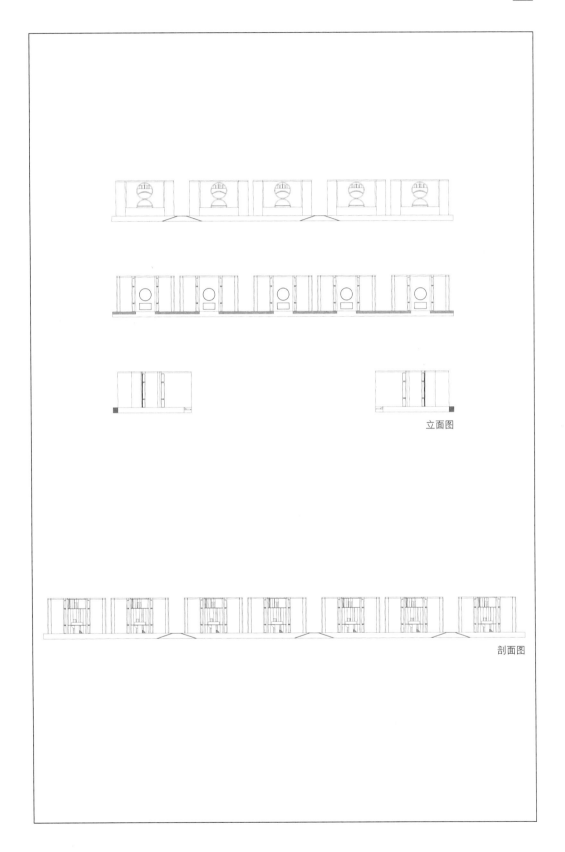

立面图

剖面图

# 92 马里兰艺术学院

## Maryland College of Art

-----

设计时间：1965—1969
项目地点：美国马里兰州巴尔的摩市
建成情况：未建成
项目性质：学校

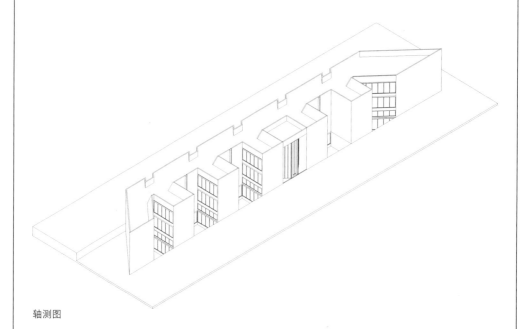

轴测图

1965 年，马里兰艺术学院的院长委托康研究一下在不同基地条件下的艺术学院工作室可以产生什么样的不同设计，然而到了 1969 年，项目还没有进行下去。从平面上看，为了防止西晒，康在外窗设计上将洞口远离外墙，使房间里进入的绝大部分是漫射光。东侧则用大面积的墙体遮挡多余的阳光，局部开大洞口把房间强调了出来。

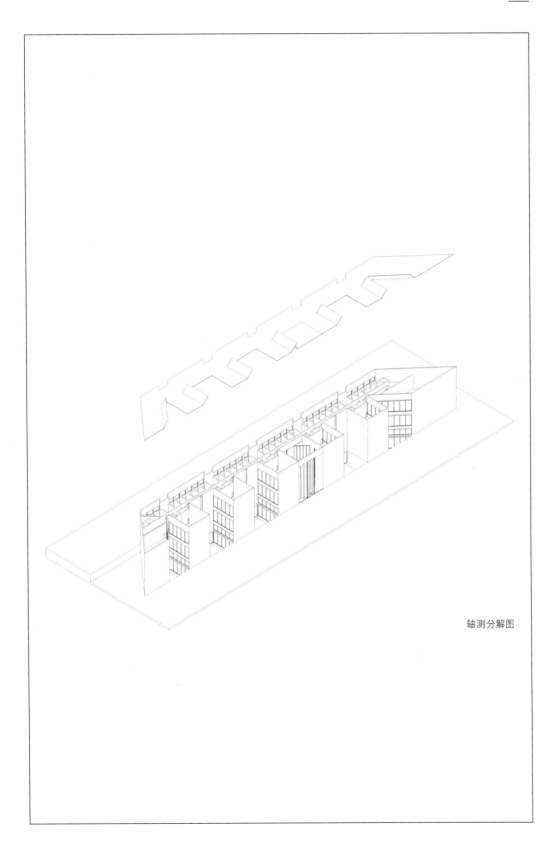

轴测分解图

N

标准层平面图

一层平面图

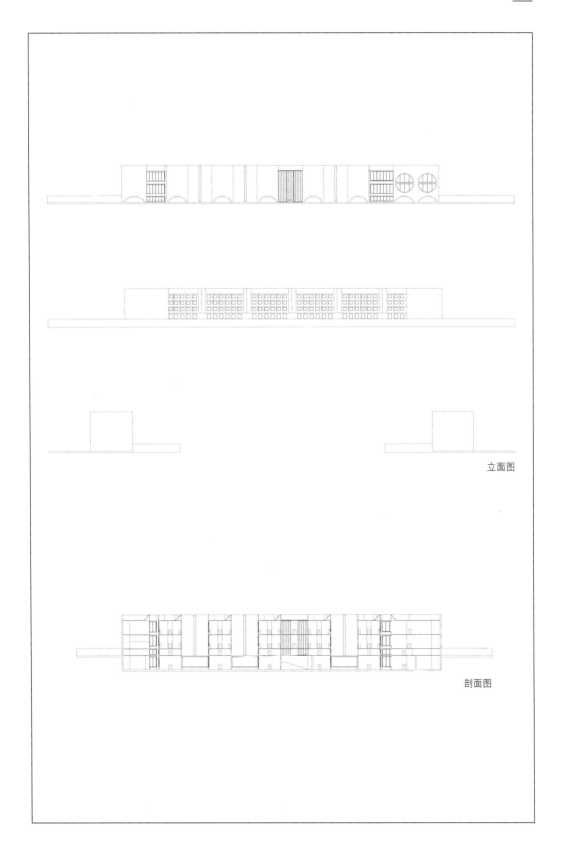

立面图

剖面图

# 93 菲利普·埃克塞特学院餐厅

Phillips Exeter—Dining Hall

-----

设计时间：1965—1971

项目地点：美国新罕布什尔州罗金汉姆县

建成情况：建成

项目性质：餐厅

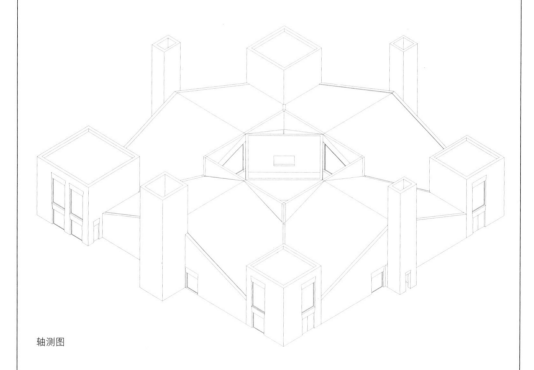

轴测图

（描述详见94号项目）

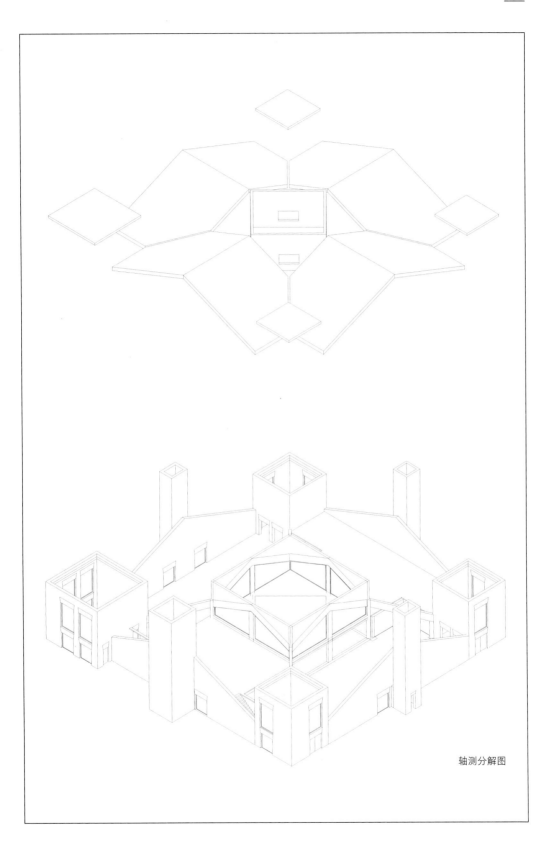

轴测分解图

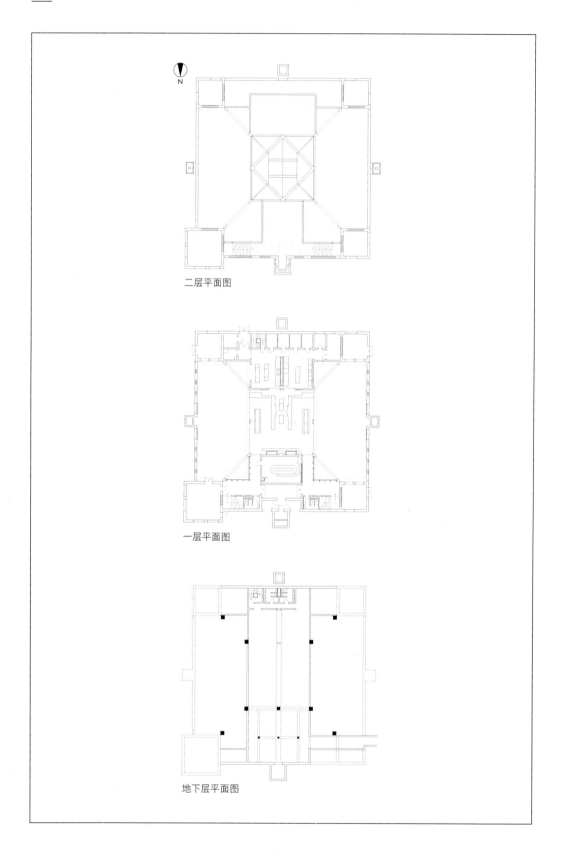

二层平面图

一层平面图

地下层平面图

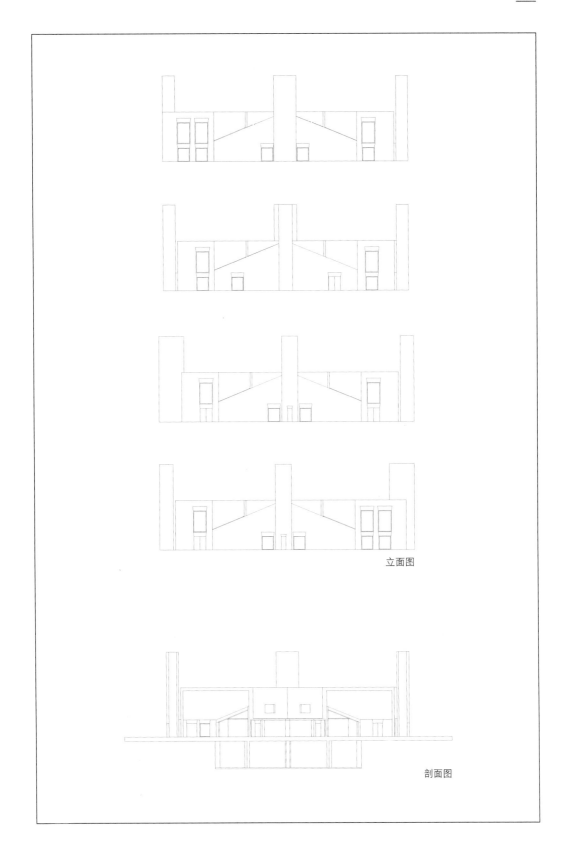

立面图

剖面图

# 94 菲利普·埃克塞特学院图书馆

## Phillips Exeter—Library

-----

设计时间：1965—1971

项目地点：美国新罕布什尔州罗金汉姆县

建成情况：建成

项目性质：图书馆

轴测图

菲利普·埃克塞特学院的图书馆和餐厅在总图上比较接近，并且都建成了。两者在构图上很相近，都是由正方形与45°线分割空间得到的。餐厅部分较为特殊的是中部坡屋顶的设置，这使在角部二层通高的房间在立面上凸显出来，加上四边都设有较高的烟道，整个餐厅有一种古典的均衡感。该图书馆是康的代表作之一，也是由正方形变化所得，在中部有个正方形通高的中庭，顶部的大十字梁被直射光照到之后，可以让室内获得反射下来的漫射光。

轴测分解图

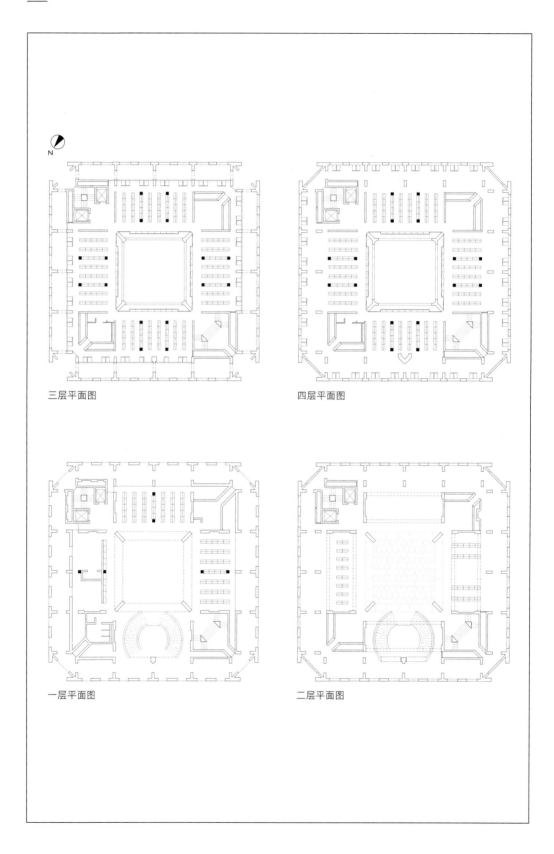

三层平面图

四层平面图

一层平面图

二层平面图

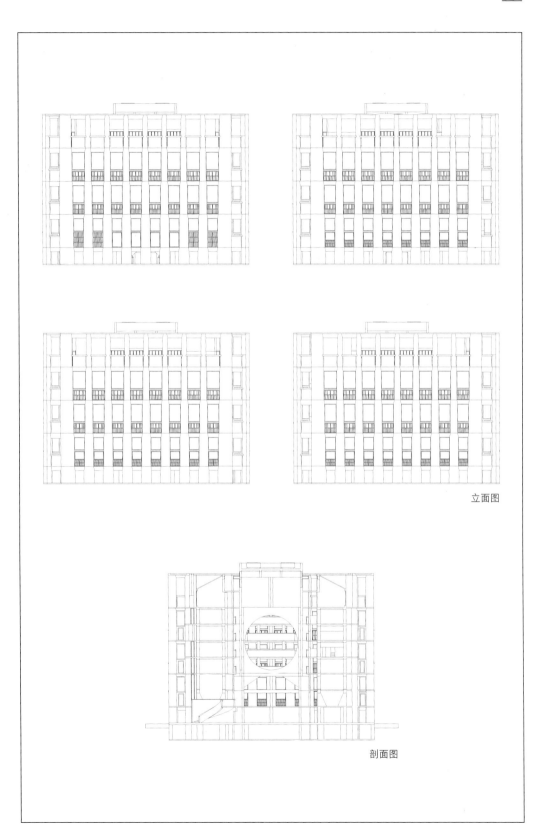

立面图

剖面图

# 95 圣安德鲁修道院

## St.Andrew's Priory

-----

设计时间：1966—1967
项目地点：美国加利福尼亚州瓦力尔莫市
建成情况：未建成
项目性质：宗教建筑

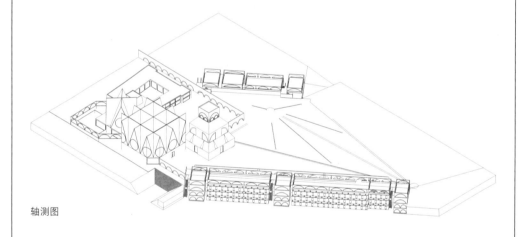

轴测图

这个项目由于经费不足而停止，只有一张较为清晰的平面图纸，立面只有草图资料。从平面上看，这几个部分是由各不相同的单元组合而成的，每个部分的角度都有变化，并且各个功能下的形式也有各种变化。对于区分这些变化，康有如下的言论："建筑是大自然无法创造的事物……自然的工作方式是利用规则的和谐，而人的工作方式是区分规则。"

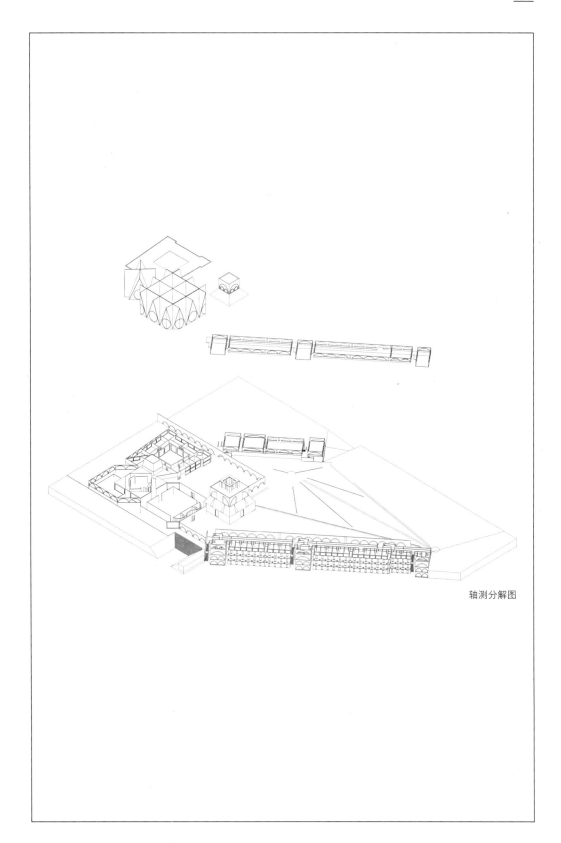

轴测分解图

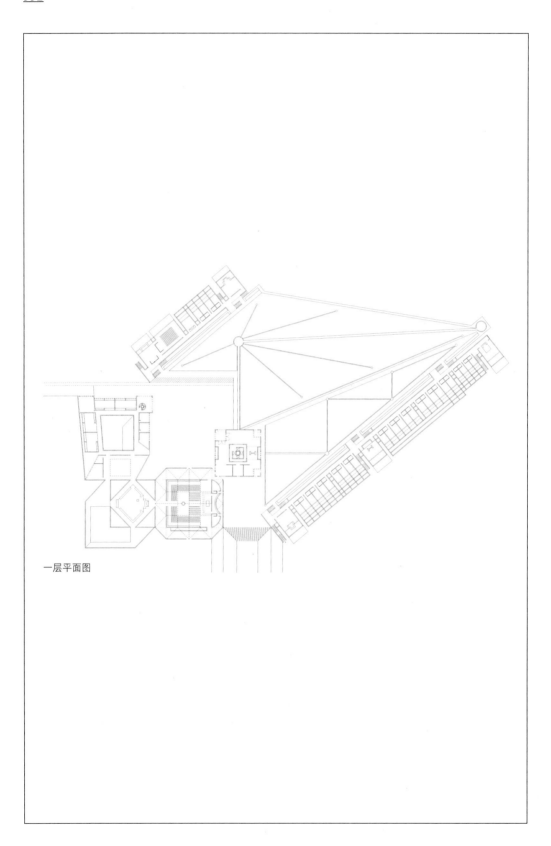

一层平面图

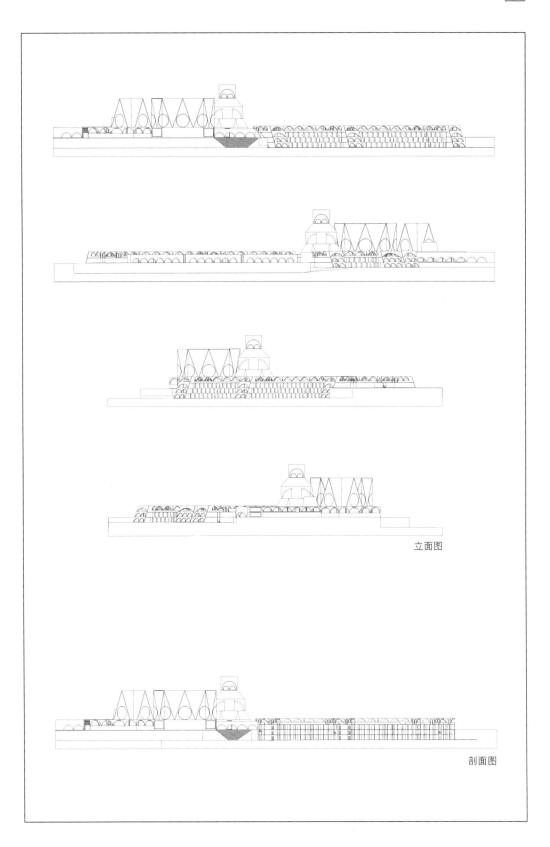

立面图

剖面图

# 96 百老汇联合基督教堂与办公楼
## Broadway United Church of Christ and Office Building

-----

设计时间：1966—1968
项目地点：美国纽约州纽约市
建成情况：未建成
项目性质：办公楼

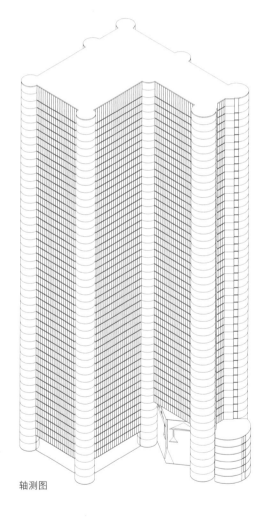

轴测图

这个方案有两个版本，本书选的是第二版。这是一个高层建筑，高层部分是办公楼，裙房部分是教堂。办公楼部分在结构上较为特殊，是由 6 个较小的空心圆柱和 2 个较大的核心筒部分组成的。裙房部分相对自由，利用了一些非正交墙和弧墙围合空间。

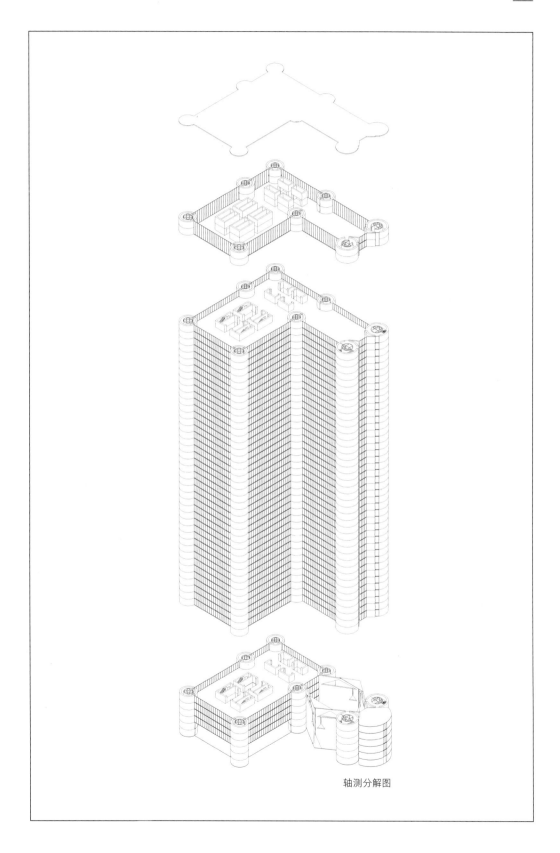

轴测分解图

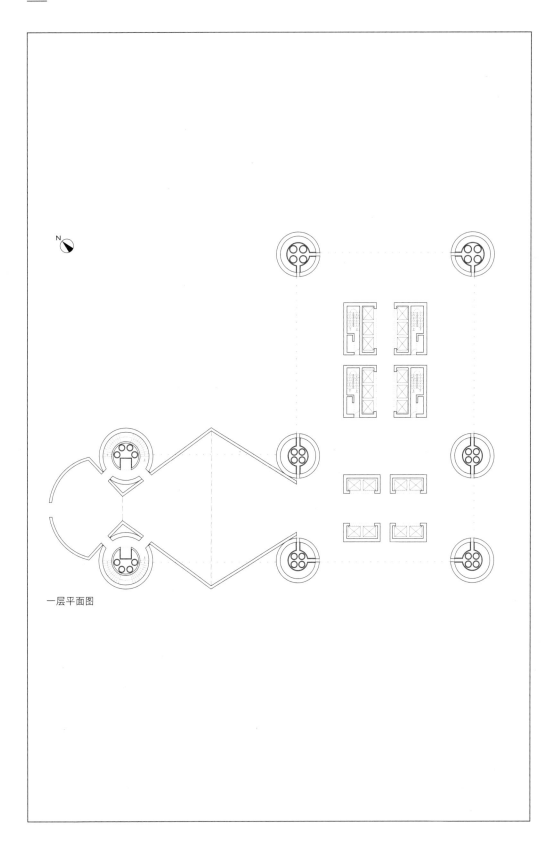

一层平面图

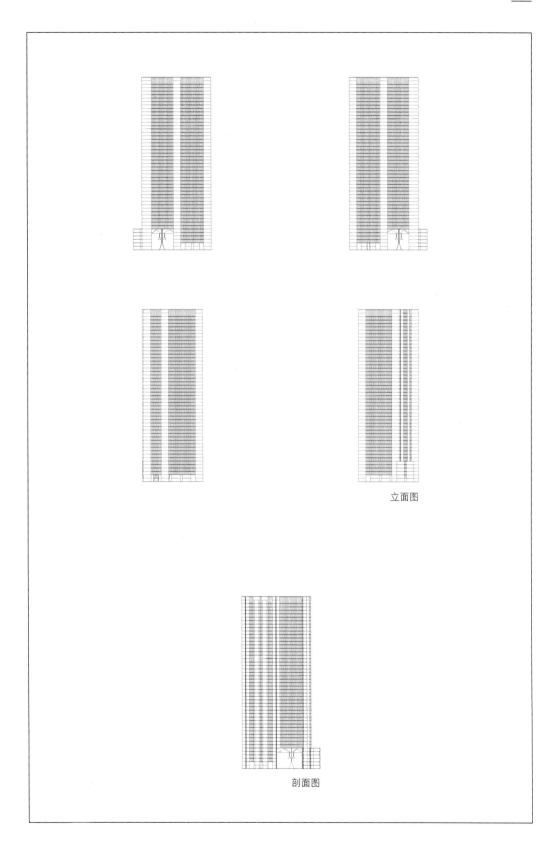

立面图

剖面图

# 97 奥列维蒂 – 恩德伍德工厂
## Olivetti—Underwood Factory

-----

设计时间：1966—1969
项目地点：美国宾夕法尼亚州哈里斯堡市
建成情况：建成
项目性质：工厂

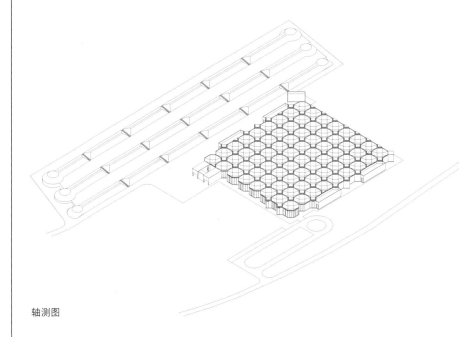

轴测图

在这个项目中，康在工厂的主要部分设计了一个结构单元，由此阵列复制得到工厂主体。周边的小房间用矩形轮廓附着在整体的大空间上。这个八边形结构单元也是由正方形得到的，可以看作是一个立方体打开了中部的 4 个面，再将顶点相连得到了 4 个三角形，并在设计上结合了设备要求，在单元拼接处形成的正方形部分也可以获得采光和通风。

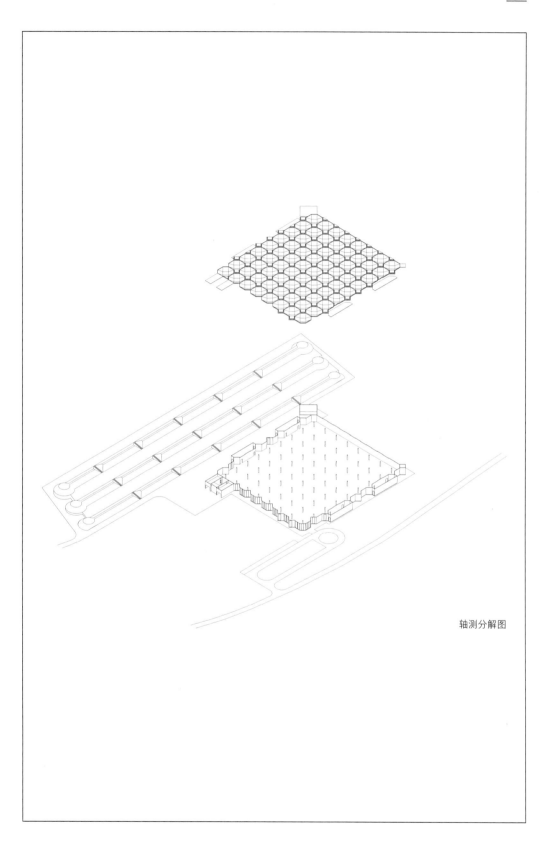

轴测分解图

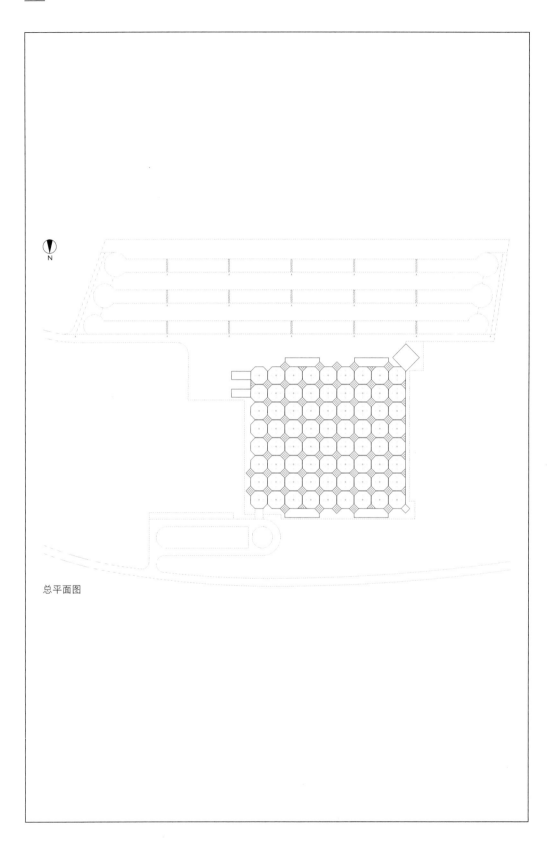

总平面图

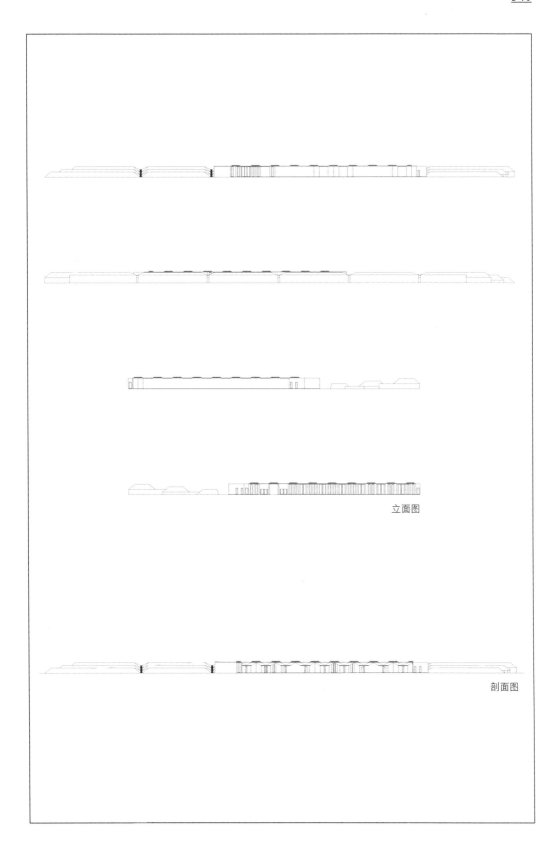

立面图

剖面图

# 98 斯特恩住宅

## Stern House

-----
设计时间：1966—1970
项目地点：美国华盛顿特区
建成情况：未建成
项目性质：独栋住宅

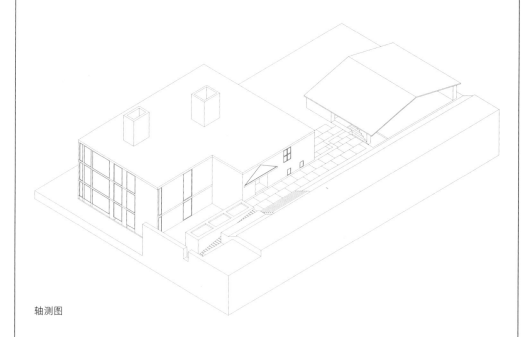

轴测图

菲利普·斯特恩夫妇在看了康在纽约现代艺术博物馆的展览之后决定请康来设计他们的住宅。康在早先的平面中设计了椭圆和45°转角的正方形房间，但是在后来的方案中，这一设计慢慢被取消。到了终版方案中，不仅异形的房间没有了，而且建筑面积也大量缩减。但因为预算的花费超过了业主能承受的两倍之多，该项目被迫停止。

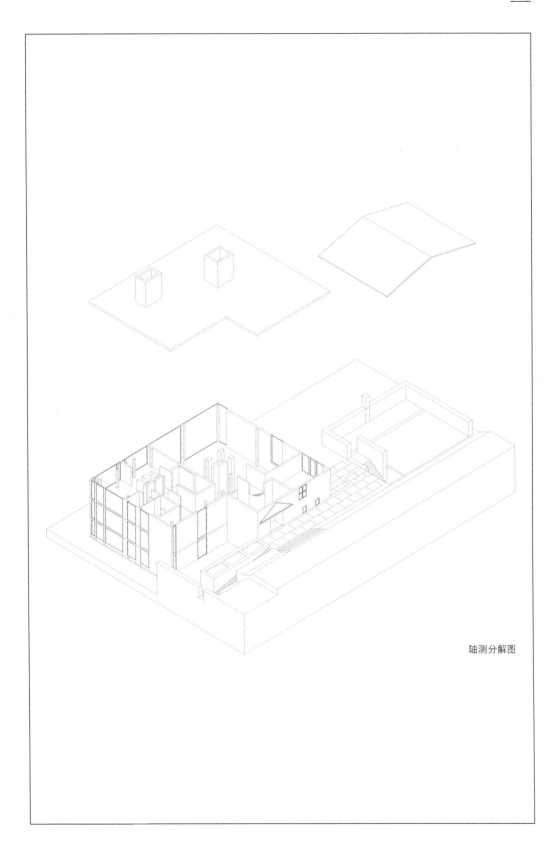

轴测分解图

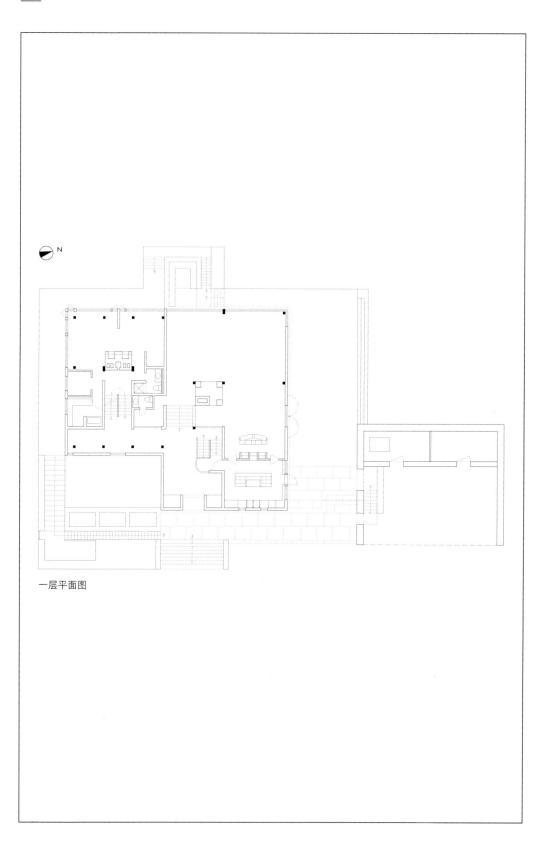

一层平面图

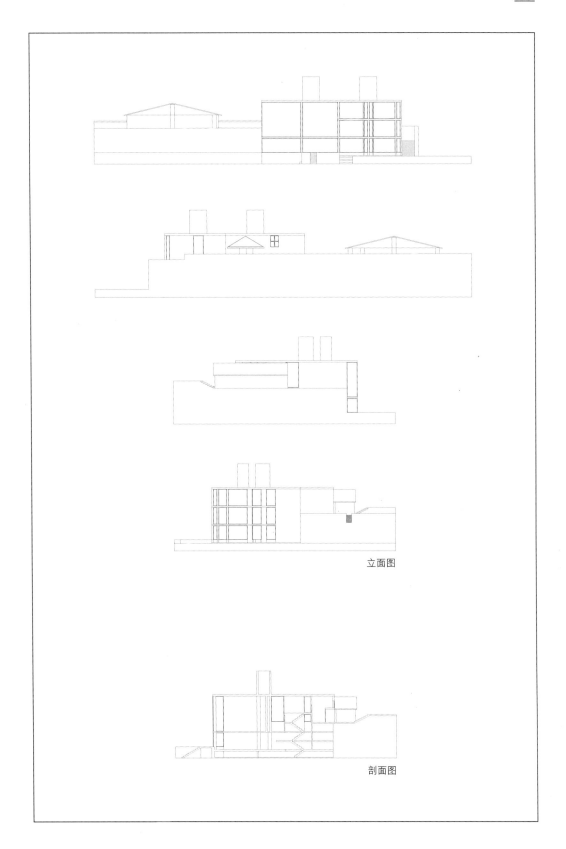

立面图

剖面图

# 99 金贝尔艺术博物馆
## Kimbell Art Museum

-----

设计时间：1966—1972
项目地点：美国得克萨斯州沃思堡市
建成情况：建成
项目性质：艺术馆

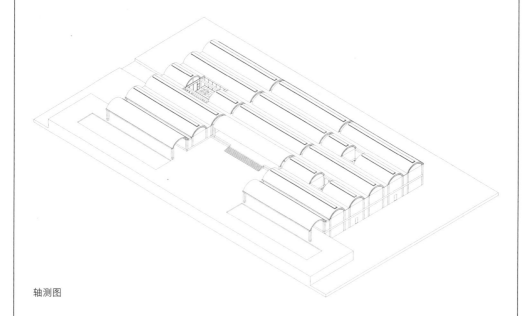

轴测图

这也是康的代表作之一，在阵列排布的"仓库"式结构中，设置了几处开口和室外庭院，使这种均匀化的空间产生一些变化。有的开口部分只有一层，有的有两层，因为基地有高差，入口处的地面标高较高。每个拱顶都采用了轮转曲线，并在中间开口部分设置了铝板作为采光装置，从拱顶能够得到均匀的漫射的自然光。

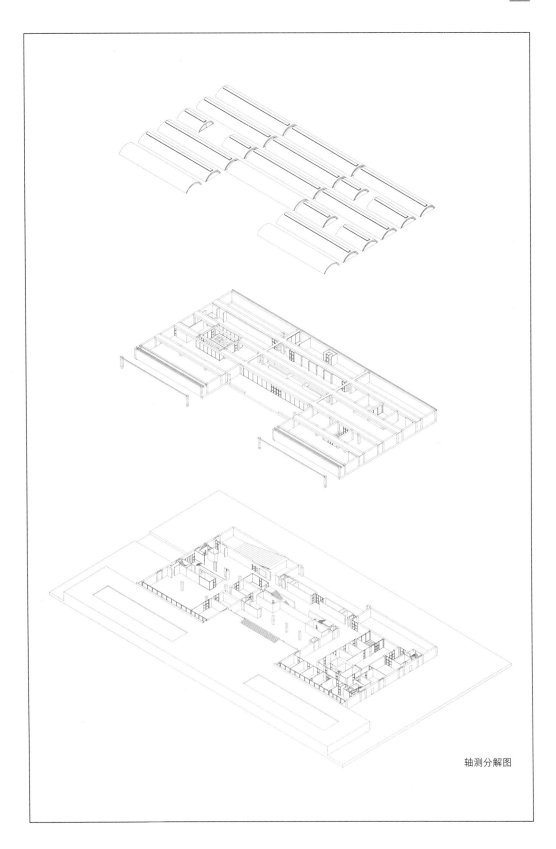

轴测分解图

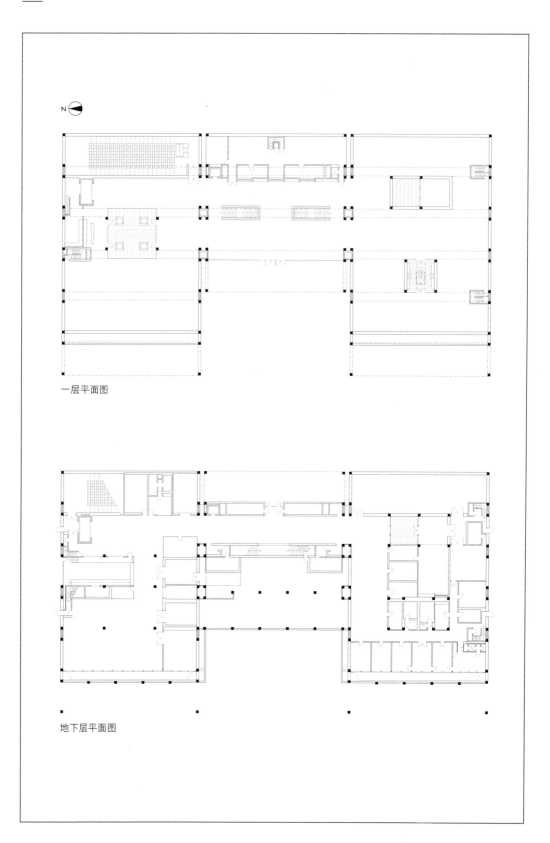

一层平面图

地下层平面图

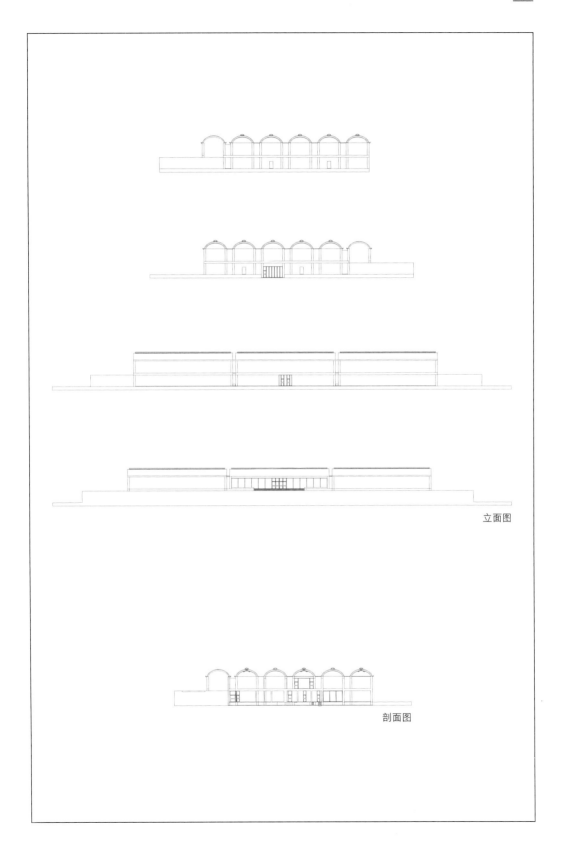

立面图

剖面图

# 100 犹太牺牲者纪念碑

## Memorial to the Six Million Jewish Martyrs

-----

设计时间：1966—1972
项目地点：美国纽约州纽约市
建成情况：未建成
项目性质：纪念碑

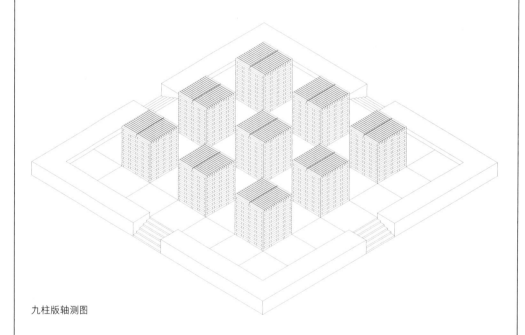

九柱版轴测图

该项目有多个方案，其中比较有代表性的是一版九柱版与两版七柱版。在九柱版方案中，康将每个柱体均匀设置在网格中，没有独立表达任何一个柱体。但在两版七柱方案中，对中心柱体的强调使其与周围的柱体有所区别。据康自己的说法，这些柱体都是由玻璃砖砌筑而成的，想要做一个完全透光的纪念碑，也就是没有影子的纪念碑。

九柱版轴测分解图

552

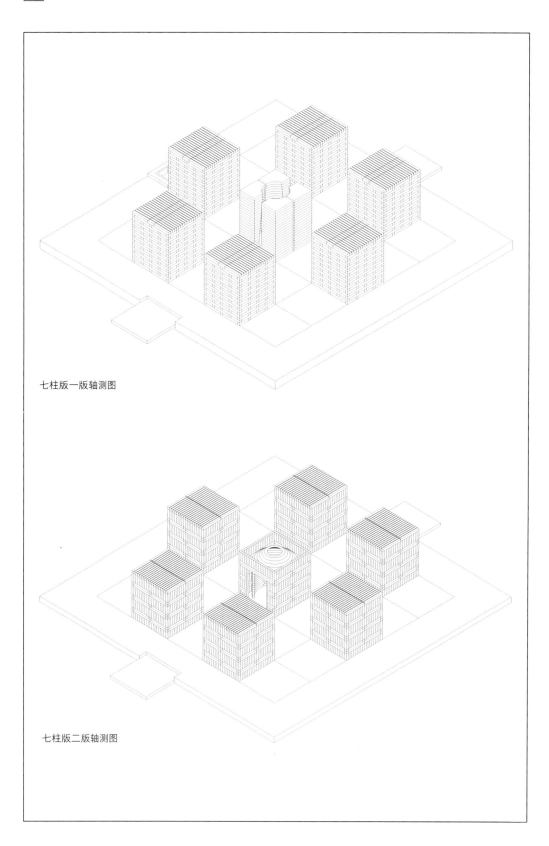

七柱版一版轴测图

七柱版二版轴测图

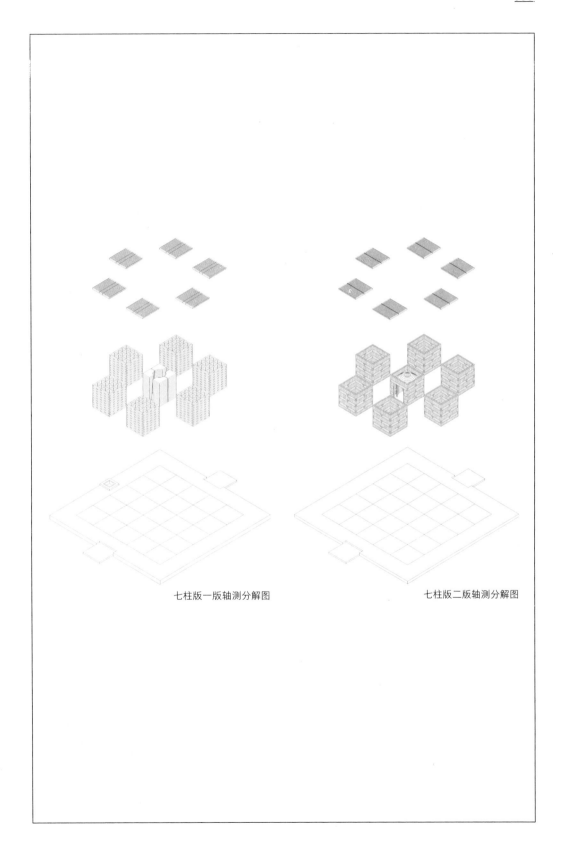

七柱版一版轴测分解图                                     七柱版二版轴测分解图

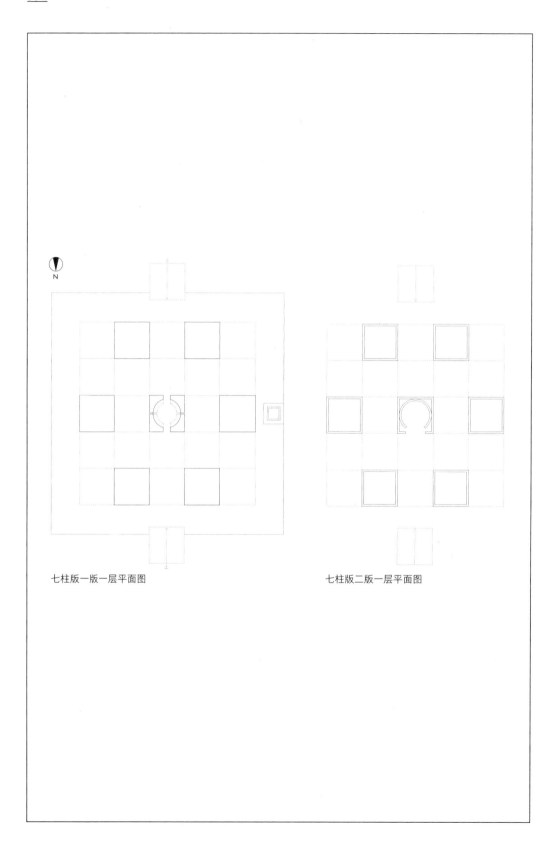

七柱版一版一层平面图            七柱版二版一层平面图

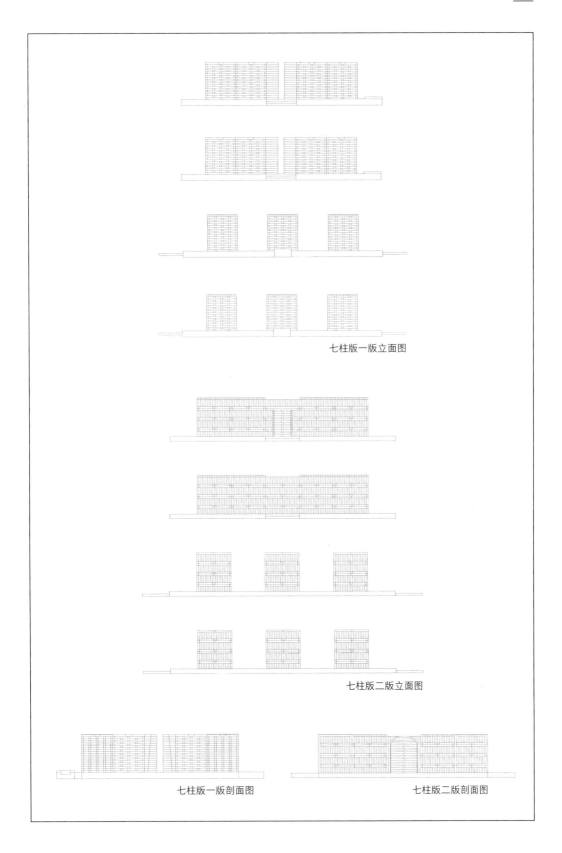

七柱版一版立面图

七柱版二版立面图

七柱版一版剖面图

七柱版二版剖面图

九柱版一层平面图

九柱版立面图

九柱版剖面图

# 101 贝斯－埃尔犹太会堂

## Temple Beth-El Synagogue

-----

设计时间：1966—1972
项目地点：美国纽约州韦斯特切斯特县
建成情况：建成
项目性质：宗教建筑

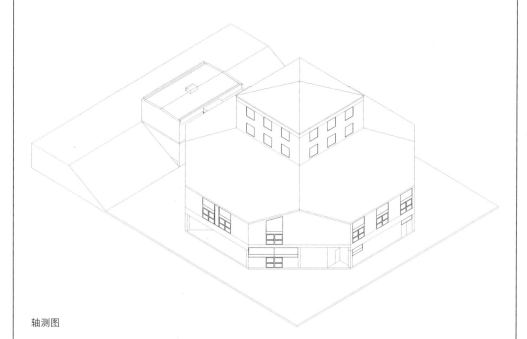

轴测图

这也是一个采用集中式构图的建筑。中部升高的大厅在立面上被凸显出来，在正方形大厅室内的四面墙上都开了同样的窗。在主体外部，康设置了一个门廊来提供额外的座席。在这期间，他提出了让集会空间"少一点现实主义，多一点兴奋元素"的建议。

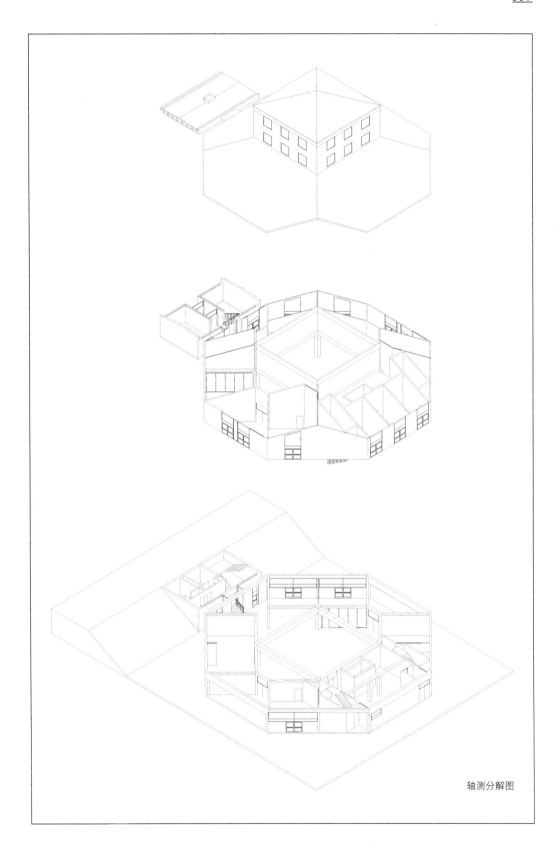

轴测分解图

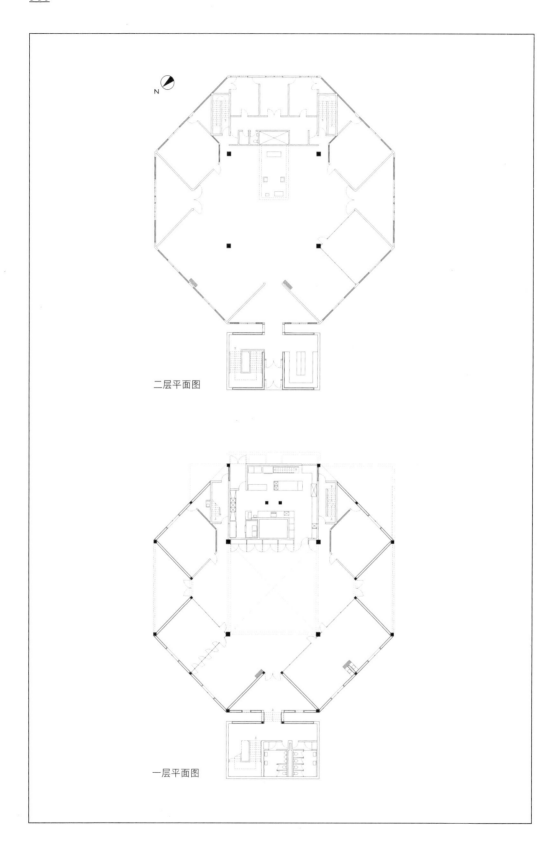

二层平面图

一层平面图

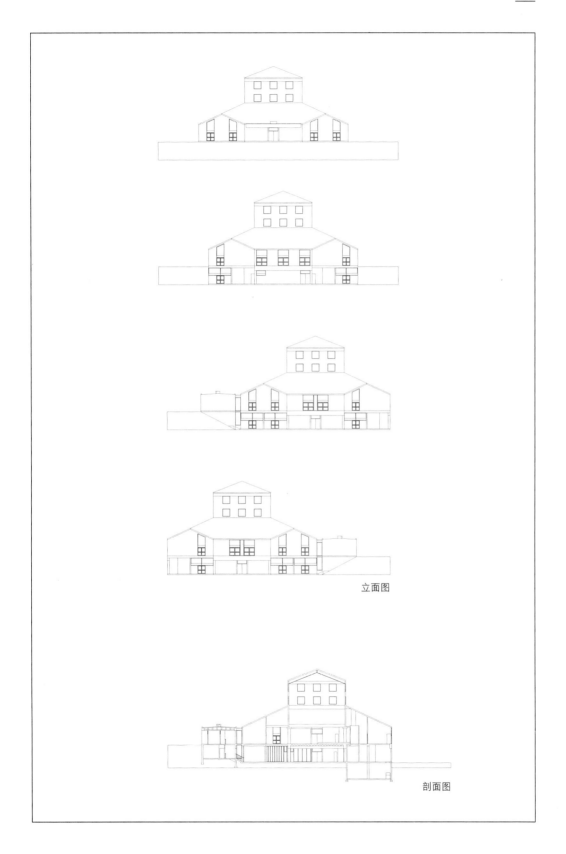

立面图

剖面图

# 102 阿尔特加办公楼
## Altgar Office Tower

-----

设计时间：1966—1974
项目地点：美国密苏里州堪萨斯城
建成情况：未建成
项目性质：办公楼

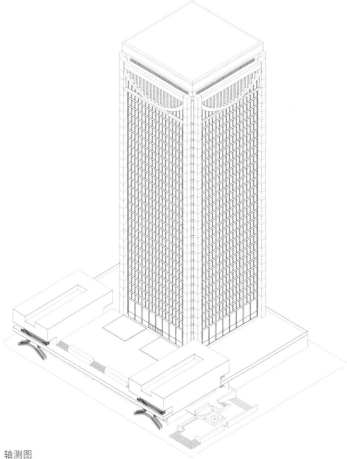

轴测图

1966 年年初，阿尔特加公司委托康设计一个 15 ～ 22 层的办公楼。康不太喜欢在高层建筑中用钢结构，他把它们称为"锡罐"。他相信现代的高层建筑可以用混凝土建造出来。后来康与合作的结构工程师讨论，设计了一个顶层部分近似悬浮的结构。不过在 1974 年，业主在没有正式通知康的情况下，将项目委托给了 SOM 设计公司。

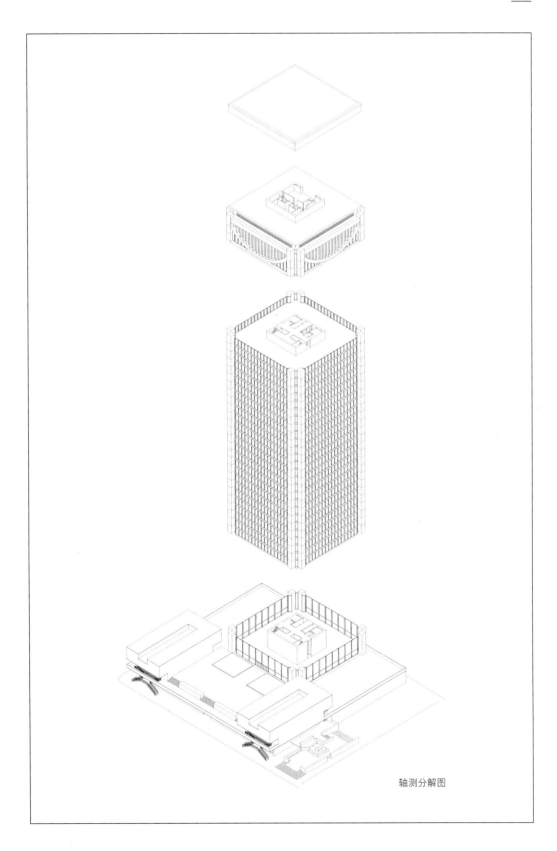

轴测分解图

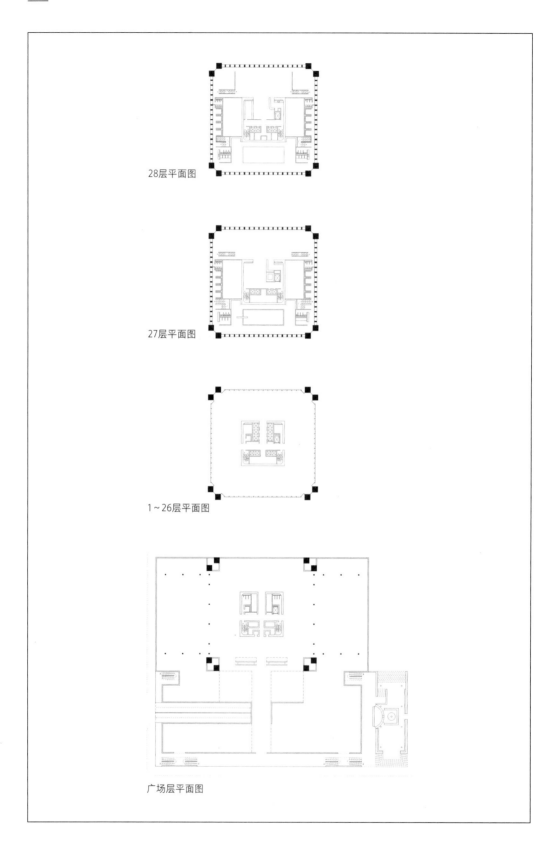

28层平面图

27层平面图

1～26层平面图

广场层平面图

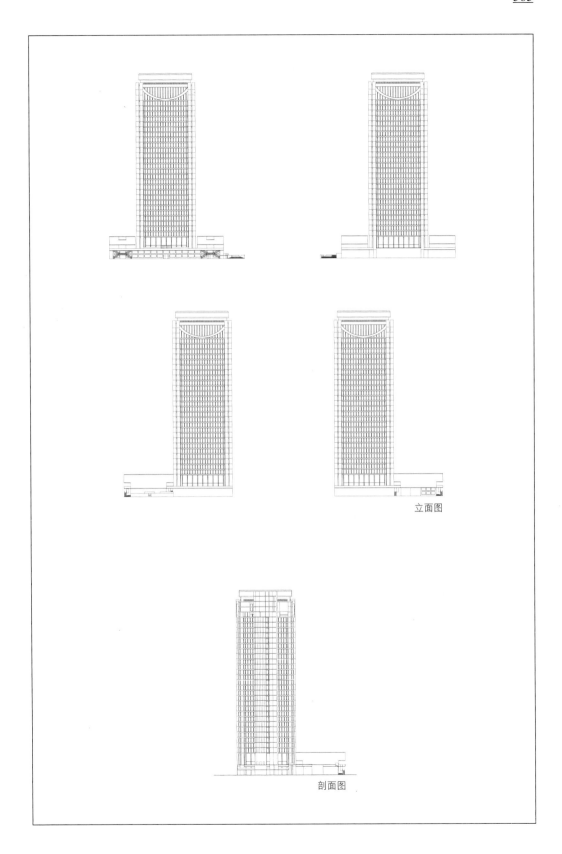

立面图

剖面图

# 103 小山改造重开发
## Hill Renewal and Redevelopment

-----

设计时间：1967—1974

项目地点：美国康涅狄格州纽哈文市

建成情况：未建成

项目性质：学校

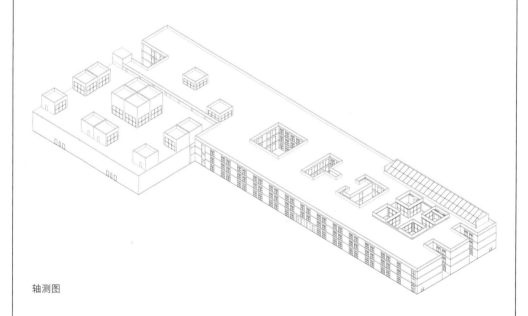

轴测图

该建筑在轮廓上是一个矩形组合的方案，一侧是运动场和餐厅，另一侧是带有中庭的长矩形的教学区。在运动场和餐厅的方形体量部分，有高出的屋顶可以用于采光和通风。教学楼部分有不同形式的中庭，使室内空间变化丰富。

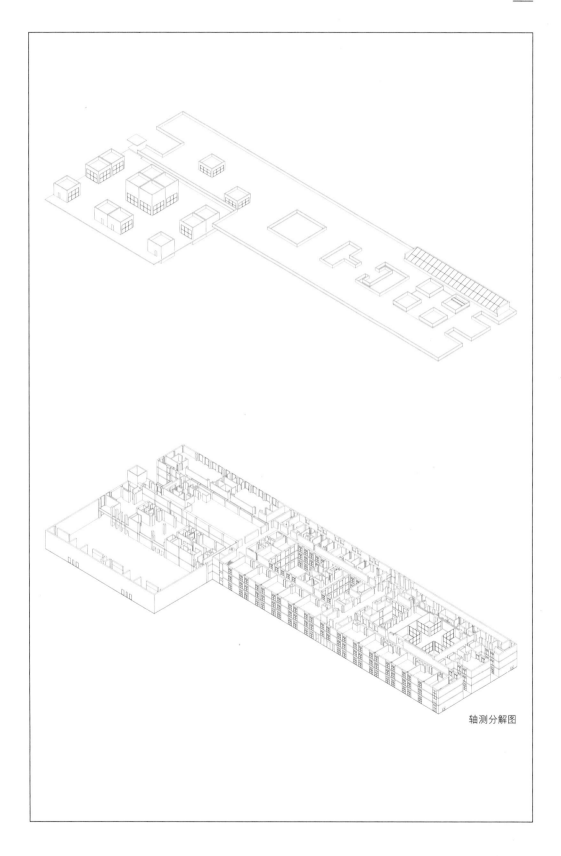

轴测分解图

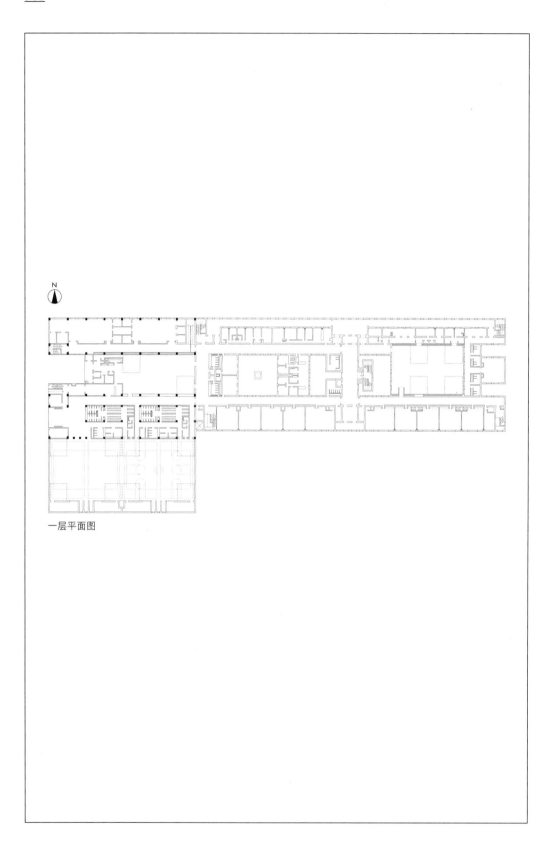

一层平面图

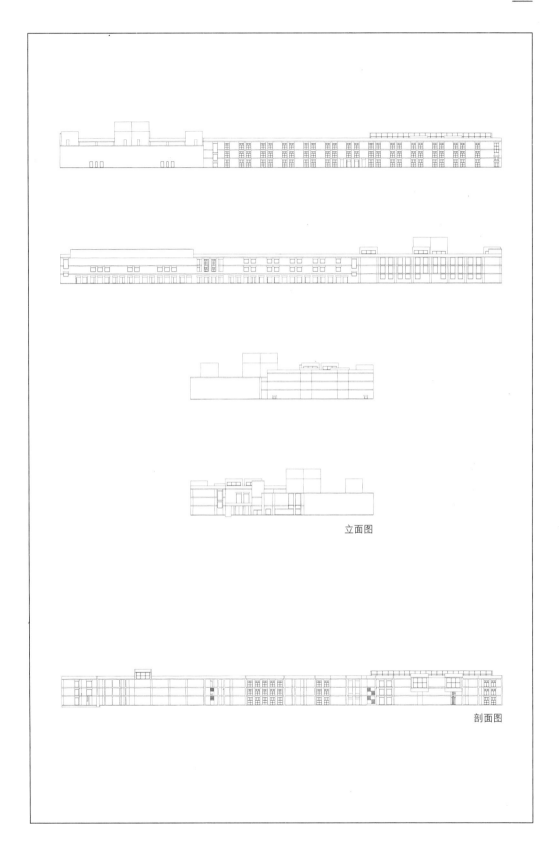

立面图

剖面图

# 104 胡瓦犹太会堂

Hurvah Synagogue

-----

设计时间：1967—1974
项目地点：以色列耶路撒冷市
建成情况：未建成
项目性质：宗教建筑

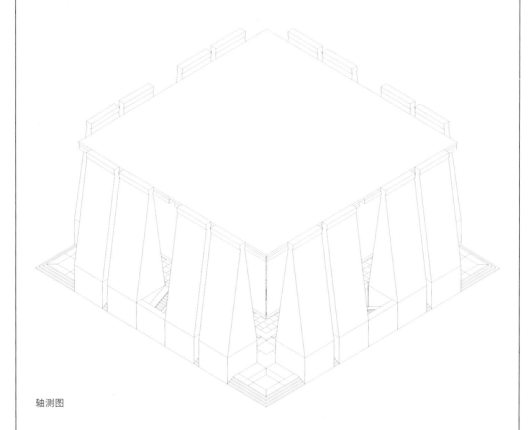

轴测图

因为政治和经费等原因，这个项目一直进行得比较艰难。直到去世，康也没能等到合适的时机完成该建筑。这是一个正方形构图下的建筑，一边设置了圣坛，另外三边都有楼梯。整个建筑中，16个小型的祷告室看似是结构块，实际上和主体中部的结构是脱开的。

轴测分解图

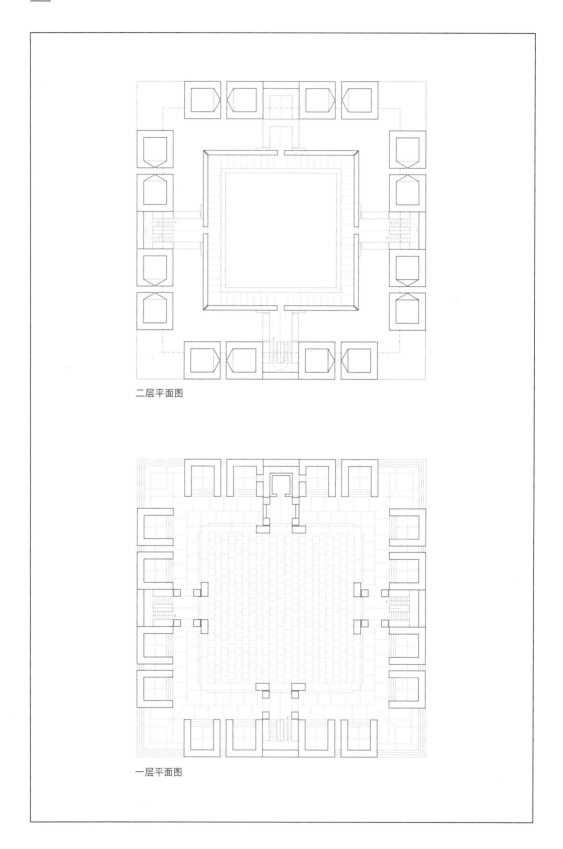

二层平面图

一层平面图

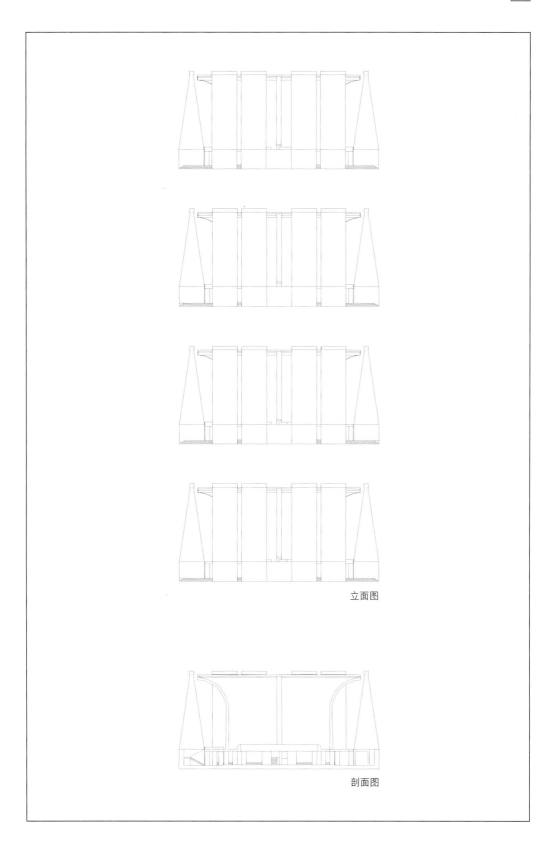

立面图

剖面图

# 105 双年展会议宫
## Palace of Congress and Biennale

-----

设计时间：1968—1974
项目地点：意大利威尼斯市
建成情况：未建成
项目性质：会展建筑

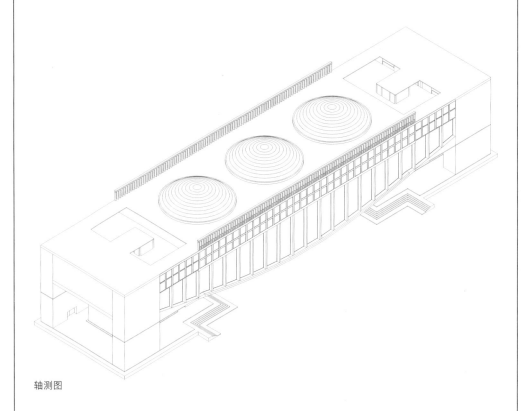

轴测图

康在这个项目中想做一个集市与会议厅结合的方案，集市是走廊，而会议厅是圆形的。受场地所限，康在会议厅的原始圆形布局上做了调整，留下了现在的方案——中部为圆形排布的座椅，两侧为柱廊空间。顶层部分有三个玻璃穹顶提供采光。立面的设计使这个建筑看起来像一座"桥"。

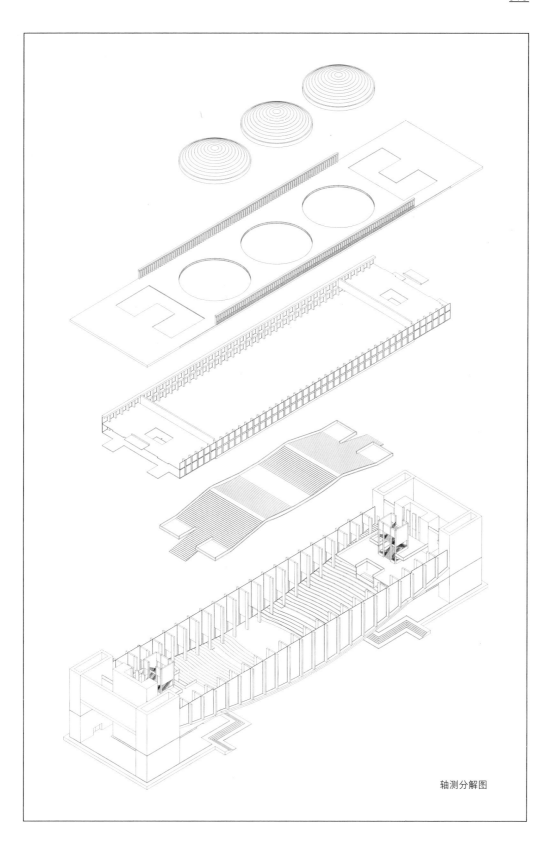

轴测分解图

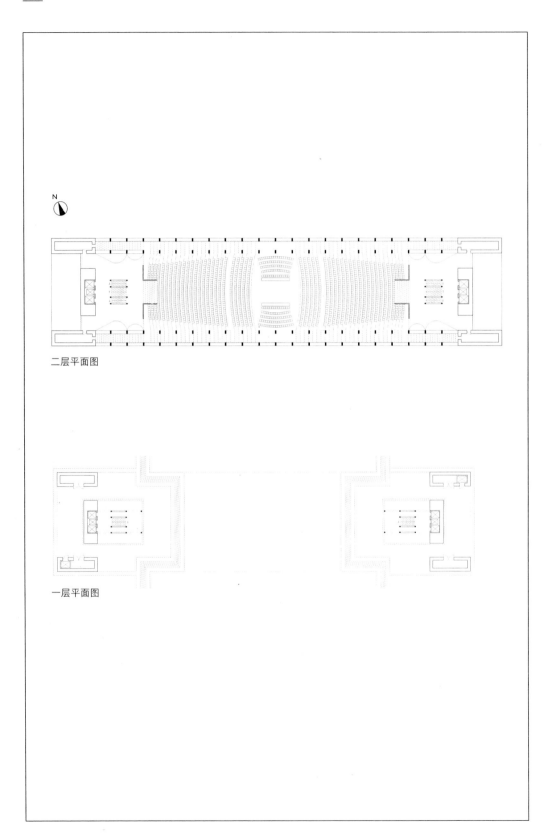

二层平面图

一层平面图

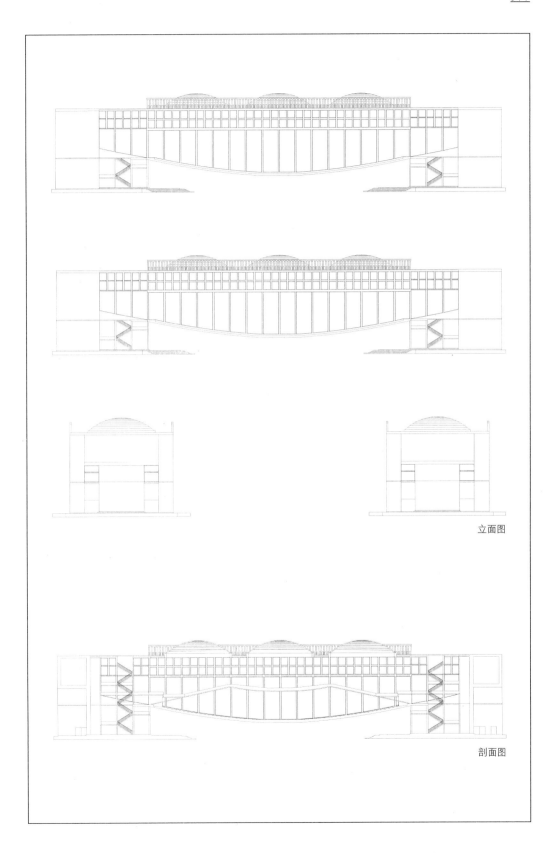

立面图

剖面图

# 106 双厅电影院
## Dual Movie Theater

-----

设计时间：1969—1970
项目地点：美国宾夕法尼亚州费城
建成情况：未建成
项目性质：电影院

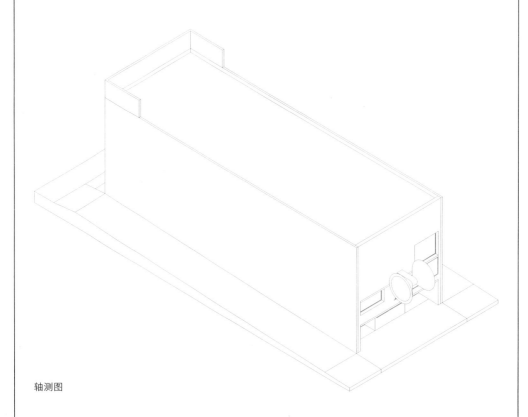

轴测图

这是一个双厅电影院，平面布局较为简洁，设计的主要特点在立面上。除了一个比较夸张的大喇叭形的构造在立面上表达自身之外，还有许多不同形式的大窗，从街上经过电影院的人可以看到电影院里的人在不同的楼层间有聚有散的活动状态。

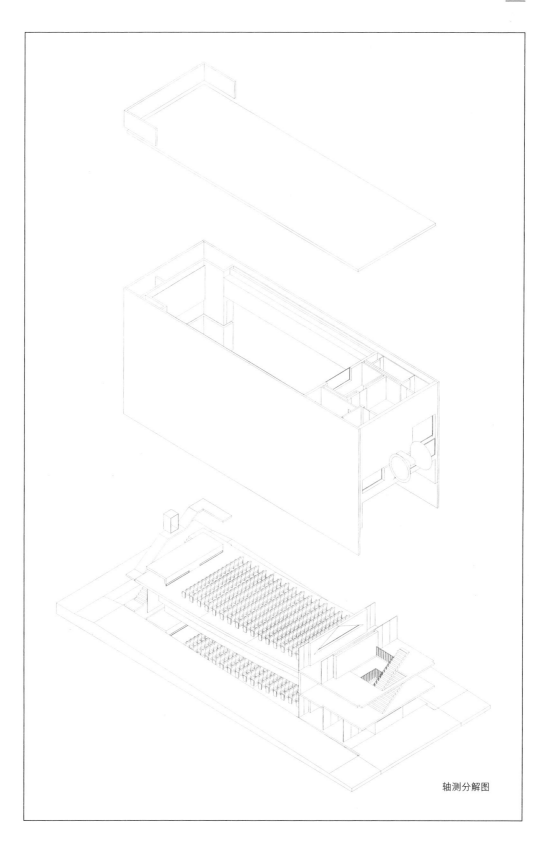

轴测分解图

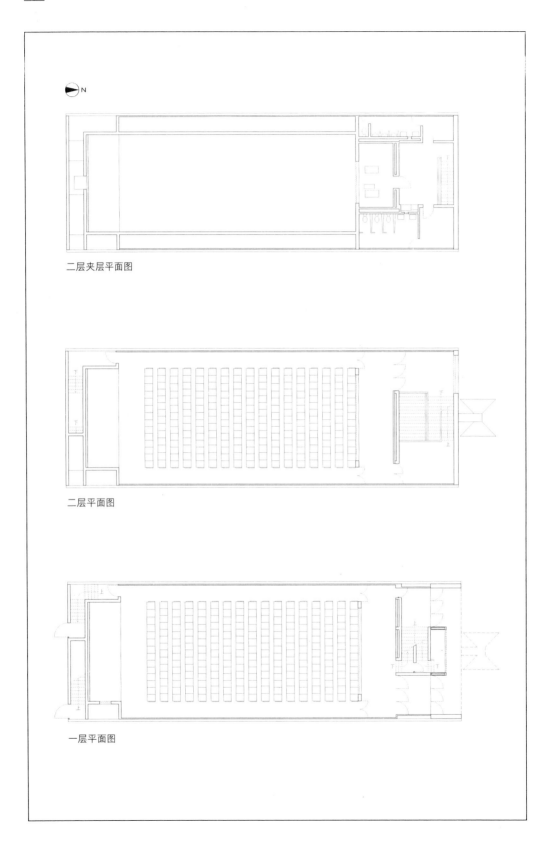

二层夹层平面图

二层平面图

一层平面图

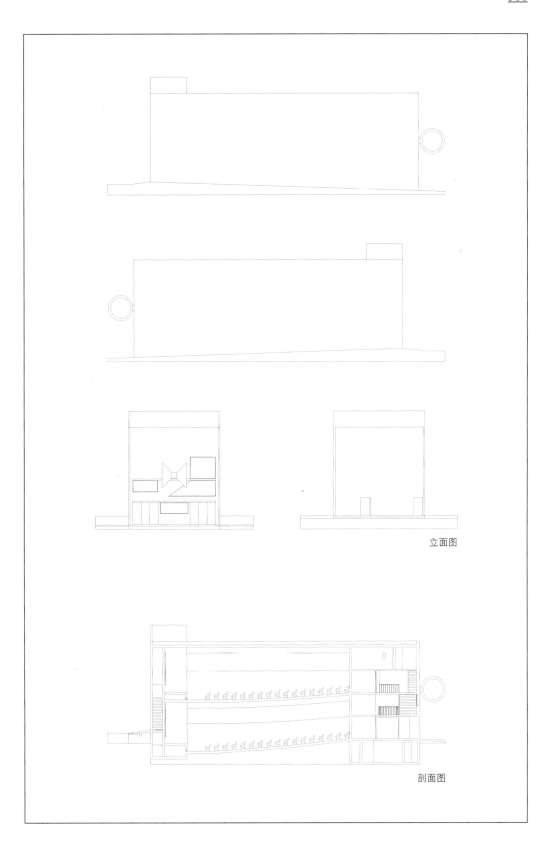

立面图

剖面图

# 107 耶鲁大学英国艺术中心

## Yale Center For British Art

-----

设计时间：1969—1974

项目地点：美国康涅狄格州纽哈文市

建成情况：建成

项目性质：艺术馆

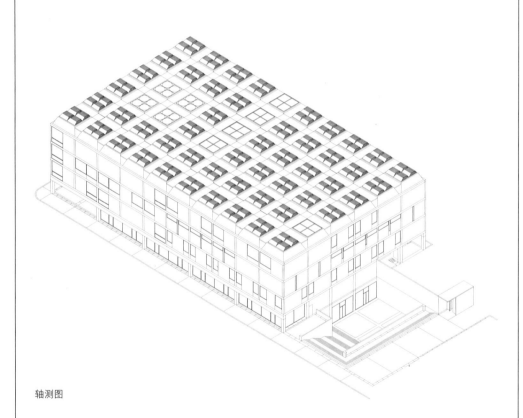

轴测图

这也是康的代表作之一。该项目虽然外观上和金贝尔艺术博物馆有很大区别，但整体的构成逻辑几乎是一致的。顶部均有用于调节光线的较为独特的构造，也都在重复的构成单元中开了不同高度的窗口。但该项目在立面上的开窗根据功能有不同形式的调整，每个立面几乎都不太一样，入口较为隐蔽，藏在转角的单元中。

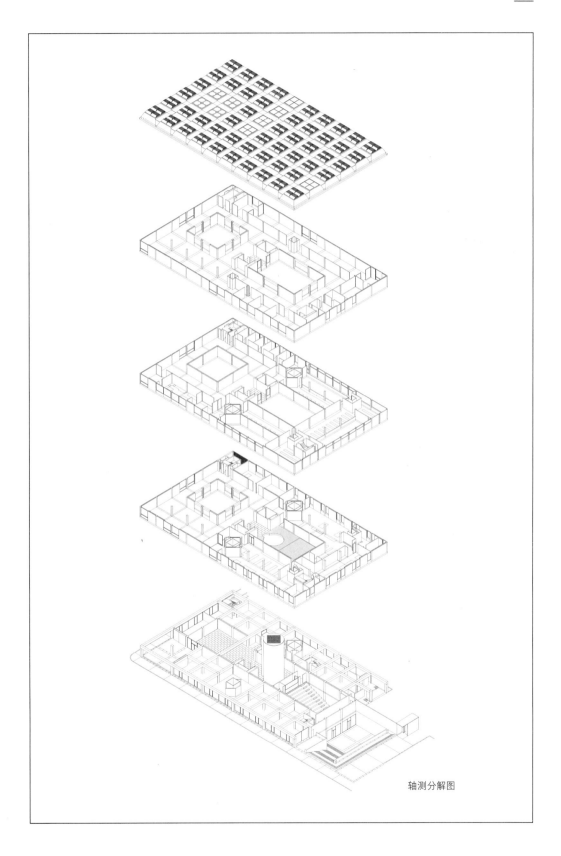

轴测分解图

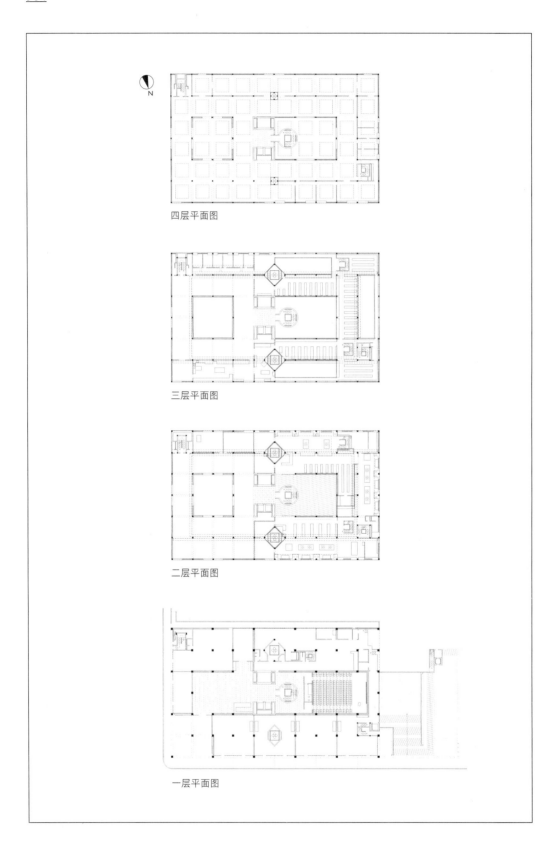

四层平面图

三层平面图

二层平面图

一层平面图

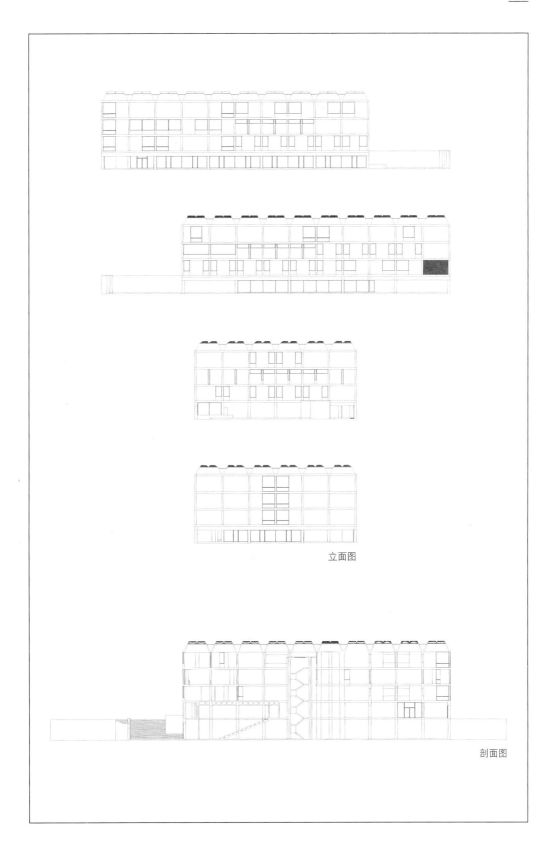

立面图

剖面图

# 108 家庭计划中心
## Family Planning Center

-----

设计时间：1970—1974
项目地点：尼泊尔加德满都市
建成情况：部分建成
项目性质：医疗建筑

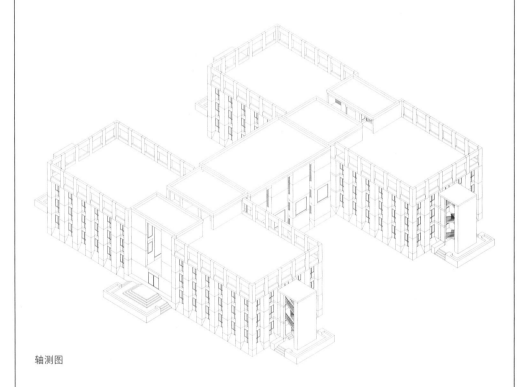

轴测图

该项目最终只完成了一部分。完成的部分由对称的两翼组成。实际上这个建筑有很多对称轴，几乎每个部分都没有独特的地方。平面上也是遵循较为简单的原则，两侧的大空间加上中间的走廊，构成了整个建筑的布局。

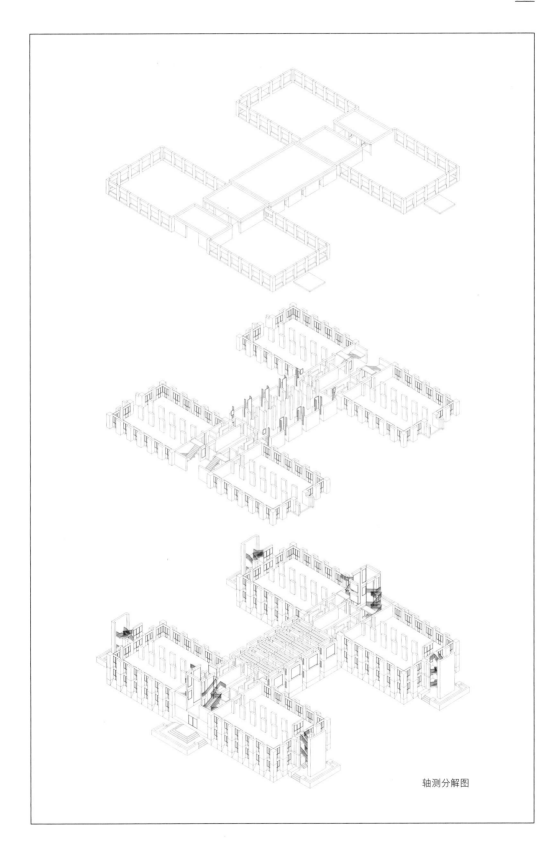

轴测分解图

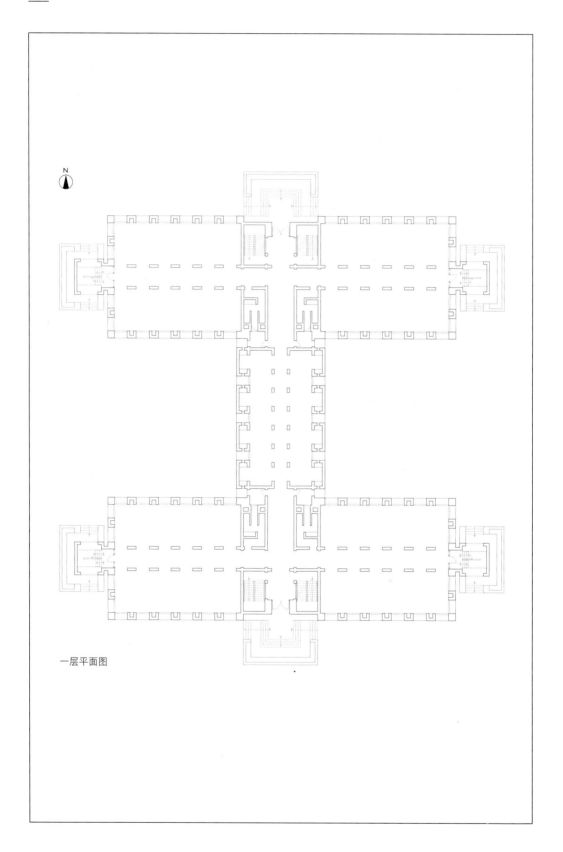

一层平面图

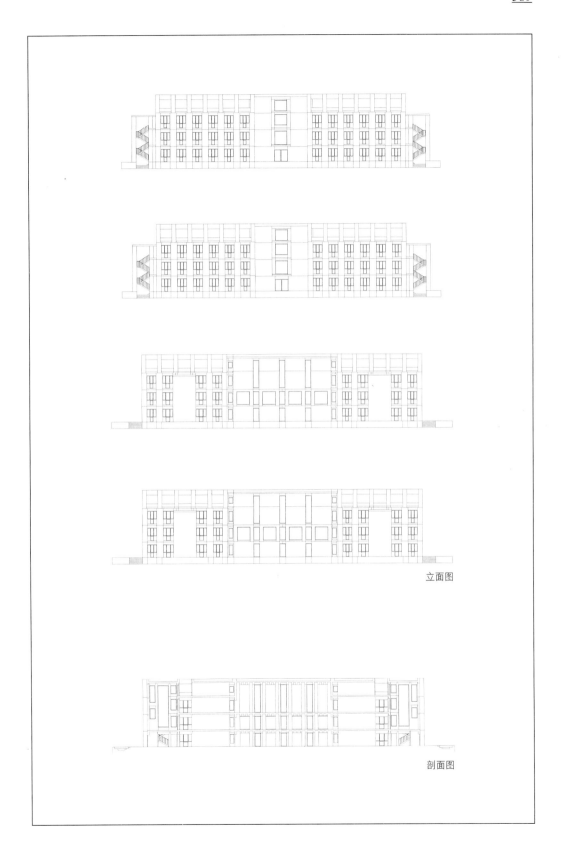

立面图

剖面图

# 109 霍尼克曼住宅
Honikman House

-----

设计时间：1971—1973
项目地点：美国宾夕法尼亚州蒙哥马利县
建成情况：未建成
项目性质：独栋住宅

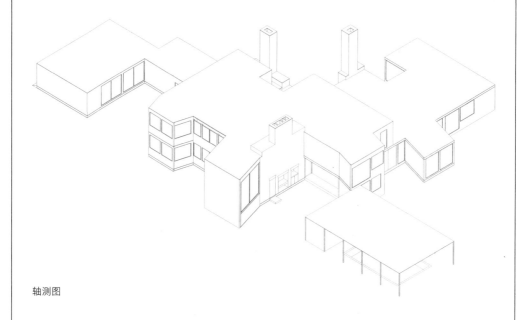

轴测图

该项目属于康晚期的住宅项目之一，延续了将起居部分和休息部分分开的布局，但是减弱了平面中的对称性，而且在某些房间的形式上尝试采用了一些异形的处理，如一些非垂直墙面的手法。整个建筑的外形也并不规整，而是比较发散的。

轴测分解图

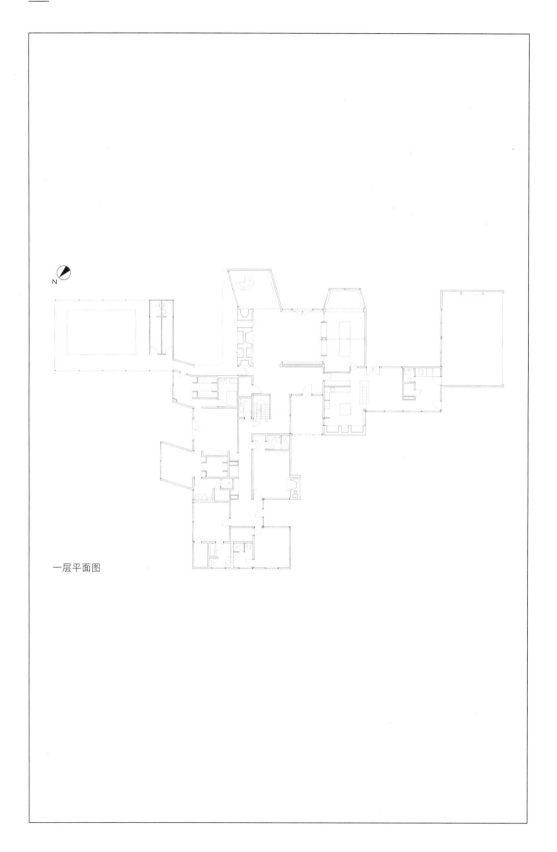

N

一层平面图

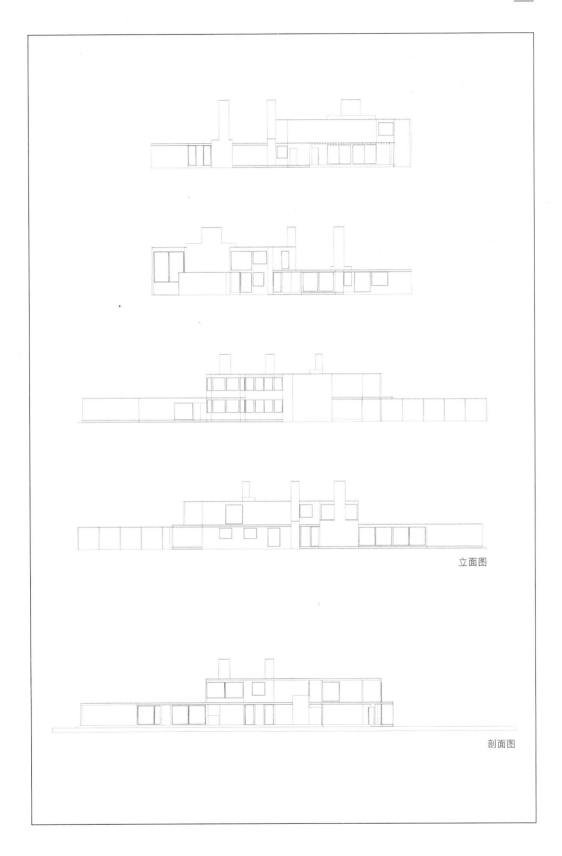

立面图

剖面图

# 110 科曼住宅
## Korman House

-----

设计时间：1971—1974
项目地点：美国宾夕法尼亚州蒙哥马利县
建成情况：建成
项目性质：独栋住宅

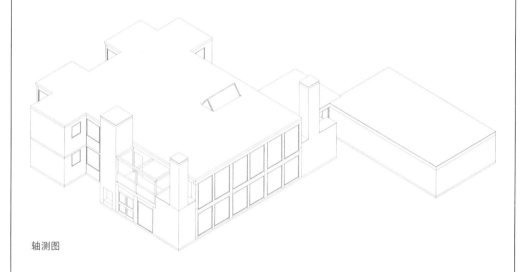

轴测图

科曼住宅与霍尼克曼住宅的场地邻近，也是康的晚期住宅项目之一。对比霍尼克曼住宅，本项目从草图开始就表达了一定的对称性，直到建成的方案版本都体现了这一手法。立面仍保留了部分康的构成习惯，如将烟道拔高、和普通房间部分形成对比、楼梯设在中部、大空间被分在两侧等。

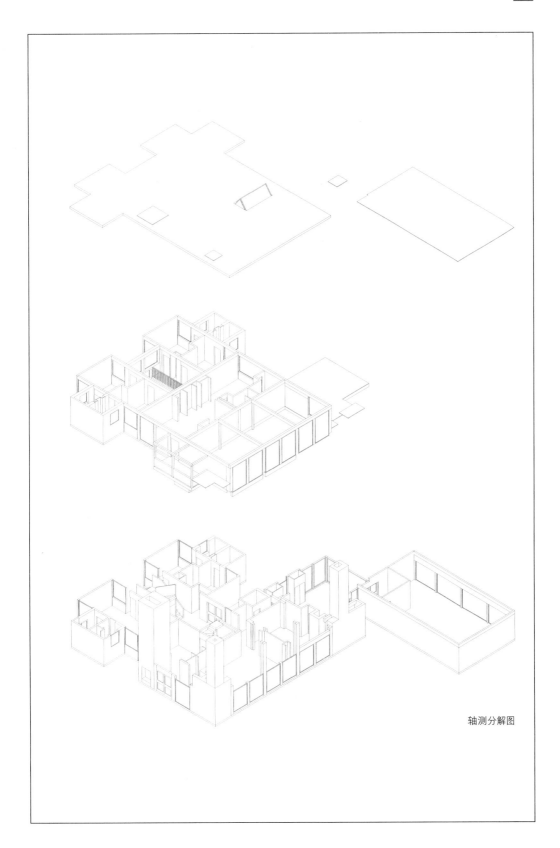

轴测分解图

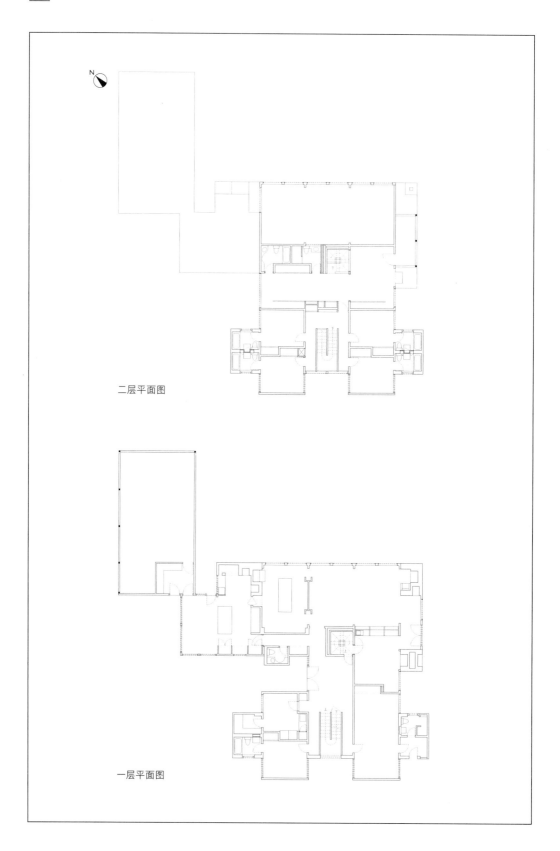

二层平面图

一层平面图

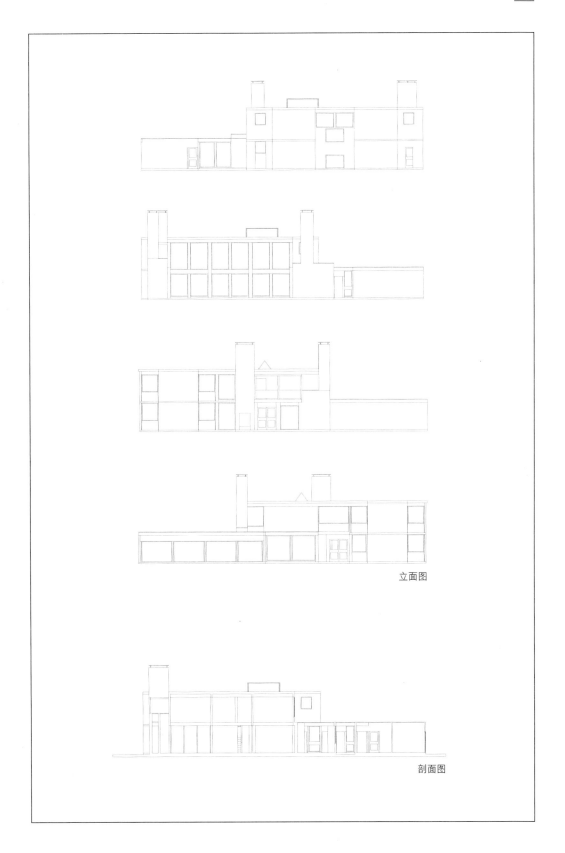

立面图

剖面图

# 111 联合神学研究生院图书馆
## Graduate Theological Union Library

-----

设计时间：1971—1974
项目地点：美国加利福尼亚州伯克利市
建成情况：未建成
项目性质：图书馆

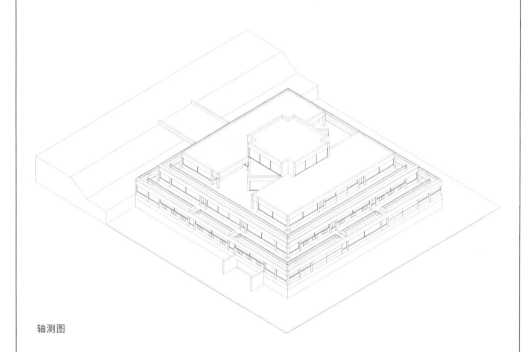

轴测图

这个建筑的方形中庭与顶部的十字梁让人联想到菲利普·埃克塞特学院图书馆的设计，整个建筑也是方形轮廓和45°线控制下的结果。不同的是，这个建筑是中心向周边退台的设计，被树环绕。康在描述设计构想时说："建筑是有点像天堂之类的东西，是众多空间中的一种环境……建筑是世界中的世界。"

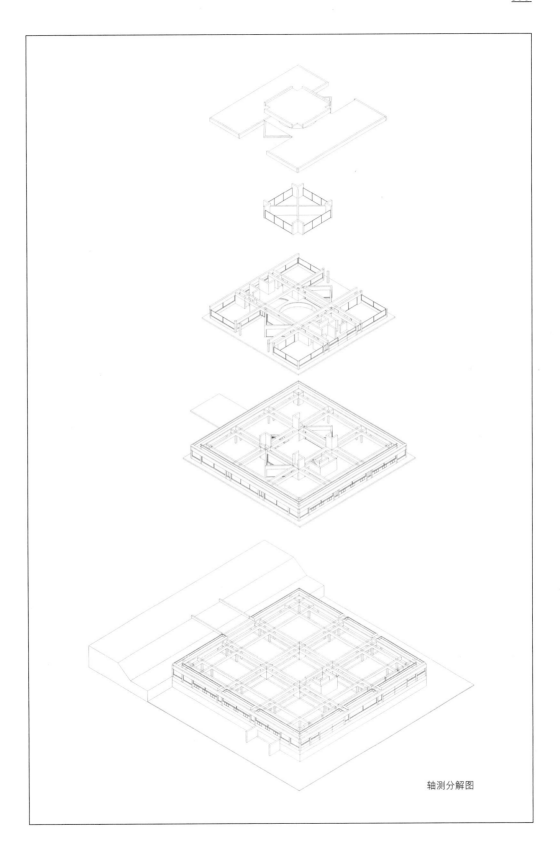

轴测分解图

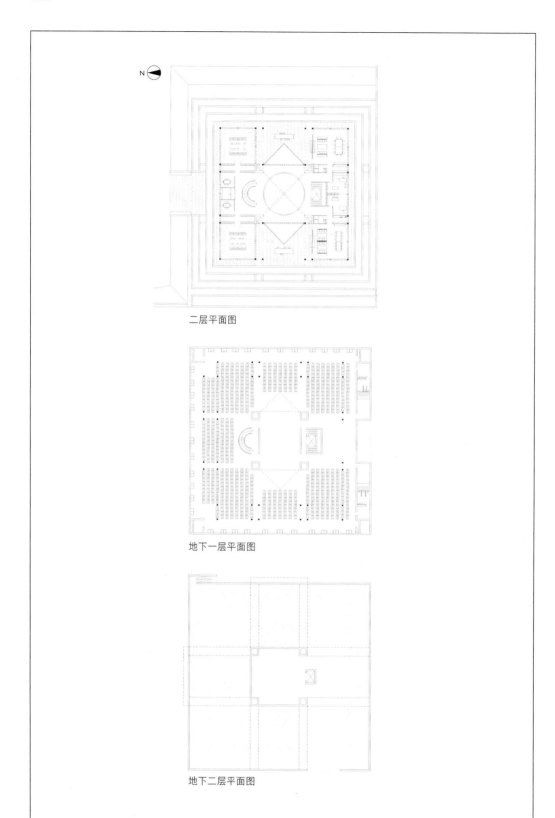

二层平面图

地下一层平面图

地下二层平面图

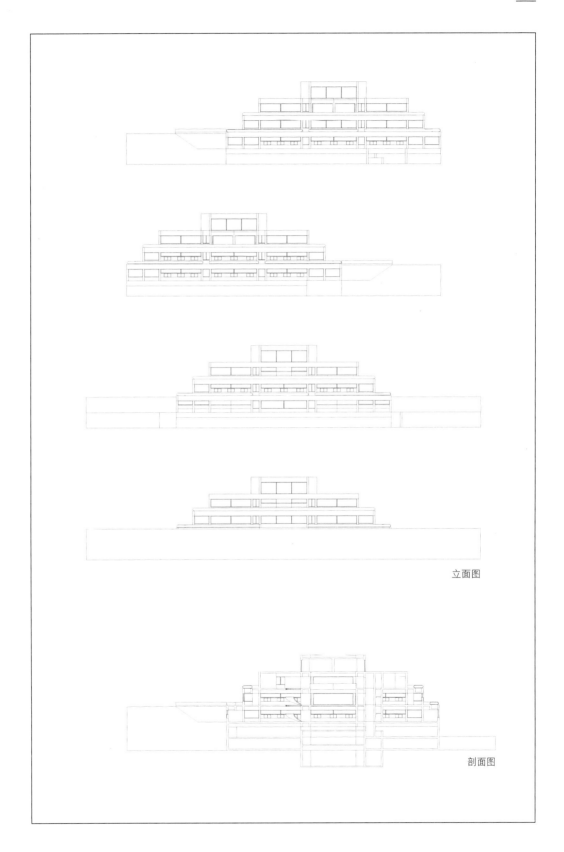

立面图

剖面图

# 112

## 沃尔夫森工程中心
## Wolfson Center for Mechanical and Transportation Engineering

-----

设计时间：1971—1974
项目地点：以色列特拉维夫市
建成情况：建成
项目性质：办公楼

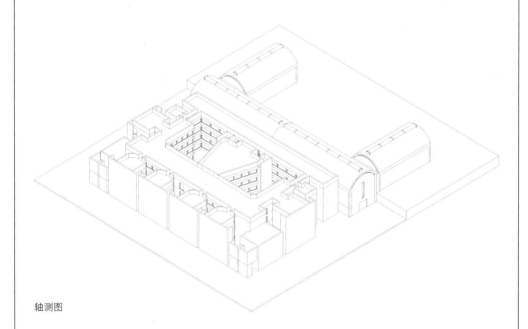

轴测图

康为此建筑设计了三版方案，最后一版作为确定版，建筑在他去世后建成。这个项目比较集中地体现了康的一些习惯性设计手法，如东侧的拱形空间，用的是和金贝尔艺术博物馆一样的轮转曲线；在中庭内部设置楼梯间，也是其在处理中庭时常用的手法；还有轴线和对称；等等。

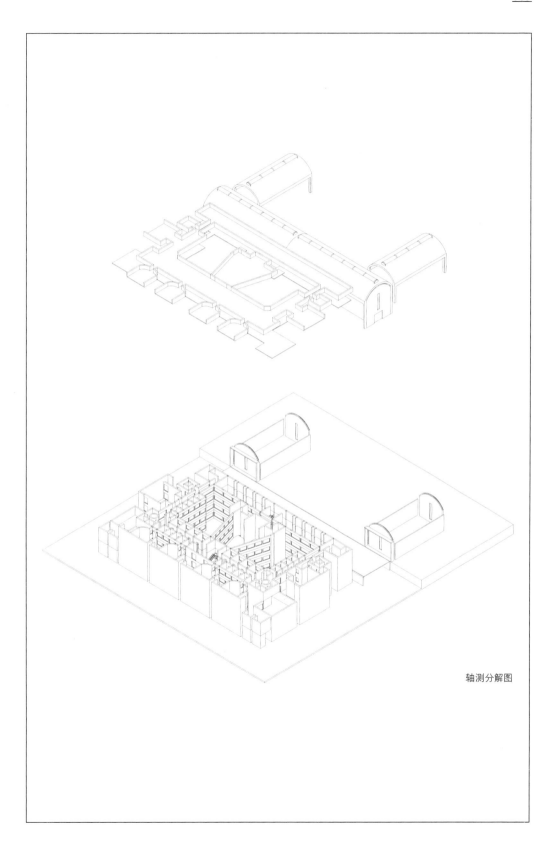

轴测分解图

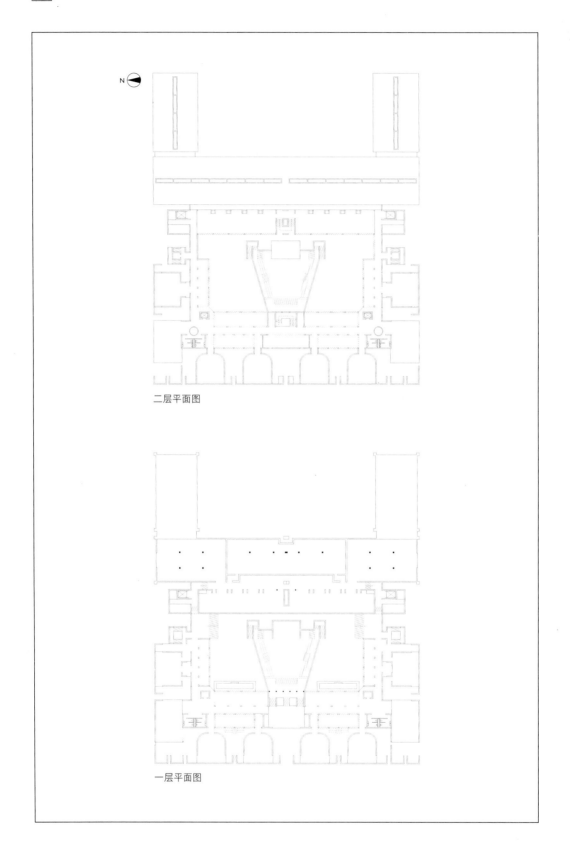

二层平面图

一层平面图

立面图

剖面图

# 参考资料

[1] Heinz Ronner, Sharad Jhaveri. *Louis I. Kahn:Complete Work 1935-1974* [M]. Basel, Boston: Birkhäuser, 1987.

[2] 克劳斯 - 彼得·加斯特. 路易斯·I. 康: 秩序的理念 [M]. 马琴, 译. 中国建筑工业出版社, 2007.

[3] 李大夏. 路易·康 [M]. 中国建筑工业出版社, 1993.

[4] Robert McCarter. *Louis I Kahn* [M]. Phaidon Press; Revised ed, 2009.

[5] 戴维·B. 布朗宁, 戴维·G. 德·龙. 路易斯·康: 在建筑的王国中 ( 增补修订版 ) [M]. 马琴, 译. 江苏凤凰科学技术出版社, 2017.

[6] 原口秀昭. 路易斯·I. 康的空间构成 [M]. 徐苏宁、吕飞, 译. 中国建筑工业出版社, 2007.

[7] 汤凤龙. "间隔"的秩序与"事物的区分"——路易斯·I. 康 [M]. 中国建筑工业出版社, 2012.

[8] Roberto Gargianide. *Louis I. Kahn Exposed Concrete and Hollow Stones 1949-1959* [M]. Translated from Italian by Stephen Piccolo. EPFL Press, 2014.

[9] Anna Rosellini. *Louis I. Kahn Towards the Zero Degree of Concrete 1960-1974* [M]. Translated from Italian by Stephen Piccolo. EPFL Press, 2015.

[10] 施植明、刘芳嘉. 路易斯·康 建筑师中的哲学家 [M]. 江苏凤凰科学技术出版社, 2016.

[11] Kent Larson, William J. Mitchell. *Louis I. Kahn: Unbuilt Masterworks [M]*. Monacelli, 2000.

[12] Robert Twombly. Louis Kahn Essential Texts [M]. W. W. Norton & Company, 2003.

[13] 约翰·罗贝尔. 静谧与光明:路易·康的建筑精神 [M]. 成寒, 译. 清华大学出版社, 2010.

[14] 王维洁. 路康建筑设计哲学论文集 [M] 田园城市, 2000.

[15] Anne Tyng. *Louis Kahn to Anne Tyng : the Rome letters* [M]. Rizzoli International Publications, 1997.

[16] 詹姆斯·F. 威廉姆森. 路易斯·康在宾夕法尼亚大学 [M]. 张开宇, 李冰心, 译. 江苏凤凰科学技术出版社, 2019.

# 图纸来源与精度说明

112 个建筑作品的图纸资料主要来源于以下四处：

1. https://www.philadelphiabuildings.org/   3. 《路易斯·康：在建筑的王国中》

2. *Louis I. Kahn: Complete Work 1935-1974*   4. *Louis I. Kahn*

因为搜集到的图纸及其资料本身的细致程度参差不齐，因此按照精细程度，把这些资料由高到低分为 A、

B、C、D 四类，具体如下：

A 类：平、立、剖面图比较细致相对较全。   C 类：平面图较少或粗略，其他图纸粗略。

B 类：平面图相对较少，立、剖面图较少或粗略。   D 类：平面图粗略，其他图纸粗略或没有。

将资料来源与图纸精度评级列表如下：

表3.1　路易斯·康的112个建筑作品资料来源与图纸精度统计表

| 序号 | 时间 | 项目名称 | 资料来源 | 图纸精度 |
|---|---|---|---|---|
| 01 | 1935—1937 | 泽西住宅区学校 | 1 | D |
| 02 | 1937 | 预制装配住宅 5D 单元 | 1 | B |
| 03 | 1939—1943 | 奥瑟住宅 | 1 2 | A |
| 04 | 1940—1942 | 帕恩福特公共住宅 E 单元 | 1 | B |
| 05 | 1942 | 194X 年住宅 | 1 | C |
| 06 | 1942—1943 | 威洛伦公共住宅区小学 | 1 | C |
| 07 | 1942—1947 | 斯坦顿路公共住宅二卧室单元 | 1 | B |
| 08 | 1942—1947 | 斯坦顿路公共住宅三卧室单元 | 1 | B |
| 09 | 1943 | 战后住宅项目 | 1 | C |
| 10 | 1943 | 194X 年酒店 | 1 3 | A |
| 11 | 1943 | 模范邻里关系项目 | 1 3 | C |
| 12 | 1943 | 帕拉索尔住宅区别墅 | 1 | A |
| 13 | 1943 | 帕拉索尔住宅区住宅群 | 1 4 | A |
| 14 | 1944 | 费城动画制作者联合会 | 1 | A |
| 15 | 1945—1948 | 芬克尔斯坦因住宅 | 1 | B |
| 16 | 1946 | 霍珀住宅 | 1 | B |
| 17 | 1946 | 费城房屋 | 1 | A |
| 18 | 1946 | 日光住宅 | 1 | A |
| 19 | 1947—1948 | 埃勒住宅 | 1 2 | A |
| 20 | 1947—1949 | 汤普金斯住宅 | 1 2 | A |
| 21 | 1947—1949 | 罗希住宅 | 3 | B |
| 22 | 1948 | 罗斯曼住宅 | 1 2 | B |
| 23 | 1948—1950 | 韦斯住宅 | 1 2 | A |
| 24 | 1948—1950 | 杰尼尔住宅 | 2 | A |
| 25 | 1949 | 应急住宅类型 1 | 1 2 | B |
| 26 | 1949 | 应急住宅类型 2 | 1 2 | B |

续表

| 序号 | 时间 | 项目名称 | 资料来源 | 图纸精度 |
|---|---|---|---|---|
| 27 | 1949 | 应急住宅类型3 | 1 2 | B |
| 28 | 1949—1953 | 费城精神病院平克斯楼 | 1 2 | A |
| 29 | 1949—1953 | 费城精神病院拉得比尔楼 | 1 2 | A |
| 30 | 1951—1953 | 行列式房屋研究 | 1 4 | D |
| 31 | 1951—1953 | 耶鲁大学美术馆 | 1 2 | A |
| 32 | 1951—1954 | 费鲁切特住宅 | 1 | C |
| 33 | 1951—1962 | 米尔溪公共住宅社区中心 | 1 2 | A |
| 34 | 1951—1962 | 米尔溪公共住宅高层住宅 | 1 2 | B |
| 35 | 1951—1962 | 米尔溪公共住宅联排住宅类型1 | 1 2 | A |
| 36 | 1951—1962 | 米尔溪公共住宅联排住宅类型2 | 1 2 | A |
| 37 | 1951—1962 | 米尔溪公共住宅联排住宅类型3 | 1 2 | A |
| 38 | 1951—1962 | 米尔溪公共住宅联排住宅类型4 | 1 2 | A |
| 39 | 1952—1957 | 城市之塔 | 1 2 | A |
| 40 | 1954—1955 | 阿代什·杰叙隆犹太会堂 | 1 2 | A |
| 41 | 1954—1955 | 德·沃尔住宅 | 1 2 | A |
| 42 | 1954—1955 | 阿德勒住宅 | 1 2 | A |
| 43 | 1954—1956 | 美国劳工联合会－产业联合会医疗服务中心 | 1 2 | A |
| 44 | 1954—1959 | 犹太社区中心浴场更衣室 | 1 2 | A |
| 45 | 1954—1959 | 犹太社区中心办公楼 | 1 2 | A |
| 46 | 1954—1959 | 犹太社区中心日间夏令营 | 1 2 | A |
| 47 | 1956 | 华盛顿大学图书馆 | 1 2 | A |
| 48 | 1956—1958 | 先进科学研究所 | 1 2 | A |
| 49 | 1957—1959 | 美国劳工联合会医疗中心 | 1 2 | C |
| 50 | 1957—1959 | 肖住宅 | 1 | B |
| 51 | 1957—1959 | 莫里斯住宅 | 1 2 | A |
| 52 | 1957—1961 | 克莱弗住宅 | 1 2 | A |
| 53 | 1957—1965 | 理查德医学研究所和生物中心 | 1 2 | A |
| 54 | 1958—1961 | 《论坛回顾》报社大楼 | 1 2 | A |
| 55 | 1958—1969 | 第一唯一神教堂与主日学校 | 1 2 | A |
| 56 | 1959 | 盖斯曼住宅 | 1 | D |
| 57 | 1959 | 戈登堡住宅 | 1 2 | A |
| 58 | 1959 | 弗莱舍住宅 | 1 2 | A |
| 59 | 1959—1961 | 埃西里克住宅 | 1 2 | A |
| 60 | 1959—1962 | 美国领事馆办公楼 | 1 2 | A |
| 61 | 1959—1962 | 美国领事馆宿舍楼 | 1 2 | A |
| 62 | 1959—1965 | 索尔克生物研究所实验室 | 1 2 | A |
| 63 | 1959—1965 | 索尔克生物研究所住宅区 | 1 2 | B |
| 64 | 1959—1965 | 索尔克生物研究所会议中心 | 1 2 | C |
| 65 | 1959—1973 | 夏皮罗住宅 | 1 2 | A |
| 66 | 1960—1961 | 布里斯托尔镇市政大楼 | 1 2 | B |
| 67 | 1960—1964 | 布林莫尔学院宿舍楼 | 1 2 3 | A |
| 68 | 1960—1969 | 费舍住宅 | 1 2 | A |
| 69 | 1961 | 卡庞隆登仓库和办公室 | 1 2 | A |

续表

| 序号 | 时间 | 项目名称 | 资料来源 | 图纸精度 |
|---|---|---|---|---|
| 70 | 1961—1972 | 密克维以色列犹太会堂 | 1 2 | C |
| 71 | 1961—1973 | 福特韦恩艺术中心—学校 | 1 2 | B |
| 72 | 1961—1973 | 福特韦恩艺术中心—剧场 | 1 2 | B |
| 73 | 1962—1964 | 帕克住宅 | 1 | C |
| 74 | 1962—1974 | 印度管理学院学生宿舍东三单元 | 1 2 | A |
| 75 | 1962—1974 | 印度管理学院学生宿舍普通单元 | 1 2 | A |
| 76 | 1962—1974 | 印度管理学院餐厅与广场 | 1 2 | C |
| 77 | 1962—1974 | 印度管理学院员工宿舍单卧室单元 | 1 2 | A |
| 78 | 1962—1974 | 印度管理学院员工宿舍双卧室单元 | 1 2 | A |
| 79 | 1962—1974 | 印度管理学院—水塔 | 1 2 | B |
| 80 | 1962—1983 | 孟加拉首都政府建筑群国会大厦 | 1 2 | B |
| 81 | 1962—1983 | 孟加拉首都政府建筑群餐厅 | 1 2 | B |
| 82 | 1962—1983 | 孟加拉首都政府建筑群国会成员招待所 | 1 2 | B |
| 83 | 1962—1983 | 孟加拉首都政府建筑群部长招待所 | 1 2 | B |
| 84 | 1962—1983 | 孟加拉首都政府建筑群秘书招待所 | 1 2 | B |
| 85 | 1962—1983 | 孟加拉首都政府建筑群苏拉瓦底医院 | 1 2 | C |
| 86 | 1963—1965 | 巴基斯坦总统府 | 1 2 | B |
| 87 | 1964—1966 | 费城艺术学院 | 1 2 | C |
| 88 | 1964—1971 | 家庭与病友住房 | 1 2 | A |
| 89 | 1965—1968 | 多明尼加修道院 | 1 2 | B |
| 90 | 1965—1968 | 因特拉玛 B 社区展厅 | 1 2 | A |
| 91 | 1965—1968 | 因特拉玛 B 社区国民住宅 | 1 2 | B |
| 92 | 1965—1969 | 马里兰艺术学院 | 1 2 | C |
| 93 | 1965—1971 | 菲利普·埃克塞特学院餐厅 | 1 2 | B |
| 94 | 1965—1971 | 菲利普·埃克塞特学院图书馆 | 1 2 | A |
| 95 | 1966—1967 | 圣安德鲁修道院 | 1 2 | C |
| 96 | 1966—1968 | 百老汇联合基督教堂与办公楼 | 1 2 | C |
| 97 | 1966—1969 | 奥列维蒂－恩德伍德工厂 | 1 2 | A |
| 98 | 1966—1970 | 斯特恩住宅 | 1 2 | B |
| 99 | 1966—1972 | 金贝尔艺术博物馆 | 1 2 | A |
| 100 | 1966—1972 | 犹太牺牲者纪念碑 | 1 2 | A |
| 101 | 1966—1972 | 贝斯－埃尔犹太会堂 | 1 2 | A |
| 102 | 1966—1974 | 阿尔特加办公楼 | 1 2 | A |
| 103 | 1967—1974 | 小山改造重开发 | 1 2 | B |
| 104 | 1967—1974 | 胡瓦犹太会堂 | 1 2 | A |
| 105 | 1968—1974 | 双年展会议宫 | 1 2 | A |
| 106 | 1969—1970 | 双厅电影院 | 1 2 | A |
| 107 | 1969—1974 | 耶鲁大学英国艺术中心 | 1 2 | A |
| 108 | 1970—1974 | 家庭计划中心 | 1 2 | B |
| 109 | 1971—1973 | 霍尼克曼住宅 | 1 2 | B |
| 110 | 1971—1974 | 科曼住宅 | 1 2 | A |
| 111 | 1971—1974 | 联合神学研究生院图书馆 | 1 2 | B |
| 112 | 1971—1974 | 沃尔夫森工程中心 | 1 2 | C |

# 图片版权

平面、立面、剖面和轴测图均为作者自绘。

P133 阿赫伐斯以色列集会堂（左）、P147 阿赫伐斯以色列集会堂
©Marshall D Meyers Collection, The Architectural Archives, University of Pennsylvania

P133 阿赫伐斯以色列集会堂（右）
©Urs Buttiker Collection, The Architectural Archives, University of Pennsylvania

P136 沃顿工作室（右）
©John Ebstel

P146、P140 政府大楼小山公寓与酒店，P145、P160 波克诺艺术中心
©George Pohl Collection, The Architectural Archives, University of Pennsylvania

P151 安妮·婷设计的学校结构模型图、安妮·婷设计的布林莫尔学院女生宿舍楼模型
©Anne Griswold Tyng Collection, The Architectural Archives, University of Pennsylvania

其他所有照片及草图
©Louis I Kahn Collection, University of Pennsylvania and the Pennsylvania Historical and Museum Commission

# 后　记

本书共涉及路易斯·康的 138 个建筑作品，我们分别从这些作品的构成形式和分类年表进行了观察。

从分类来看，在居住建筑设计上，康完成的独栋住宅借用了早期公共住宅设计的经验，而在找到了一种形式——方形体量及其组合之后，康又在该形式是否在尽力表达自身上做出了思考；在公共建筑上，康早期的作品并没有显著的特点，但到中后期，重复单元的不同组合，加上区分建筑要素的设计思想，使他的作品在建筑整体形式的扩张和稳定之间来回摆动，产生了多变的空间组织方式。

从整体时间脉络上看，康的居住建筑和公共建筑设计均在 1950 年前后出现了较大的改变，根据资料与前文对一些具体方案的图纸分析，很大可能是安妮·婷的加入对其造成的影响。

安妮·婷设计的结构单元生长式的建筑，其结构单元本身并无个性，可以组织为柱、梁、板等。虽然康在后期的实践中也使用过类似的手法，但只作为设计的开始，在大多数方案的终版中，他还是采用了较为稳定的构图——似乎是在寻求一种建筑生长的最佳状态。显然，康对安妮·婷的设计思想进行了批判性的采纳。他对空间单元的区分的强调，以及对空间单元生长的最终形态的追问，使得他在处理空间时，对每个空间单元甚至结构与材料都有一种尊重的态度。

在空间单元被区分开之后，康又将这些单元以某种方式重新组合在一起。路易斯·康最初尝试通过功能流线组织单元，后来演变成通过中心空间组织，最后提出服侍与被服侍空间的设计理念。在服侍与被服侍关系的基础上，小空间单元不必再与大空间保留某种形式上的联系，而是可以各自得到自身形式的表达，从而使建筑有了一种新的表达方式。此外，康还在建筑的更细致的层面上进行了思考，例如，如何得到更好的自然光，或者如何通过建筑设计来调节室内温度，等等。在此之上，他还研究出很多独特的采光方式和调节温度的双墙体系。这些实际上都是希望通过建筑自身的表达得到想要的光线和温度。

康是如此重视表达，如同《静谧与光明：路易·康的建筑精神》一书的封底上摘录下的康的那句话："把建筑的出现视为人性的表达，是极为重要的，因为我们活着是为了表达。"